装配式混凝土结构设计

徐其功　主　编

广东省建筑科学研究院集团股份有限公司　组织编写
广东省建科建筑设计院有限公司
筑道教育

中国建筑工业出版社

图书在版编目（CIP）数据

装配式混凝土结构设计/徐其功主编. —北京：中国
建筑工业出版社，2017.11（2023.2重印）
ISBN 978-7-112-21472-3

Ⅰ. ①装… Ⅱ. ①徐… Ⅲ. ①装配式混凝土结
构-结构设计 Ⅳ.①TU37

中国版本图书馆 CIP 数据核字（2017）第 266952 号

本书从设计人员角度出发，比较分析了传统现浇混凝土结构与装配整体式混
凝土结构的异同点，讲解了装配整体式混凝土结构预制构件的划分、节点连接技
术、设计及方法和施工图设计与深化设计的划分等内容，并结合实例进行说明。
全书分为十一章，分别从连接材料与连接形式、装配整体式混凝土结构的分类、
结构布置和整体分析、典型结构体系、结构构件、性能设计和 BIM 在装配式结构
中的应用几个方面进行阐述，深入浅出，浅显易懂。

本书既可作为设计人员装配式混凝土结构设计的设计指南，也可作为业内人
士的培训教材，同时对相应专业的高校师生学习装配式混凝土结构也有很好的借
鉴、参考和学习价值。

责任编辑：李笑然　赵梦梅　刘婷婷
责任设计：李志立
责任校对：焦　乐　李美娜

装配式混凝土结构设计

徐其功　主　编
广东省建筑科学研究院集团股份有限公司　组织编写
广东省建科建筑设计院有限公司
筑道教育

*

中国建筑工业出版社出版、发行（北京海淀三里河路 9 号）
各地新华书店、建筑书店经销
霸州市顺浩图文科技发展有限公司制版
北京建筑工业印刷厂印刷

*

开本：787×1092 毫米　1/16　印张：17　字数：421 千字
2017 年 11 月第一版　　2023 年 2 月第四次印刷
定价：**45.00** 元
ISBN 978-7-112-21472-3
（31147）

序一

装配式建筑是一个既传统又新鲜的事物。新中国成立后，我们就进行了建设大板楼的实践，不少工程项目采用了预制屋面梁、吊车梁、预制屋面板、空心楼板等构件。但是限于当时的技术水平，虽然预制构件得到应用，但建成的建筑普遍质量不高，并存在构件跨度小、承载力低、整体性和延性差等缺点。由于密封胶的质量问题及防水措施不完善，楼层面板使用两三年后便出现渗水漏水，保温隔热隔声的效果也欠佳，并且由于成本相对较高等原因，改革开放后的近 30 年来逐渐被市场经济大潮淘汰。现在，随着社会经济的持续健康发展，绿色发展成为新型城镇化发展的主题。在绿色发展的大背景下，作为推进供给侧结构性改革和新型城镇化发展的重要举措，国家再次提出了大力发展装配式建筑的要求，并赋予了标准化设计、工厂化生产、装配化施工、一体化装修、信息化管理和智能化应用的一系列新的内涵。万科等房地产龙头企业，华阳国际等设计企业，中建、广东建工、深圳鹏程等我省施工企业纷纷开展了工程实践。特别是我省深圳市开创了发展装配式建筑的深圳模式。实践表明，装配式建筑的工程质量水平，相比 50 年前已不可同日而语，装配式建筑理念已逐渐渗透到我们行业的方方面面，建筑业的转型发展正在酝酿。

装配式建筑是建造方式的根本性变革，是一场以节水、节材、节能、环保、高效为主要特征的建造方式的革命，符合中央提出的"五大发展理念"。中共中央、国务院在《关于进一步加强城市规划建设管理工作的若干意见》中提出了"力争用 10 年左右时间，使装配式建筑占新建建筑的比例达到 30％"的总目标，国务院办公厅、住房和城乡建设部相继印发了发展装配式建筑的政策文件，明确了各阶段的推进目标和重点任务，广东省政府办公厅也印发了贯彻落实意见。我们应该以习近平总书记对广东作出的重要批示为统领，围绕节约资源能源、减少施工污染、提升劳动生产率和质量安全水平、促进建筑业与信息化和工业化深度融合、培育新产业新动能等关键领域，不折不扣地贯彻落实好中央和省委、省政府的决策部署，圆满完成国家下达的目标任务。

本书以装配式混凝土结构设计为切入点，全面深入地阐述了装配式建筑设计的原则和要点，能够有效引导政府监管部门、设计院、构件厂家有序做好装配式建筑的管理、设计和生产，对于我省进一步提高装配式建筑发展水平具有重要的现实意义。

广东省建设厅副厅长

2017 年 8 月

序二

近年来党中央、国务院高度重视装配式建筑的发展，各省市、地区也在纷纷响应国家关于装配式建筑的发展号召。广东省人民政府办公厅发布了《广东省人民政府办公厅关于大力发展装配式建筑的实施意见》文件，文件明确了我省装配式建筑发展的工作目标、6大重点任务、4项支持政策及3大保障措施，不仅为我省的装配式建筑提供了明确的发展目标和有力的政策支持，也将带领我省装配式建筑迎来大发展的春天。

广东省建筑工程集团有限公司积极响应国家的政策路线，抓住推广装配式建筑这一大好契机，拓展企业经营路线。针对装配整体式结构的研究，成立了装配式建筑攻关团队，系统地开展装配式结构的"标准—设计—制作—运输—安装—检测—管理"一体化研究，为企业在这方面的发展提供了坚实的理论与技术依据。

徐其功总工程师带领广东省建科建筑设计院有限公司的一批工作在设计一线的设计人员，结合工程实践，编著了《装配式混凝土结构设计》一书。书中从整体到局部，从受力构件到非受力构件，系统地梳理了装配式结构的相关规范及规程，从传统现浇混凝土结构理论体系出发，分析对比了现浇结构与装配整体式结构的异同点，并针对装配整体式结构的特点，对关键技术——节点连接技术进行了提炼与整理，提出了具有突破性的建议及处理方法。该书帮助业内人士理清了关于装配式结构的一些认知误区，从设计人员的角度出发，理论结合实例阐述了装配整体式结构设计的依据及方法。

本书是广东建工集团设计攻关团队的成果之一，是推动广东省装配式建筑发展的重要理论支持，对提高广东省装配式结构设计能力具有重要作用。

广东省建筑工程集团有限公司　总工程师
广东省土木建筑学会　理事会长
2017 年 8 月

序三

2016 年 9 月国务院办公厅印发了《关于大力发展装配式建筑的指导意见》，为贯彻落实这一意见，各地方政府也相应颁发了大力发展装配式建筑的各项规定，装配式建筑可实现建设的高效率、高品质、低消耗、绿色环保，是我国建筑界的一次重大变革。

本书的主编徐其功是国内较早从事装配整体式建筑研究的专家，曾参编国家标准《装配式混凝土建筑技术标准》GB/T 51231—2016，主编广东省地方标准《装配式混凝土建筑结构技术规程》DBJ 15-107-2016、《装配式建筑深化设计技术规程》和《装配式混凝土建筑施工验收规程》等。本书的其他编写人员都是有着丰富经验的第一线设计人员。他们通过对装配整体式建筑的深入研究，结合实际的工程经验，完成了本书的编著工作。

随着我国大规模发展装配式建筑，专业技术人才的匮乏成为装配式建筑发展的瓶颈之一。结构专业作为装配式建筑设计的主力，其设计水平的高低直接关系到装配式建筑的质量、安全和成本。日前，国内结构设计人员熟练掌握了现浇混凝土结构的设计，但是对装配式建筑的认知总体还不高。

装配式混凝土结构从根本上来说还是混凝土结构，本书从混凝土结构设计的一般原则出发，并对装配整体式建筑的特有性能进行描述，帮助设计人员从现浇混凝土结构过渡到装配整体式混凝土结构。本书既是结构工程师学习装配式混凝土结构的教材，又是具体指导装配式混凝土结构设计的实用参考书。本书的出版对提高广东省装配式混凝土结构设计水平起到重要作用。

广东省工程勘察设计行业协会会长
2017 年 8 月

前　言

2016 年 9 月国务院办公厅印发《关于大力发展装配式建筑的指导意见》中提出，力争用 10 年左右的时间，使装配式建筑占新建建筑面积的比例达到 30%。这个规模和发展速度在世界建筑产业化进程中也是前所未有的，我国建筑界面临巨大的转型和产业升级压力。广大结构设计人员除掌握现浇混凝土结构设计外，急需了解装配式混凝土结构与现浇混凝土结构的差异和关联，系统地掌握装配式混凝土结构设计方法。

广东省建工集团积极响应国家号召，组成攻关团队，系统地开展装配式结构的"标准—设计—制作—运输—安装—检测—管理"一体化研究，本书是设计团队的成果之一，拟对内作为设计指南，对外作为培训教材。

本书由徐其功任主编，指导并编写各章节概要，把控整本书的编写思路及质量。毛娜负责全书的编写协调、汇集编排及通篇的审核、校对、修改等工作。本书共十一章，第一章由熊俊明编著；第二章由陈舒婷编著；第三章主要由周金编著，胡淑军参与编写，陈林校对；第四章由陈春晖、刘亨编著；第五章由陈春晖、谢智彬和李昂编著；第六章由毛娜编著；第七章由陈舒婷、熊俊明编著；第八章由刘红卫编著；第九章主要由刘亨、马俊丽编著，吴瑜灵、侯家健参与编写；第十章由杨志兵、李争鹏编著；第十一章由黄伟江编著。就读于加拿大皇后大学的徐采薇翻译了有关美国的资料，参与了全书的文字校订修改工作；李娜和陈春晖参与了全书的校审修改工作。

感谢广东东方雨虹防水工程有限公司王家兴为本书提供的宝贵资料；感谢中国建筑科学研究院北京构力科技有限公司为本书提供的案例及相关资料；感谢广东省建科建筑设计院领导对编制团队在人力和物力方面的大力支持。

感谢赵晓龙总工程师和窦祖融博士对全书进行审阅并提出修改意见。

装配式建筑在国内是近几年才大规模发展起来，很多课题与相关技术正在研究探索之中，本书中编者都是设计一线人员，一边生产一边编写，时间仓促，虽然尽力校审，但仍旧会有差错和不足，恳请并感谢读者给予批评指正。书中为说明本书的技术观点采用的部分图片来源于网络和其他资料，其所有权仍属于原制作者，在此一并表示感谢。

目　　录

第一章 绪 论

一、历史与现状

装配式建筑是对目前我国以现浇为主的建造方式的一次重大变革，是我国建造方式的发展趋势。装配式建筑可实现建设的高效率、高品质、低资源消耗和低环境影响，是贯彻绿色发展理念、实现建筑现代化的需要。

我国装配式混凝土建筑的研究和应用始于 20 世纪 50 年代，在 20 世纪 70 年代、80 年代发展到高峰，在单层工业厂房、仓库及居住建筑中有着比较广泛的应用。由于受当时的技术、材料、工艺和设备等条件限制，已建成的装配式建筑建造质量较差，特别是大量的无筋砖混预制板住宅，多数经不起地震的考验，唐山大地震的巨大破坏，使得预制楼板的使用被否定。20 世纪 90 年代后，由于国内建筑市场条件变化及多种因素影响，装配式混凝土建筑在我国几乎消失，许多人对装配式建筑的印象就停留在预制板的使用，甚至有些结构设计人员认为装配式建筑是不抗震的，在行业内还存在一些认知的误区。

随着我国经济的迅速发展，政府对节能减排、环境保护要求的日益提高，以及劳动力成本的快速上涨，建筑业转型升级势在必行。装配式建筑在北美、欧洲、日本的应用相当广泛，技术成熟，我国对装配式建筑的优越性和可靠性又有了新的认知。近 10 年来，借鉴发达国家装配式建筑发展经验，引进国外成熟技术，国内开展了大量装配式关键技术的试验研究，通过工程试点，尤其是近三年来，以高层住宅为主的装配整体式混凝土建筑得到了大量应用。我国在已有研究成果和工程经验的基础上，编制了《装配式混凝土结构技术规程》JGJ 1—2014、《装配式混凝土建筑技术标准》GB/T 51231—2016、广东省标准《装配式混凝土建筑结构技术规程》DBJ 15-107—2016 等国家和地方标准规范，还编制了系列与装配式混凝土建筑相关的国家建筑设计标准图集，这些标准和图集已能满足目前主流装配式建筑工程建设的基本需求。

随着我国大规模发展装配式建筑，专业技术人才的匮乏成为装配式建筑发展的瓶颈之一。结构专业是装配式建筑设计的主力，在解决装配式关键技术上发挥着重要作用，结构设计水平高低直接关系到装配式建筑的质量、安全和成本，在初期甚至影响到建设单位的决策。目前，国内结构设计人员对装配式建筑的认知总体还不高，提高结构设计人员的装配式结构设计水平迫在眉睫。

二、装配式混凝土结构的特点

装配式混凝土结构是由预制混凝土构件通过可靠的连接方式装配而成的混凝土结构。作为设计人员应清醒地认识到，它首先还是混凝土结构，其材料性能、结构受力的特点、结构布置及构造措施等仍应遵循一般现浇混凝土结构的规则和规范规定。

但是由于预制构件之间以及预制构件与现浇混凝土之间的连接与传统现浇混凝土结构

有差异，使得在现浇混凝土结构中不需明确的概念和分类，须在装配式混凝土结构中明确才能使设计人员更容易理解。比如，在钢结构中通常使用的螺栓连接、焊接连接等，在现浇混凝土结构就不会出现，但在装配式混凝土结构中就有可能使用。

本书中，预制构件之间采用与现浇混凝土相同的连接称为湿连接，是指预制构件间主要纵向受力钢筋的拼接部位，用现浇混凝土或灌浆填充的连接方法。湿连接形式与现浇混凝土结构类似，其强度、刚度和变形行为与现浇混凝土结构基本相同。干连接是指预制构件不属于湿连接的连接方法。由于干连接不需要在施工现场使用大量现浇混凝土或灌浆，只需少量混凝土或灌浆填缝，与湿连接相比，安装较为方便、快捷，但干连接的变形主要集中于连接部位，与现浇混凝土结构变形不一样，不能采用现浇混凝土结构同样的分析方法。

装配整体式结构和全装配式结构的一个主要差别在于抗侧力体系中预制构件之间采用的连接方式。当结构抗侧力体系的主要受力构件现浇，或预制构件间通过现浇混凝土进行连接，再通过现浇楼板或叠合楼板将结构构件连成整体，保证装配式结构的整体性能，使其结构性能与现浇混凝土基本等同，这类结构统称为装配整体式混凝土结构。当结构抗侧力体系预制构件之间的连接，部分或全部通过干式节点进行连接，或采用全预制楼板时，结构的总体刚度和整体性与现浇混凝土结构相比会有所降低，变形行为也与现浇混凝土结构可能有较大差异，这类结构统称为全装配式结构。目前我国主要发展的是装配整体式混凝土结构，由于力求与现浇结构等同或相近，而我国现行的抗震规范和高层规范均是立足于现浇结构编制的，也容易造成误解，认为装配式结构的安全性不如现浇结构。实际上装配式结构也不一定非要与现浇结构相同，只要能抵抗风、地震等作用，达到相同的安全目的和可靠度即可。随着装配式结构在我国的发展，各种形式的构件连接技术和结构体系会逐步应用于工程实践中。

三、本书编制的目的

为了提高我国人工工作效率，减少建筑垃圾，提高建筑质量，减少建筑质量通病，从而提高我国的建造水平，在各级政府的大力推动下，近两年，装配式混凝土结构在我国发展迅猛。这项变革基本上是自上而下推动的，但由于与其他建筑新技术市场化的发展路径不同，造成了部分人员的不理解，以及广大的一线设计人员知之不深。

由于构件的预制，带来了工厂制作、运输、安装等与现浇或后浇混凝土不同的环节，从而对设计提出了新的要求。

鉴于设计人员对现浇混凝土结构的设计较为熟悉，本书从混凝土结构设计的一般原则出发，理清设计过程中容易混淆的概念，系统梳理装配式建筑相关的规范和规程，分析现浇和装配式结构的差异和关联，总结编制组的设计经验，帮助设计人员从现浇混凝土结构设计过渡到装配式混凝土结构设计。

本书引用的规范简称说明：

国家标准《装配式混凝土建筑技术标准》GB/T 51231—2016，简称《装标》

行业标准《装配式混凝土结构技术规程》JGJ 1—2014，简称《装规》（行标）

广东省标准《装配式混凝土建筑结构技术规程》DBJ 15-107—2016，简称《广东省装标》

国家标准《混凝土结构设计规范》GB 50010—2010，简称《混规》

国家标准《建筑抗震设计规范》GB 50011—2010（2016 年版），简称《抗规》

行业标准《高层建筑混凝土结构技术规程》JGJ 3—2010，简称《高规》

国家标准《装配式建筑评价标准》（征求意见稿），简称《装评》（征求稿）

第二章　连接材料与连接形式

第一节　纵向钢筋连接材料

预制构件的连接接缝从受力上来讲主要传递轴力（压力、拉力）、剪力、弯矩，以及少部分扭矩。从常识来说，压力的传递是不需要特别处理的，拉力主要由受拉钢筋传递，剪力通过钢筋的销栓作用、现浇混凝土以及抗剪槽的作用来传递，弯矩可通过受拉区钢筋的受拉以及受压区混凝土的受压来传递，因此，连接接缝的关键就是受拉纵筋的连接。本节主要介绍纵向钢筋的连接材料。

装配式混凝土结构连接材料包括纵向钢筋连接材料和其他辅助连接材料，其中纵向钢筋连接材料有灌浆套筒、套筒灌浆料、机械套筒、浆锚孔波纹管、浆锚孔螺旋筋、浆锚搭接灌浆料、灌浆导管、灌浆孔塞、灌浆堵缝材料、钢筋锚固板等。除机械套筒和钢筋锚固板在现浇混凝土建筑结构中也有应用外，其余材料都是装配式混凝土建筑结构的专用材料，装配式混凝土建筑也简称为 PC 建筑。本章根据郭学明主编的《装配式混凝土结构建筑的设计、制作与施工》中部分厂家资料，结合有关规范和作者的研究，阐述装配式结构的连接和连接形式，帮助设计人员更方便地理解。

一、灌浆套筒

灌浆套筒是用于钢筋连接的一种金属材质圆筒。圆筒两端预留插孔，连接钢筋通过插孔插入套筒后，将专用灌浆料灌入套筒，充满套筒与钢筋之间的间隙，灌浆料硬化后与钢筋横肋和套筒内壁形成紧密啮合，并在钢筋和套筒之间有效传力，实现钢筋对接（图 2.1-1）。

灌浆套筒分全灌浆套筒和半灌浆套筒（图 2.1-2）。两端均采用套筒灌浆料连接的套筒为全灌浆套筒；一端采用套筒灌浆连接方式，另一端采用机械连接方式的套筒为半灌浆套筒。灌浆套筒是装配式混凝土结构最主要的连接构件，用于纵向受力钢筋的连接。灌浆套筒作业原理如图 2.1-3 所示。

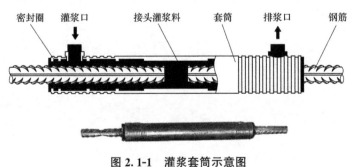

图 2.1-1　灌浆套筒示意图

钢筋灌浆套筒的使用和性能应符合现行行业标准《钢筋套筒灌浆连接应用技术规程》JGJ 355—2015、《钢筋连接用灌浆套筒》JG/T 398—2012 的规定。行业标准《钢筋连接用灌浆套筒》JG/T 398—2012 给出了灌浆套筒的构造图（图 2.1-4），且强制性条款3.2.2 规定："钢筋套筒灌浆连接接头的抗拉强度不应小于连接钢筋抗拉强度标准值，且破坏时应断于接头外钢筋。"

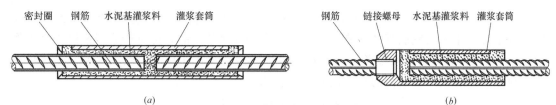

图 2.1-2 全灌浆套筒和半灌浆套筒

（a）全灌浆套筒；（b）半灌浆套筒

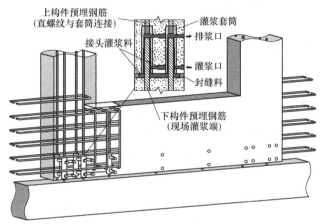

图 2.1-3 半灌浆套筒工作原理

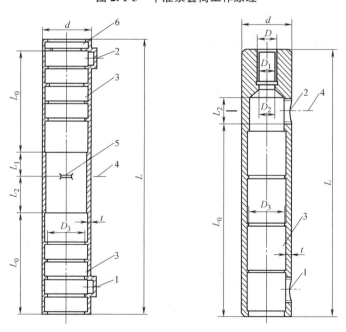

图 2.1-4 灌浆套筒的构造图

（a）全灌浆套筒；（b）半灌浆套筒

说明：1—灌浆孔；2—排浆孔；3—剪力槽；4—强度验算用截面；5—钢筋限位挡块；6—安装密封垫的结构。

尺寸：L—灌浆套筒总长，L_0—锚固长度；L_1—预制端预留钢筋安装调整长度；
L_2—现场装配端预留钢筋安装调整长度；t—灌浆套筒壁厚；d—灌浆套筒外径；
D—内螺纹的公称直径；D_1—内螺纹的基本小径；D_2—半灌浆套筒螺纹端与灌浆端连接处的通孔直径；
D_3—灌浆套筒锚固段环形凸起部分的内径。

注：D_3 不包括灌浆孔、排浆孔外侧因导向、定位等其他目的而设置的比锚固段环形突起内径偏小的尺寸。D_3 可以为非等截面。

　　《钢筋套筒灌浆连接应用技术规程》JGJ 355—2015 规定，灌浆连接端用于钢筋锚固的深度不宜小于 8 倍钢筋直径的要求。如采用小于 8 倍的产品，可将产品型式检验报告作为应用依据。《钢筋连接用灌浆套筒》JG/T 398—2012 给出了球墨铸铁和各类钢灌浆套筒的材料性能，以及灌浆套筒的尺寸偏差，见表 2.1-1～表 2.1-3。

球墨铸铁灌浆套筒的材料性能　　　　　　　　　　　表 2.1-1

项　　目	性能指标
抗拉强度 σ_b(MPa)	≥550
断后伸长率 σ_s(%)	≥5
球化率(%)	≥85
硬度(HBW)	180～250

各类钢灌浆套筒的材料性能　　　　　　　　　　　表 2.1-2

屈服强度 σ_s(MPa)	≥355
抗拉强度 σ_b(MPa)	≥600
断后伸长率 σ_s(%)	≥16

灌浆套筒的尺寸偏差　　　　　　　　　　　表 2.1-3

序号	项　　目	灌浆套筒尺寸偏差					
		铸造灌浆套筒			机械加工灌浆套筒		
1	钢筋直径(mm)	12～20	22～32	36～40	12～20	22～32	36～40
2	外径允许偏差(mm)	±0.8	±1.0	±1.5	±0.6	±0.8	±0.8
3	壁厚允许偏差(mm)	±0.8	±1.0	±1.5	±0.6	±0.8	±0.8
4	长度允许偏差(mm)	±(0.01×L)			±2.0		
5	锚固段环形突起部分的内径允许偏差(mm)	±1.5			±1.0		
6	锚固段环形突起部分的内径最小尺寸与钢筋公称直径差值(mm)	≥10			≥10		
7	直螺纹精度	—			GB/T 197 中 6H 级		

　　因灌浆套筒外径比连接钢筋大很多，在 PC 构件结构设计中计算 h_0 和配筋时，需相应明确套筒外径以确定受力钢筋在构件断面中的位置；还需要知道套筒的总长度和钢筋的插入长度，以确定下部构件的伸出钢筋长度和上部构件受力钢筋的长度。

　　目前，国内灌浆套筒生产厂家主要有北京思达建茂（合金结构钢）、上海住总（球墨铸铁）、深圳市现代营造（球墨铸铁）、深圳盈创（球墨铸铁）、建研科技股份有限公司（合金结构钢）、中建机械（无缝钢管加工）等。

　　北京思达建茂公司生产的半灌浆套筒如图 2.1-5～图 2.1-7 所示，全灌浆套筒如图 2.1-8 所示，半灌浆套筒和全灌浆套筒主要技术参数见表 2.1-4～表 2.1-6。

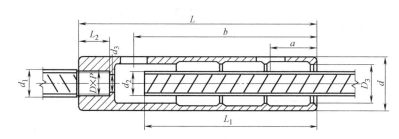

图 2.1-5　JM 钢筋半灌浆套筒

北京思达建茂 JM 钢筋半灌浆连接套筒主要技术参数　　　　　　　表 2.1-4

套筒型号	螺纹端连接钢筋直径 d_1(mm)	灌浆端连接钢筋直径 d_2(mm)	套筒外径 d(mm)	套筒长度 L(mm)	灌浆端钢筋插入口孔径 D_3(mm)	灌浆孔位置 a(mm)	出浆孔位置 b(mm)	灌浆端连接钢筋插入深度 L_1(mm)	内螺纹公称直径 D(mm)	内螺纹螺距 P(mm)	内螺纹牙型角(度)	内螺纹孔深度 L_2(mm)	螺纹端与灌浆端通孔直径 d_3(mm)
GT12	$\phi12$	$\phi12,\phi10$	$\Phi32$	140	$\Phi23\pm0.2$	30	104	96^{+15}_{0}	M12.5	2.0	75°	19	$\leqslant\Phi8.8$
GT14	$\phi14$	$\phi14,\phi12$	$\Phi34$	156	$\Phi25\pm0.2$	30	119	112^{+15}_{0}	M14.5	2.0	60°	20	$\leqslant\Phi10.5$
GT16	$\phi16$	$\phi16,\phi14$	$\Phi38$	174	$\Phi28.5\pm0.2$	30	134	128^{+15}_{0}	M16.5	2.0	60°	22	$\leqslant\Phi12.5$
GT18	$\phi18$	$\phi18,\phi16$	$\Phi40$	193	$\Phi30.5\pm0.2$	30	151	144^{+15}_{0}	M18.7	2.5	60°	25.5	$\leqslant\Phi15$
GT20	$\phi20$	$\phi20,\phi18$	$\Phi42$	211	$\Phi32.5\pm0.2$	30	166	160^{+15}_{0}	M20.7	2.5	60°	28	$\leqslant\Phi17$
GT22	$\phi22$	$\phi22,\phi20$	$\Phi45$	230	$\Phi35\pm0.2$	30	181	176^{+15}_{0}	M22.7	2.5	60°	30.5	$\leqslant\Phi19$
GT25	$\phi25$	$\phi25,\phi22$	$\Phi50$	256	$\Phi38.5\pm0.2$	30	205	200^{+15}_{0}	M25.7	2.5	60°	33	$\leqslant\Phi22$
GT28	$\phi28$	$\phi28,\phi25$	$\Phi56$	292	$\Phi43\pm0.2$	30	234	224^{+15}_{0}	M28.9	3.0	60°	38.5	$\leqslant\Phi23$
GT32	$\phi32$	$\phi32,\phi28$	$\Phi63$	330	$\Phi48\pm0.2$	30	266	256^{+15}_{0}	M32.7	3.0	60°	44	$\leqslant\Phi26$
GT36	$\phi36$	$\phi36,\phi32$	$\Phi73$	387	$\Phi53\pm0.2$	30	316	306^{+15}_{0}	M36.5	3.0	60°	51.5	$\leqslant\Phi30$
GT40	$\phi40$	$\phi40,\phi36$	$\Phi80$	426	$\Phi58\pm0.2$	30	350	340^{+15}_{0}	M40.2	3.0	60°	56	$\leqslant\Phi34$

注：1. 本表为标准套筒的尺寸参数：套筒材料优质碳素结构钢或合金结构钢，抗拉强度≥600MPa，屈服强度≥355MPa，断后伸长率≥16%。

2. 竖向连接异径钢筋的套筒：(1) 灌浆端连接钢筋直径小时，采用本表中螺纹连接端钢筋的标准套筒，灌浆端连接钢筋的插入深度为该标准套筒规定的深度 L_1 值。(2) 灌浆端连接钢筋直径大时，采用变径套筒，套筒参数见表2.1-5。

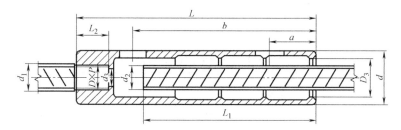

图 2.1-6　JM 异径钢筋半灌浆套筒

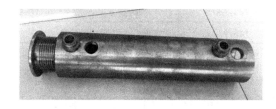

图 2.1-7　半灌浆套筒实物图片

北京思达建茂 JM 异径钢筋半灌浆连接套筒主要技术参数　　　　　　　　表 2.1-5

套筒型号	螺纹端连接钢筋直径 d_1 (mm)	灌浆端连接钢筋直径 d_2 (mm)	套筒外径 d (mm)	套筒长度 L (mm)	灌浆端钢筋插入口孔径 D_3 (mm)	灌浆孔位置 a (mm)	出浆孔位置 b (mm)	灌浆端连接钢筋插入深度 L_1 (mm)	内螺纹公称直径 D (mm)	内螺纹螺距 P (mm)	内螺纹牙型角（度）	内螺纹孔深度 L_2 (mm)	螺纹端与灌浆端通孔直径 d_3 (mm)
GT14/2	$\phi12$	$\phi14$	$\Phi34$	156	$\Phi25\pm0.2$	30	119	112^{+15}_{0}	M12.5	2.0	75°	19	$\leqslant\Phi8.8$
GT16/14	$\phi14$	$\phi16$	$\Phi38$	174	$\Phi28.5\pm0.2$	30	134	128^{+15}_{0}	M14.5	2.0	60°	20	$\leqslant\Phi10.5$
GT18/16	$\phi16$	$\phi18$	$\Phi40$	193	$\Phi30.5\pm0.2$	30	151	144^{+15}_{0}	M16.5	2.0	60°	22	$\leqslant\Phi12.5$
GT20/18	$\phi18$	$\phi20$	$\Phi42$	211	$\Phi32.5\pm0.2$	30	166	160^{+15}_{0}	M18.7	2.5	60°	25.5	$\leqslant\Phi15$
GT22/20	$\phi20$	$\phi22$	$\Phi45$	230	$\Phi35\pm0.2$	30	181	176^{+15}_{0}	M20.7	2.5	60°	28	$\leqslant\Phi17$
GT25/22	$\phi22$	$\phi25$	$\Phi50$	256	$\Phi38.5\pm0.2$	30	205	200^{+15}_{0}	M22.7	2.5	60°	30.5	$\leqslant\Phi19$
GT28/25	$\phi25$	$\phi28$	$\Phi56$	292	$\Phi43\pm0.2$	30	234	224^{+15}_{0}	M25.7	2.5	60°	33	$\leqslant\Phi22$
GT32/28	$\phi28$	$\phi32$	$\Phi63$	330	$\Phi48\pm0.2$	30	266	256^{+15}_{0}	M28.9	3.0	60°	38.5	$\leqslant\Phi23$
GT36/32	$\phi32$	$\phi36$	$\Phi73$	387	$\Phi53\pm0.2$	30	316	306^{+15}_{0}	M32.7	3.0	60°	44	$\leqslant\Phi26$
GT40/36	$\phi36$	$\phi40$	$\Phi80$	426	$\Phi58\pm0.2$	30	350	340^{+15}_{0}	M36.5	3.0	60°	51.5	$\leqslant\Phi30$

注：1. 本表为竖向连接异径钢筋时，灌浆端连接钢筋直径大，且连接钢筋直径相差一级的变径套筒参数；套筒材料：同表 2.1-4；套筒型号标识：灌浆连接端的钢筋直径在前，螺纹连接端的钢筋直径在后，直径数字之间用"/"分开，例如：灌浆连接钢筋为 25mm，螺纹连接端的钢筋直径为 20mm，则型号标识为 GT25/20。

2. 对于灌浆连接端钢筋直径大，且钢筋直径差超过一级的变径套筒，套筒参数按以下原则设计：套筒外径、长度及灌浆连接端各参数均与灌浆端连接钢筋的标注套筒相同，套筒螺纹连接端的内螺纹参数与连接的相应小直径钢筋的标准套筒的内螺纹参数相同。

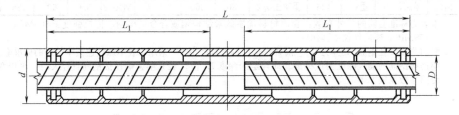

图 2.1-8　JM 钢筋全灌浆套筒

北京思达建茂 JM 钢筋全灌浆连接套筒主要技术参数　　　　　　　　表 2.1-6

套筒型号	连接钢筋直径 d_1 (mm)	可连接其他规格钢筋直径 d (mm)	套筒外径 d (mm)	套筒长度 L (mm)	灌浆端口孔径 D (mm)	钢筋插入最小深度 L_1 (mm)
CT16H	$\phi16$	$\phi14,\phi12$	$\Phi38$	256	$\Phi28.5\pm0.2$	113 ± 128
CT20H	$\phi20$	$\phi18,\phi16$	$\Phi42$	320	$\Phi32.5\pm0.2$	145 ± 16
CT22H	$\phi22$	$\phi20,\phi18$	$\Phi45$	350	$\Phi35\pm0.2$	160 ± 175
CT25H	$\phi25$	$\phi22,\phi20$	$\Phi50$	400	$\Phi38.5\pm0.2$	185 ± 200
CT32H	$\phi32$	$\phi28,\phi25$	$\Phi63$	510	$\Phi48\pm0.2$	240 ± 255

注：1. 套筒材料：优质碳素结构钢或合金结构钢，机械性能，抗拉强度≥600MPa，屈服强度≥355MPa，断后伸长率≥16%。

2. 套筒两端装有橡胶密封环，灌浆孔、出浆孔在套筒梁端。

深圳市现代营造科技有限公司生产的半灌浆套筒如图 2.1-9 所示，半灌浆套筒与连接钢筋对应尺寸见表 2.1-7。

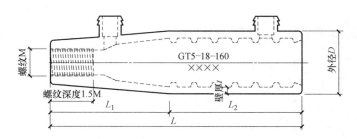

图 2.1-9 半灌浆套筒示意图

半灌浆套筒与连接钢筋对应尺寸表 表 2.1-7

| 规格型号 | 尺寸参数(mm) | | | | | 筒壁参数(mm) | | 适用钢筋规格 |
	L	注浆锚固长度	D	M	D_0	壁厚 t (mm)	凸起 h (mm)	400MPa
GTB4-12-A	130	90	36	13	22	4	3	12
GTB4-14-A	140	100	38	14.7	24	4	3	14
GTB4-16-A	150	110	40	16.7	26	4	3	16
GTB4-18-A	160	117	42	19	28	4	3	18
GTB4-20-A	190	143	44	21	30	4	3	20
GTB4-22-A	195	148	48	23	32	5	3	22
GTB4-25-A	238	190	53	26	35	6	3	25
GTB4-28-A	271	220	58	29	38	7	3	28
螺纹深度为 1.5 倍直径			灌浆孔突出套筒 10mm			内壁突起斜角 18°		

注：表中所有灌浆套筒均采用 QT550-5 或 QT600-3 材质制造，延伸率分别为 5%、3%，适用于 400MPa 以下强度级别的钢筋纵向连接。

钢筋的套筒灌浆连接广泛用于结构中纵向钢筋的连接，在保证施工质量的前提下性能可靠。在预制构件时，要求套筒的定位必须精准，浇筑混凝土前须对套筒所有的开口部位进行封堵，以防在套筒灌浆前有混凝土进入内部而影响灌浆和钢筋的连接效果。由于套筒直径大于钢筋直径，施工时要保障套筒及其箍筋的混凝土保护层厚度。另外，套筒连接处通常位于预制构件的端部，箍筋存在的意义重大。不能因为套筒较粗导致施工不便而省去箍筋，同时，计算箍筋用料时要考虑其长度大于其他部位箍筋的下料长度。

套筒灌浆连接技术保障了装配整体式剪力墙结构的可靠性，但由于其对构件生产要求的精度高、施工工序较为繁琐，当用于剪力墙内时，竖向钢筋数量大，逐根连接时会存在成本较高，生产、施工难度较大等问题。因此《装标》规定：当剪力墙采用套筒灌浆连接时，剪力墙边缘构件中的纵筋应逐根连接，竖向分布钢筋可以采用"梅花形"部分连接，形式如图 2.1-10 所示，"梅花形"连接时，连接的钢筋仍可用于计算水平剪力和配筋率，未连接钢筋不得计入。

《广东省装标》关于纵向钢筋采用套筒灌浆连接有以下规定：

（1）接头应满足现行行业标准《钢筋机械连接技术规程》JGJ 107—2016 中Ⅰ级接头的性能要求，并应符合国家现行有关标准的规定。

（2）灌浆套筒长度范围内，预制混凝土柱箍筋的混凝土保护层厚度不应小于 20mm，预制混凝土墙最外层钢筋的混凝土保护层厚度不应小于 15mm。

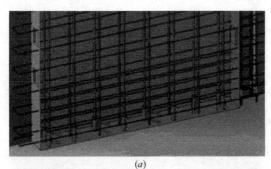

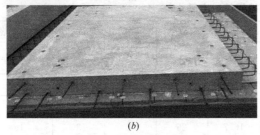

图 2.1-10 预制剪力墙竖向分布钢筋"梅花形"套筒灌浆

(a) 剪力墙"梅花形"套管灌浆连接三维图；
(b) 剪力墙"梅花形"套管灌浆连接构件图

（3）套筒之间的净距不应小于 25mm。

（4）灌浆套筒灌浆段最小内径与连接钢筋公称直径的差不宜小于表 2.1-8 的规定。

套筒灌浆连接的承载力等同于钢筋或高一些，即使破坏，也是在套筒连接之外的钢筋破坏，而不是套筒区域破坏，这样的等同效果是套筒和灌浆料厂家的试验所证明的。所以，结构设计对套筒灌浆节点不需要进行结构计算，主要是选择合适的套筒灌浆材料，设计中需要注意的要点是：

（1）应符合《装规》（行标）和现行行业标准《钢筋套筒灌浆连接应用技术规程》JGJ 355—2015 的规定。

（2）采用套筒灌浆连接时，钢筋应当是带肋钢筋，不能用光圆钢筋。

（3）选择可靠的灌浆套筒和灌浆料，应选择匹配的产品。

灌浆套筒灌浆段最小内径尺寸要求　　　　　　　　　　　　表 2.1-8

钢筋直径(mm)	套筒灌浆段最小内径与连接钢筋公称直径差最小值(mm)
12~25	10
28~40	15

（4）结构设计师应按规范提出套筒和灌浆料选用要求，并应在设计图样强调，在构件生产前须进行钢筋套筒灌浆连接接头的抗拉强度试验，每种规格的连接接头试件数量不应少于 3 个。

（5）须了解套筒直径、长度、钢筋插入长度等数据，据此做出构件保护层、伸出钢筋长度等细部设计。

（6）由于套筒外径大于所对应的钢筋直径，由此：

1）套筒区箍筋尺寸与非套筒区箍筋尺寸不一样。

2）两个区域保护层厚度不一样；在结构计算时，应当注意由于套筒引起的受力钢筋保护层厚度的增大，或者说 h_0 的减小。

3）对于按照现浇结构进行计算，之后才进行构件设计的工程，以套筒箍筋保护层作为控制因素，或断面尺寸不变，受力钢筋"内移"，由此会减小 h_0；或断面尺寸扩大，由此会改变构件刚度。结构设计必须进行复核计算，做出选择。

（7）套筒连接的灌浆不仅仅是要保证套筒内灌满，还要灌满构件接缝缝隙。构件接缝缝隙对竖向结构的可靠连接至关重要，一般为 20mm 高，不应小于 10mm。规范要求预制柱底部须设置键槽，键槽深度不小于 30mm，如此键槽处缝高达 50mm。构件接缝灌浆时需封堵，避免漏浆或灌浆不密实。

（8）外立面构件因装饰效果或因保温层等原因不允许或无法接出灌浆孔和出浆孔，可用灌浆孔导管引向构件的其他面。

在强连接中套筒灌浆可能用于连接不同直径的钢筋，当钢筋直径较大时，可能采用一头大一头小的异径专用灌浆套筒，如图 2.1-11 所示。

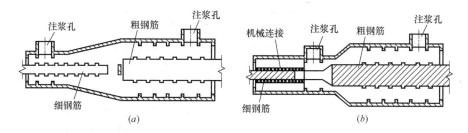

图 2.1-11 异径专用灌浆套筒钢筋连接示意图
（a）异径全灌浆套筒连接；（b）异径半灌浆套筒连接

二、套筒灌浆料

套筒灌浆料由水泥、细骨料、外加剂及其他材料混合而成，加一定比例的水充分搅拌后，具有流动性、早强、高强及硬化后微膨胀的特点。

套筒灌浆料的使用和性能应符合现行行业标准《钢筋套筒灌浆连接应用技术规程》JGJ 355—2015 和《钢筋连接用套筒灌浆料》JG/T 408—2013 的规定。两个行业标准给出了套筒灌浆料的技术性能，见表 2.1-9。

表 2.1-9

套筒灌浆料的技术性能

检测项目		性能指标
流动度	初始	≥300mm
	30min	≥260mm
抗压强度	1d	≥35MPa
	3d	≥60MPa
	28d	≥85MPa
竖向自由膨胀率	24h 与 3h 差值	0.02%～0.5%
氯离子含量		0.03%
泌水率(%)		0

套筒灌浆料应与套筒配套选用，应按产品设计说明进行配料和加工，灌浆料使用温度不宜低于 5℃。

三、机械套筒

机械套筒是在 PC 结构连接节点现浇区域钢筋连接时采用的一种金属套管。现浇区受力钢筋采用对接连接方式，连接套筒先套在一根钢筋上，与另一钢筋对接就位后，套筒移到两根钢筋中间，用螺旋方式或挤压方式将两根钢筋连接。

装配式结构中，机械连接套筒多用于现浇区域，在浇筑混凝土前连接钢筋，其作用与焊接、搭接一样。国内使用较多的机械套筒的材质与灌浆套筒一样。机械连接套筒与钢筋连接方式包括螺纹连接和挤压连接，最常用的是螺纹连接，对接连接的两根受力钢筋的端部都制成有螺纹的端头，将机械套筒旋在两根钢筋上。工程中可能遇到两根大小直径不同的钢筋采用机械套筒连接，此时需要采用一头大一头小的专用套筒，如图 2.1-12、图 2.1-13 所示。

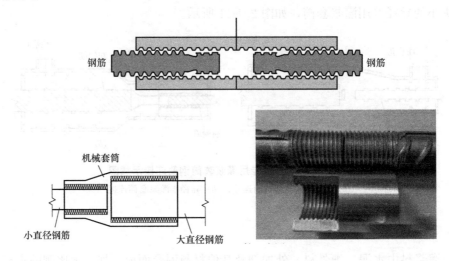

图 2.1-12　机械套筒示意图

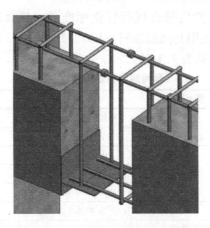

图 2.1-13　机械套筒连接示意图

机械连接套筒的性能和应用应符合现行行业标准《钢筋机械连接技术规程》JGJ 107—2016 和《钢筋机械连接用套筒》JG/T 163—2013 的规定。挤压套筒（图 2.1-14）原材料的力学性能见表 2.1-10，钢筋机械连接用直螺纹套筒最小尺寸参数见表 2.1-11。

挤压套筒原材料的力学性能　　　　　　　　　　　　　　　　表 2.1-10

项　　目	性　能　指　标
屈服强度(MPa)	205～350
抗拉强度(MPa)	335～500
断后伸长率 δ_s(%)	≥2
硬度(HRBW)	50～80

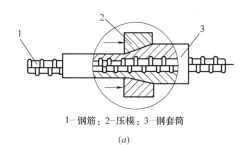

1-钢筋；2-压模；3-钢套筒

(*a*)

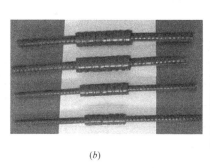

(*b*)

(*c*)

图 2.1-14　挤压套筒示意图

(*a*) 挤压套筒原理；(*b*) 挤压套筒实物图；(*c*) 挤压套筒施工图

钢筋机械连接用直螺纹套筒最小尺寸参数（单位：mm）　　　表 2.1-11

适用钢筋强度级别	套筒类型	型号	尺寸	钢筋直径					
				12	14	16	18	20	22
≤400 级	镦粗直螺纹	标准型正反丝型	外径 D	19.0	22.0	25.0	28.0	31.0	34.0
			长度 L	24.0	28.0	32.0	36.0	40.0	44.0
	剥肋滚轧直螺纹	标准型正反丝型	外径 D	18.0	21.0	24.0	27.0	30.0	32.5
			长度 L	28.0	32.0	36.0	41.0	45.0	49.0
	直接滚轧直螺纹	标准型正反丝型	外径 D	18.5	21.5	24.5	27.5	30.5	33.0
			长度 L	28.0	32.0	36.0	41.0	45.0	49.0
适用钢筋强度级别	套筒类型	型号	尺寸	钢筋直径					
				25	28	32	36	40	50
≤400 级	镦粗直螺纹	标准型正反丝型	外径 D	38.5	43.0	48.5	54.0	60.0	—
			长度 L	50.0	56.0	64.0	72.0	80.0	—
	剥肋滚轧直螺纹	标准型正反丝型	外径 D	37.0	41.5	47.5	53.0	59.0	74.0
			长度 L	56.0	62.0	70.0	78.0	86.0	106.0
	直接滚轧直螺纹	标准型正反丝型	外径 D	37.5	42.0	48.0	53.5	59.5	74.0
			长度 L	56.0	62.0	70.0	78.0	86.0	106.0

续表

适用钢筋强度级别	套筒类型	型号	尺寸	钢筋直径					
				12	14	16	18	20	22
500 级	镦粗直螺纹	标准型正反丝型	外径 D	20.0	23.5	26.5	25.5	32.5	36.0
			长度 L	24.0	28.0	32.0	36.0	40.0	44.0
	剥肋滚轧直螺纹	标准型正反丝型	外径 D	19.0	22.5	25.5	28.5	31.5	34.5
			长度 L	32.0	36.0	40.0	46.0	50.0	54.0
	直接滚轧直螺纹	标准型正反丝型	外径 D	19.5	23.0	26.0	29.0	32.0	35.0
			长度 L	32.0	36.0	40.0	46.0	50.0	54.0

适用钢筋强度级别	套筒类型	型号	尺寸	钢筋直径					
				25	28	32	36	40	50
500 级	镦粗直螺纹	标准型正反丝型	外径 D	41.0	45.5	51.5	57.5	63.5	—
			长度 L	50.0	56.0	64.0	72.0	80.0	—
	剥肋滚轧直螺纹	标准型正反丝型	外径 D	39.5	44.0	50.5	56.5	62.5	78.0
			长度 L	62.0	68.0	76.0	84.0	92.0	112.0
	直接滚轧直螺纹	标准型正反丝型	外径 D	40.0	44.5	51.0	57.0	63.0	78.5
			长度 L	62.0	68.0	76.0	84.0	92.0	112.0

注：1. 表中最小尺寸是指套筒原材料采用符合 GB/T 699 中 45 号钢力学性能要求（实测屈服强度和极限强度分别不应小于 355MPa、600MPa）、套筒生产企业有良好质量控制水平时可选用的最小尺寸。
2. 对外表面未经切削加工的套筒，当套筒外径≤500mm 时，应在表中所列最小外径尺寸基础上增加不应小于 0.4mm；当套筒外径＞50mm 时，应在表中所列最小外径尺寸基础上增加不应小于 0.8mm。
3. 实测套筒最小尺寸应在至少不少于 2 个方向测量，取最小值判定。

四、浆锚孔波纹管和浆锚孔约束螺旋筋

1. 浆锚孔波纹管

浆锚孔波纹管是预埋于装配式混凝土预制构件中，形成浆锚孔内壁，采用浆锚搭接方式连接钢筋用的材料，如图 2.1-15 所示。

《装标》第 5.2.2 条提出以下要求：用于钢筋浆锚搭接连接的镀锌金属波纹管应符合现行行业标准《预应力混凝土用金属波纹管》JG 225—2007 的有关规定。镀锌金属波纹管的钢带厚度不宜小于 0.3mm，波纹管高度不应小于 2.5mm。

江苏中南建设集团自澳大利亚引进了钢筋的金属波纹管浆锚搭接连接技术，主要应用于预制剪力墙的竖向钢筋连接。技术的原理为在预埋钢筋附近预埋金属波纹管，在波纹管插入待插钢筋后灌浆完成连

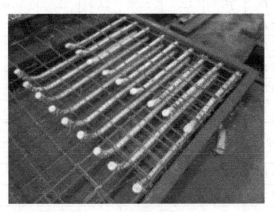

图 2.1-15　浆锚孔波纹管图

接。金属波纹管较薄，在连接中仅起到预留孔洞的"模板"作用，不需取出，但波纹管直径较大，被连接的两根钢筋分别位于波纹管内、外，连接钢筋和被连接钢筋外围除混凝土

外无其他约束。金属波纹管浆锚搭接技术示意如图 2.1-16 所示。

相对于钢筋套筒灌浆连接，金属波纹管浆锚搭接连接技术成本较低，但受力性能差于套筒灌浆连接。

2. 浆锚孔约束螺旋筋

螺旋箍筋约束的钢筋浆锚搭接连接，是指浆锚搭接方式中，在浆锚孔周围用螺旋钢筋约束，钢筋直径、钢筋搭接长度和螺旋箍筋的直径、箍距、配箍率根据设计要求确定，可以应用于预制装配式剪力墙的竖向钢筋连接。其工艺流程为：在预制构件底部预埋足够长度的带螺纹的套管，预埋钢筋和套管共同置于螺旋箍筋内，浇筑混凝土剪力墙后待混凝土开始硬化时拔出预埋套管，预制构件运输、就位后将待连接钢筋插入预留孔洞后由灌浆孔处注入灌浆料，完成钢筋的间接连接。

螺旋箍筋约束的钢筋浆锚搭接连接示意如图 2.1-17 所示。预留孔洞内壁表面为波纹状或螺旋状界面，以增强灌浆料和预制混凝土的界面粘结性能。沿孔洞长度方向布置的螺旋箍筋能够有效约束灌浆料与被连接钢筋。与套筒灌浆连接技术区别在于，预埋套筒不等同于套筒，其作用是为形成孔洞的模板，起到套筒约束作用的是螺旋箍筋，套管需要在预制墙的混凝土未完全硬化前及时取出。

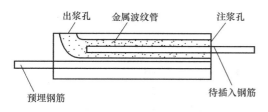

图 2.1-16 金属波纹管浆锚搭接技术示意

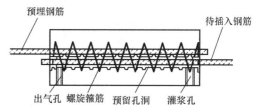

图 2.1-17 螺旋箍筋约束浆锚钢筋
搭接连接示意图

螺旋箍筋约束浆锚搭接连接技术成本较低，更适宜于较细的钢筋连接，剪力墙竖向分布钢筋可全部逐根连接。

《装标》规定，预制剪力墙竖向钢筋采用浆锚搭接连接时，墙体底部预留灌浆孔道直线段长度应大于下层预制剪力墙连接钢筋伸入孔道内的长度 30mm，孔道上部应根据灌浆要求设置合理弧度。孔道直径不宜小于 40mm 和 2.5d（d 为伸入孔道的连接钢筋直径）的较大值。孔道之间的水平净间距不宜小于 50mm，孔道外壁至剪力墙外表面的净间距不宜小于 30mm。当采用预埋金属波纹管成孔时，金属波纹管的钢带厚度及波纹高度应符合《装标》第 5.2.2 条的规定；当采用其他成孔方式时，应对不同预留成孔工艺、孔道形状孔道内壁的粗糙度或花纹深度及间距等形成的连接接头进行力学性能以及适用性的试验验证。

同时，《装标》对应用浆锚搭接技术的房屋适用高度做出以下规定：装配整体式剪力墙结构和装配整体式部分框支剪力墙结构，当剪力墙边缘构件竖向钢筋采用浆锚搭接连接时，房屋最大适用高度降低 10m。

《装标》还规定，当装配整体式剪力墙结构应用浆锚搭接技术时，其连接钢筋伸入长度应符合以下要求：当预制剪力墙纵筋采用非单排连接（图 2.1-18）以及"梅花形"部分连接（图 2.1-19）方式时，下层预制剪力墙连接钢筋伸入预留灌浆孔道内的长度不应

小于 $1.2l_{aE}$，连接钢筋伸入长度见表 2.1-12。当采用单排连接时（图 2.1-20），连接钢筋伸入预留灌浆孔道内的长度为表 2.1-12 中数据加上 0.5 倍墙厚。

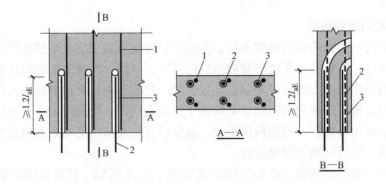

图 2.1-18　竖向钢筋浆锚搭接连接构造示意

1—上层预制剪力墙竖向钢筋；2—下层剪力墙竖向钢筋；3—预留灌浆孔道

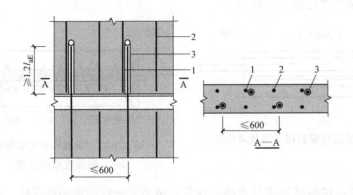

图 2.1-19　竖向分布钢筋"梅花形"浆锚搭接连接构造示意

1—连接的竖向分布钢筋；2—未连接的竖向分布钢筋；3—预留灌浆孔道

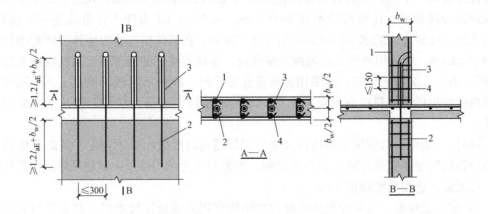

图 2.1-20　竖向分布钢筋单排浆锚搭接连接构造示意

1—上层预制剪力墙竖向钢筋；2—下层剪力墙连接钢筋；3—预留灌浆孔道；4—拉筋

HRB400 钢筋浆锚搭接连接钢筋伸入长度（单位：mm）　表 2.1-12

抗震等级	钢筋直径	混凝土强度等级							
		C25	C30	C35	C40	C45	C50	C55	≥C60
一、二级	8	442	384	355	317	307	298	288	278
	10	552	480	444	396	384	372	360	348
	12	662	576	533	475	461	446	432	418
	14	773	672	622	554	538	521	504	487
	16	883	768	710	634	614	595	576	557
	18	994	864	799	713	691	670	648	626
	20	1104	960	888	792	768	744	720	696
	22	1214	1056	977	871	845	818	792	766
	25	1380	1200	1110	990	960	930	900	870
	28	1546	1344	1243	1109	1075	1042	1008	974
	32	1766	1536	1421	1267	1229	1190	1152	1114
三级	8	403	355	326	288	278	269	259	278
	10	504	444	408	360	348	336	324	348
	12	605	533	490	432	418	403	389	418
	14	706	622	571	504	487	470	454	487
	16	806	710	653	576	557	538	518	557
	18	907	799	734	648	626	605	583	626
	20	1008	888	816	720	696	672	648	696
	22	1109	977	898	792	766	739	713	766
	25	1260	1110	1020	900	870	840	810	870
	28	1411	1243	1142	1008	974	941	907	974
	32	1613	1421	1306	1152	1114	1075	1037	1114
四级	8	384	336	307	278	269	259	250	240
	10	480	420	384	348	336	324	312	300
	12	576	504	461	418	403	389	374	360
	14	672	588	538	487	470	454	437	420
	16	768	672	614	557	538	518	499	480
	18	864	756	691	626	605	583	562	540
	20	960	840	768	696	672	648	624	600
	22	1056	924	845	766	739	713	686	660
	25	1200	1050	960	870	840	810	780	750
	28	1344	1176	1075	974	941	907	874	840
	32	1536	1344	1229	1114	1075	1037	998	960

五、浆锚搭接灌浆料

浆锚搭接用的灌浆料也是水泥基灌浆料。由于浆锚孔壁的抗压强度低于套筒，灌浆料采用套筒灌浆料那么高的强度没有必要，因此，抗压强度低于套筒灌浆料。《装规》（行标）第4.2.3条给出了钢筋浆锚搭接连接接头用灌浆料的性能要求，见表2.1-13。

钢筋浆锚搭接连接接头用灌浆料的性能要求　　　　　　表2.1-13

项　　目		性能指标	试验方法标准
泌水率(%)		0	《普通混凝土拌合物性能试验方法标准》GB/T 50080—2016
流动度(mm)	初始值	≥200	《水泥基灌浆材料应用技术规范》GB/T 50448—2015
	30min保留值	≥150	
竖向膨胀率(%)	3h	≥0.02	
	24h与3h的膨胀率之差	0.02～0.5	
抗压强度(MPa)	1d	≥35	
	3d	≥55	
	28d	≥80	
氯离子含量(%)		≤0.06	《混凝土外加剂匀质性试验方法》GB/T 8077—2012

六、灌浆导管、孔塞、堵缝料

1. 灌浆导管

当灌浆套筒或浆锚孔距离埋于混凝土构件较深而不方便灌浆时，需要在PC构件中埋置灌浆导管，如图2.1-21所示。灌浆导管一般采用电气用的套管，即PVC中型（M型）管，壁厚1.2mm，其外径应为套筒或浆锚孔灌浆出浆口的内径，一般为16mm。

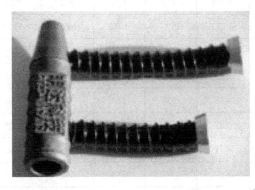

图2.1-21　灌浆导管图片

2. 灌浆孔塞

在构件加工时为避免孔道被异物堵塞，需用灌浆孔塞封堵灌浆套筒和浆锚孔的灌浆口与出浆孔，如图2.1-22所示。灌浆孔塞一般用橡胶塞或木塞制成。

3. 灌浆堵缝材料

灌浆构件的接缝需用灌浆堵缝材料进行封堵（图2.1-23），该封堵材料有橡胶条、木

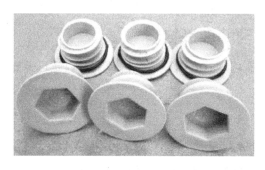

图 2.1-22　灌浆孔塞图片

条和封堵速凝砂浆等，常用的橡胶止水条如图 2.1-24 所示。灌浆堵缝材料要求封堵密实、不漏浆、作业便利。封堵速凝砂浆是一种高强度水泥基砂浆，强度大于 50MPa，具有可塑性好、成型后不塌落、凝结速度快和干缩变形小的性能。

图 2.1-23　灌浆缝封堵　　　　　　　　　图 2.1-24　橡胶止水条

七、钢筋锚固板

装配式建筑中现浇区节点受力钢筋的锚固无法满足规范规定的锚固长度要求时，可在钢筋端部设置锚固钢筋的承压板，如图 2.1-25 所示。

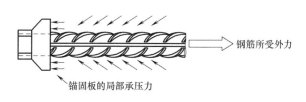

钢筋所受外力

锚固板的局部承压力

图 2.1-25　钢筋锚固板

钢筋锚固板的材质有球墨铸铁、钢板、锻钢和铸铁 4 种，具体材质牌号和力学性能应符合现行行业标准《钢筋锚固板应用技术规程》JGJ 256—2011 的规定。

第二节　辅助连接材料

装配式混凝土结构的辅助连接材料，有内埋式金属螺母、内埋式塑料螺母、螺栓、内埋式螺栓、建筑密封胶、密封橡胶条等。

一、内埋螺母

1. 内埋式金属螺母

内埋式金属螺母（图 2.2-1）在预制构件中预埋，在吊顶悬挂、设备管线悬挂、安装临时支撑、吊装和翻转吊点、后浇区模具固定等方面有重要作用。内埋式螺母体型小，方便预埋，也不会探出混凝土表面引起刮碰。

内埋式金属螺母的材质为高强度的碳素结构钢或合金结构钢，锚固类型有螺纹型、丁字形、燕尾形和穿孔插入钢筋型。

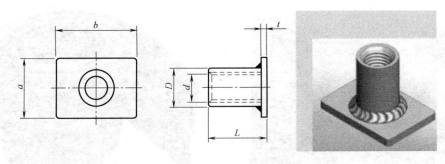

图 2.2-1　内埋金属螺母

2. 内埋式塑料螺母

内埋式塑料螺母较多用于楼盖底面悬挂电线等重量不大的管线。对于公用建筑，设备管线较多（图 2.2-2），传统的装修方式多为现场打钻吊钉等方式进行安装，难免对结构构件造成损伤。PC 构件制作时预埋内埋式塑料螺栓（图 2.2-3），管线安装方便快捷，又不会损伤构件。这种方式在日本应用较多，国内在万科 2008 年项目中已采用，效果非常好。

图 2.2-2　办公楼楼盖底悬吊
设备管线示意图

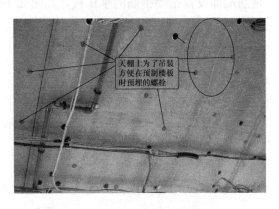

图 2.2-3　预埋在叠合楼板
底面的塑料螺栓

二、内埋式吊钉

PC 构件吊装要求需要在构件制作时预埋专用于吊装的预埋件，内埋式吊钉是最常用的吊装预埋构件，与之配套的吊钩卡具有连接方便、快速起吊的特点（图 2.2-4）。内埋吊钉的参数见表 2.2-1。

图 2.2-4 吊钉与卡具

吊钉主要参数　　　　　　　　　　　　　　　　　　　　　　　　　表 2.2-1

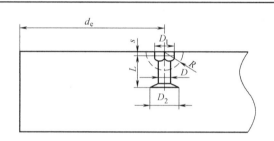

在起吊角度位于 0℃～45℃ 时，用于梁与墙板构件的吊钉承载能力举例

承载能力（t）	D	D_1	D_2	R	吊钉顶面凹入混凝土梁深度 s(mm)	吊钉到构件边最小距离 d_e(mm)	构件最小厚度（mm）	最小锚固长度（mm）	混凝土抗压强度达到 15MPa 时，吊钉最大承受荷载(kN)
1.3	10	19	25	30	10	250	100	120	13
2.5	14	26	35	37	11	350	120	170	25
4.0	18	36	45	47	15	675	160	210	40
5.0	20	36	50	47	15	765	180	240	50
7.0	24	47	60	59	15	946	240	300	75
10.0	28	47	70	59	15	1100	260	340	100
15.0	34	70	80	80	15	1250	280	400	150
20.0	39	70	98	80	15	1550	280	500	200
32.0	50	88	135	107	23	2150			

三、螺栓与内埋式螺栓

预制混凝土构件使用的螺栓包括常规构件安装时使用的螺栓，宜选用高强度螺栓或不

锈钢螺栓。高强度螺栓应符合现行行业标准《钢结构高强度螺栓连接技术规程》JGJ 82—2011 的要求。

在混凝土中预埋的螺栓是内理式螺栓，在其端部焊接锚固钢筋。焊接焊条应根据所用的螺栓和钢筋选择匹配的规格。

四、建筑密封胶

为达到防水等要求，对于装配式建筑预制外墙板和外墙构件接缝使用的建筑密封胶需满足以下要求：

（1）为使密封胶与预制混凝土构件更好的粘合，密封胶应与混凝土具有相容性，同时要达到规定的抗剪切和伸缩变形能力；密封胶尚应具备弹性好、防霉、防火、防水、耐候、环保、可涂装等性能。

（2）密封胶性能应满足《混凝土建筑接缝用密封胶》JC/T 881—2001 的规定。

（3）《装规》（行标）要求：硅酮、聚氨酯、聚硫密封胶应分别符合国家现行标准《硅酮建筑密封胶》GB/T 14683—2003、《聚氨酯建筑密封胶》JC/T 482—2003 和《聚硫建筑密封胶》JC/T 483—2006 的规定。

（4）外挂墙板接缝处的密封胶背衬材料宜选用直径大于缝宽 1.5 倍的聚乙烯塑料棒或发泡氯丁橡胶，其接缝构造图及密封胶施工如图 2.2-5、图 2.2-6 所示。

（5）外挂墙板接缝中用于第二道防水的密封胶条，宜采用三元乙丙橡胶、氯丁橡胶或硅橡胶。

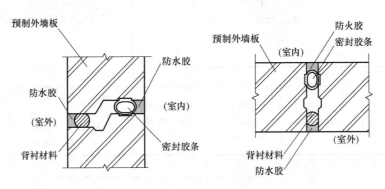

图 2.2-5　外挂墙板接缝构造图

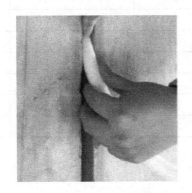
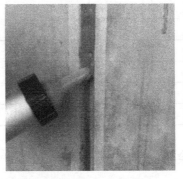

图 2.2-6　建筑外墙密封胶施工

改性硅酮密封胶（MS胶）为近年来日本引进的新技术产品，其耐候性、耐沾污性、深层固化能力尤其突出，材料可参照《混凝土建筑接缝用密封胶》JC/T 881—2001 检测和实施。

用于 PC 建筑的建筑密封胶，国外著名品牌有荷兰 SABA（赛百）、汉高、Sikaflex（西卡）、Bostik（波士胶）和 Sunstar（盛势达）；国内常用品牌有白云、安泰等。Sabatack（r）790 产品参数见表 2.2-2。

荷兰 SABA（赛百）Sabatack® 790 产品参数 表 2.2-2

基础成分	改性硅烷,吸湿固化
密度(EN 542)	约 1.380kg/m³
固体成分	约 100%
结皮时间(23℃,50% RLV)	约 8min
开放时间(23℃,50% RLV)	约 10min
表干时间(23℃,50% RLV)	约 4h 后
固化速度(23℃,50% RLV)	约 4mm/24h
邵 A 硬度(EN ISO 868)	约 64
体积变化(EN ISO 10563)	约 5%
100% 模量(ISO 37/DIN 53504)	约 2.0N/mm²
拉伸强度(ISO 37/DIN 53504)	约 3.5N/mm²
断裂延伸率(ISO 37/DIN 53504)	约 250%
剪切强度(ISO 4587)	约 2.3N/mm²
操作温度	最低＋5℃最高＋35℃
储存温度	最低＋5℃最高＋25℃
耐温范围	最低－40℃最高＋120℃
短时间耐热温度	最高＋180℃(30min)

外挂墙板板缝中的密封材料处于复杂的受力状态中，香港《预制混凝土建造作业守则》指出：密封胶的厚度与缝宽比为1：2时，密封胶的防水性能最优。同时考虑造价和密封胶的防水效果，国内外挂墙板的接缝宽度一般不小于15mm，建筑密封胶的厚度不小于缝宽的1/2且不小于8mm。

图 2.2-7 橡胶密封条

五、密封橡胶条

PC 建筑所用密封橡胶条多用于板缝节点，与建筑密封胶一起共同构成多重防水体系。密封橡胶条多为环形空心橡胶条，应具有较好的弹性、可压缩性、耐候性和耐久性，如图 2.2-7、图 2.2-8 所示。

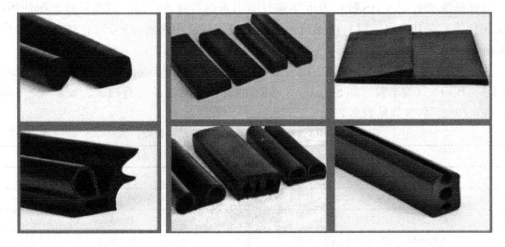

图 2.2-8 不同形状的橡胶密封条

第三节 构件连接形式

一、湿连接

湿连接是指预制构件间主要纵向受力钢筋的拼接部位，用现浇混凝土或灌浆填充的连接方法。湿连接形式与现浇混凝土结构类似，其强度、刚度和变形行为与现浇混凝土结构相同。为使装配整体式结构性能与现浇混凝土结构等同，在我国的实际工程中，结构抗侧力体系的重要连接部位如预制柱连接、预制梁与预制柱连接、预制剪力墙连接均使用湿连接。

图 2.3-1 所示构件连接，（a）为预制柱间的连接，钢筋采用机械连接，在连接区设置后浇混凝土；（b）为预制梁与预制柱的连接，在梁、柱节点区设置后浇混凝土，柱顶钢筋穿过现浇区，待叠合梁安装完毕后浇筑混凝土，实现预制梁、柱连接；（c）为预制梁间的连接，在预制梁间设置后浇区，预制梁底部钢筋可采用搭接连接或机械连接。（d）、（e）为预制剪力墙间的连接，同层的预制剪力墙间，一般采用剪力墙边缘构件现浇、预制墙钢筋锚入边缘构件的形式进行连接；竖向预制剪力墙之间，多采用灌浆套筒连接或浆锚搭接连接。

湿连接有"广义"和"狭义"之分，"狭义"上的湿连接就是留出一个区域，钢筋驳接或锚固后，浇筑混凝土。因此预制构件之间"狭义"上的湿连接的结构与现浇结构完全相同。柱端、墙端通过套筒、浆锚连接，由于只是钢筋的一种驳接方式，"广义"上讲也是湿连接，但是与湿连接有一定差异。

二、干连接

干连接是指预制构件间连接不属于湿连接的连接方法，通过在预制构件中预埋不同的连接件，然后在工地现场用螺栓、焊接等方式按照设计要求完成组装（图 2.3-2）。与湿连接相比，干连接不需要在施工现场使用大量现浇混凝土或灌浆，安装较为方便、快捷。与所连接的构件相比，有些干连接刚度较小，构件变形主要集中于连接部位，当构件变形

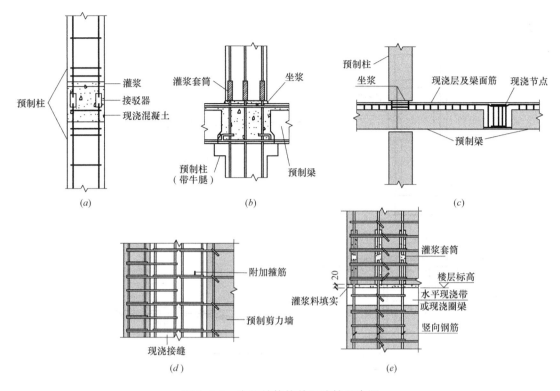

图 2.3-1 主要结构构件湿连接示意图

(*a*) 预制柱现浇连接；(*b*) 预制梁与预制柱现浇连接；(*c*) 预制梁连接；

(*d*) 同层预制剪力墙连接；(*e*) 上下层预制剪力墙连接

较大时，连接部位会出现一条集中裂缝，这与现浇混凝土结构的变形行为有较大差异〔如图 2.3-2 中 (*b*)、(*c*)、(*d*)〕。干连接在国外装配式结构中应用较为广泛，但在我国的装配式混凝土实际工程中应用较少。

三、强连接与延性连接

强连接是指结构在地震作用下达到最大侧向位移时，结构构件进入塑性状态，而连接部位仍保持弹性状态的连接。延性连接是指结构在地震作用下，连接部位可以进入塑性状态并具有满足要求的塑性变形能力的连接。强连接与延性连接主要应用于装配整体式结构抗侧力框架体系中，合理安排强连接和延性连接位置，能够保证结构抗侧力体系在大震下的塑性变形能力，从而形成有效的耗能机制。

图 2.3-3 所示的预制梁与预制柱的连接中，在预制梁、柱连接的结合部，由于构件间没有足够的塑性变形长度，在地震作用下，结合部的钢筋会产生应力集中而发生脆性破坏。因此，在地震作用下，为避免此处发生破坏，应确保连接处的钢筋保持弹性，保证梁中钢筋的屈服发生在连接区域以外的地方。与图 2.3-3 所示连接方式不同，图 2.3-4 中预制梁下部纵向钢筋可伸至节点区外的后浇段内连接，连接接头与节点区有一定的距离，使梁端具有足够的塑性变形长度，从而可以保证在设计地震作用下梁端塑性铰区的性能。

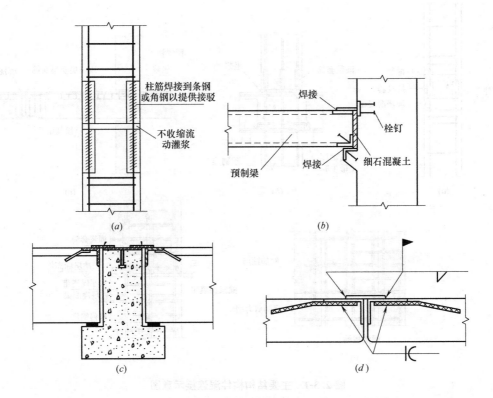

图 2.3-2　干连接示意图

（a）预制柱拼接；（b）预制梁、柱连接；

（c）预制主次梁连接；（d）预制板连接

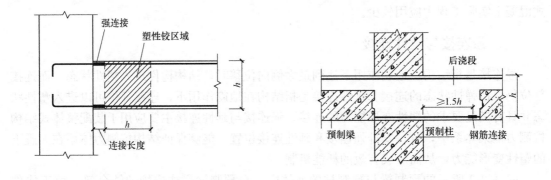

图 2.3-3　梁-柱强连接示意图　　　　　图 2.3-4　梁-柱延性连接示意图

在《装标》和《装规》（行标）中，没有明确强连接和延性连接的概念，而是隐含地采用延性连接，如图 2.3-5 所示。在不能明确保证产生塑性变形能力而有可能出现塑性铰的部位要求采用现浇结构，如剪力墙结构和部分框支剪力墙结构底部加强部位以及框架结构的首层柱等部位。

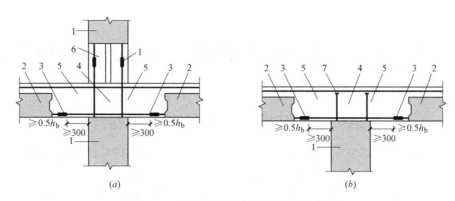

图 2.3-5 框架结构梁-柱延性连接示意图

（a）中间层；（b）顶层

1—预制柱；2—叠合梁预制部分；3—挤压套筒；4—后浇区；5—梁端后浇段；6—柱底后浇段；7—锚固板

第三章 装配式混凝土结构的分类

第一节 结构三个装配水平的划分

根据在结构中的部位，本书对我国装配式建筑中的预制构件从结构专业的角度划分为以下三种类型：（1）非结构构件预制，如预制楼梯、预制外挂墙板、预制内墙板等，这里主要是按不参与整体受力的构件划分；（2）水平结构构件预制，如：叠合板、叠合梁等；（3）竖向结构构件预制，如：预制柱，预制剪力墙等。

一、非结构构件预制，结构构件现浇

非结构构件预制包括预制楼梯、预制外挂墙板、预制内墙板、预制空调板、预制阳台等（图3.1-1），这类预制构件主要以荷载的形式作用于主体结构上，不参与主体结构的计算，但其自身需要满足承载力和耐久性的要求。

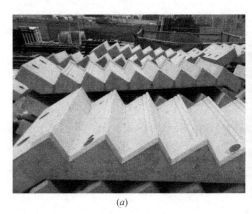 

（a） （b）

图 3.1-1 非结构构件预制示意图

（a）预制楼梯；（b）预制外挂墙板

非结构构件预制、主体结构现浇的结构，并不是装配式，只是建筑中采用了预制构件而已。因此，这类建筑的结构形式就是现浇混凝土结构，其最大适用高度、抗震等级等均按照现浇混凝土结构取值。

结构设计时，尽管此类构件没有参与主体结构计算，但是需要考虑或减少这些构件对主体结构的影响。如预制楼梯设计时，我们可以将楼梯一端设置为铰支座，另一端采用滑动支座。当然，当把楼梯作为斜撑构件，作为抗侧力结构的一部分时，应把楼梯作为主体结构的一部分进行计算和采取相应的抗震措施。墙板设计时，要考虑外挂墙板对框架梁刚度的影响，内墙板对整个结构的刚度的影响等，具体的考虑方法在本书后面章节中会重点介绍。

二、水平结构构件预制，竖向结构构件现浇

水平结构构件预制包括叠合板、叠合梁、全预制梁、板等，竖向构件仍然采用现浇混凝土的形式。与现浇混凝土结构相比，由于竖向构件本身就是现浇，预制水平结构构件的纵筋可按《抗规》、《混规》和《高规》的要求锚入竖向构件内。此类建筑从结构上讲，其整体受力与现浇结构相同，设计时，结构的最大适用高度、抗震等级、相关计算参数的选取以及构造措施等均与现浇混凝土结构一样，其整体性能也与现浇混凝土结构一样。当采用叠合梁时，楼板一般采用叠合板，梁、板的后浇层一起浇筑。

三、竖向结构构件和水平结构构件均预制

与前两个装配水平相比，竖向结构构件和水平结构构件均预制的装配化水平更高也更复杂，对设计、制作以及安装都有更加严格的要求。

当竖向结构构件和水平结构构件均预制时，预制构件之间纵向钢筋的连接无论是采用套筒灌浆连接还是浆锚搭接连接，均与现浇混凝土结构中纵向钢筋的连接方式不同。如《混规》规定，抗震设计时，混凝土结构构件纵向受力钢筋的连接宜避开梁端、柱端的箍筋加密区，且混凝土构件位于同一连接区段内的纵向受力钢筋接头面积百分率不宜超过50%，而当竖向结构构件和水平结构构件均预制时，由于制作和安

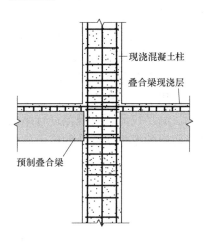

现浇混凝土柱
叠合梁现浇层
预制叠合梁

图 3.1-2　叠合梁与现浇柱示意图

装的需要，预留钢筋的长度一致，同一连接区段钢筋接头的面积为100%。因此，当竖向结构构件和水平结构构件均预制时，结构的抗震性能，尤其是在大震下的弹塑性性能很难与现浇混凝土结构完全等同。

第二节　装配整体式混凝土结构

根据《装规》（行标）的定义，装配整体式混凝土结构是由预制混凝土构件通过可靠的方式进行连接并与现场后浇混凝土、水泥基灌浆料形成整体的装配式混凝土结构。虽然装配整体式混凝土结构的建造方式与现浇混凝土有所不同，但是装配整体式混凝土结构设计的主要方法还是参考现浇混凝土结构，其性能需与现浇混凝土结构基本等同，如在正常使用状态，裂缝宽度、构件挠度及变形、承载力、恢复力特性、耐久性等规定，在罕遇地震作用下，为防止发生构件坠落的情况，不允许出现结合面剪切破坏先于塑性铰出现的情况。

一、"湿连接"的应用

"湿连接"是装配整体式混凝土结构中非常重要的连接方式，尤其是在结构中抗侧力构件间的连接，均是以"湿连接"为主，如柱与柱、墙与墙、梁与柱或墙等构件之间采用后浇混凝土和钢筋套筒灌浆连接等方式进行连接。到目前为止，世界上所有的装配整体式混凝土结构建筑，都会有"湿连接"。"湿连接"的应用范围包括：（1）柱连接；（2）柱、

梁连接；（3）梁连接；（4）剪力墙边缘构件连接；（5）剪力墙横向连接；（6）叠合板式剪力墙连接。

二、采用叠合楼板

在现浇结构中，对结构的整体分析和量化指标的控制，都是在刚性楼板假定的前提下提出来的，比如说位移比、剪重比、周期比、质量参与系数等。换句话说，如果不是在刚性楼板假定的前提下计算出来的结果是不能与现行规范上提出的控制参数进行对比的。之所以采用楼板刚性假定，是因为在楼板刚性假定下，结构分析的自由度数目大大减少，可减小由于庞大自由度系统而带来的计算误差，使计算过程的分析和计算结果大为简化。大量的计算分析和工程实践证明，刚性楼板假定对绝大多数高层建筑的分析具有足够的工程精度。因此，采用刚性楼板假定进行结构计算时，设计上需要采取必要的措施保证楼面的整体刚度。

图 3.2-1 为全预制空心楼板，从图上可以看出，预制楼板间存在大量的拼缝，在侧向荷载作用下，楼板在自身的平面内发生了变形，这与现浇结构中楼板的刚性假定不同，因此无法满足按照现有规范进行结构计算的前提。即使采用构造措施使全预制楼板满足刚性楼板假定的要求接缝处的应力如何计算也是一个难题，目前的工程软件还无法进行计算。

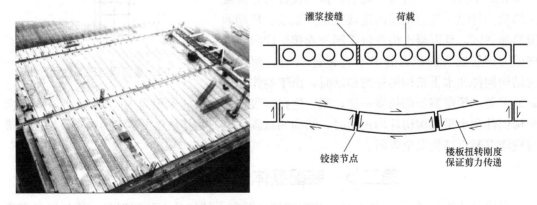

图 3.2-1　全预制楼板示意图

因此，在初期发展阶段的装配整体式混凝土结构中，采用叠合楼板，并规定现浇层的最小厚度，以保证楼板的整体性，使刚性楼板假定与实际情况相符。当然，若全预制楼板与梁及楼板之间的连接采用"狭义"上的湿连接，如图 3.2-2 所示，从概念上讲也是可以的。

三、底部加强区的剪力墙和首层的柱采用现浇

我们知道，在地震作用下，要求结构的塑性铰首先出现在首层的柱底或剪力墙底，然后出现在梁端，如图 3.2-3 所示。在装配式结构中，基础的预留钢筋通过灌浆套筒与首层预制柱或预制剪力墙进行连接，以框架结构为例，首层柱的连接方式如图 3.2-4 所示。由于灌浆套筒的强度要强于构件中的钢筋，因此在地震作用下，下端的钢筋没有塑性发展的长度，容易拉断或拔出，柱底将无法产生塑性铰，这就与现浇结构有很大的不同。

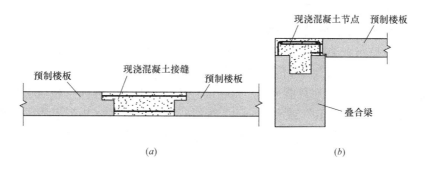

图 3.2-2　全预制板采用"狭义"湿连接示意图

（a）全预制板件现浇混凝土接缝；（b）梁板间现浇混凝土节点

四、现浇楼层

为保证结构的整体性，对受力复杂的楼层采用现浇层，或加厚叠合板的现浇层厚度，例如：（1）转换层、嵌固层规定采用现浇楼层；（2）顶层现浇层加厚；（3）剪力墙设置现浇圈梁或现浇带等。

如何保证装配整体式混凝土结构的性能与现浇混凝土结构基本等同？主要从四个方面保证。《装标》规定，对高层建筑装配整体式混凝土结构：

（1）当设置地下室时，宜采用现浇混凝土；

（2）剪力墙结构和部分框支剪力墙结构底部加强部位宜采用现浇混凝土；

（3）框架结构的首层柱宜采用现浇混凝土；

（4）当底部加强部位的剪力墙、框架结构的首层柱采用预制混凝土时，应采取可靠的措施；

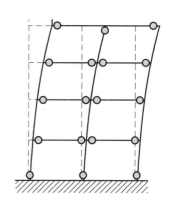

图 3.2-3　框架结构塑性铰出现位置示意图

（5）结构转换层和作为上部结构嵌固部位的楼层宜采用现浇楼盖。

五、与现浇结构的差异及处理

在装配式整体式混凝土结构中，考虑到构件制作、安装的方便，往往纵向受力钢筋的连接会在梁端或柱端，此时，构件同一连接区段内纵向受力钢筋的接头面积百分率为 100%。而《混规》中规定抗震设计时，位于同一连接区段内的纵向受力钢筋的连接宜避开梁端、柱端的箍筋加密区，且接头面积百分率不宜超过 50%。

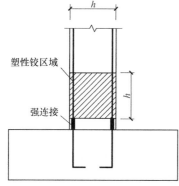

图 3.2-4　框架首层柱连接示意图

针对钢筋连接接头的问题，《装规》（行标）规定，纵向钢筋采用套筒灌浆连接时，接头需要满足现行行业标准《钢筋机械连接技术规程》JGJ 107—2016 中 I 级接头的性能要求，即接头抗拉强度等于被连接钢筋实际抗拉强度或不小于 1.1 倍钢筋抗拉强度标准值，残余变形小并具有高延性及反复拉压性能。

提高接头质量等级、放松接头使用部位和接头百分率的限制是近年来国际上钢筋连接技术发展的一种趋向。美国 ACI 318 规范将框架结构延性分为三个等级："ordinary"、"intermediate"、"special"，由不同的抗震措施来保证结构延性依次递增，对于强震区（相当于我国 8 度半至 9 度）只能采用"special"等级；对于中震区（相当于我国 7 度至 8 度）可以采用"intermediate"或"special"等级；对于低震区（相当于我国 6 度至 7 度）可以三者任选。美国 ACI 318 规范将机械连接接头性能分为 type 1 和 type 2 两种，其中 type 2 型接头（接近我国Ⅰ级接头强度）允许在"special"等级框架结构中任何部位包括框架梁、柱塑性铰区使用，且接头百分率不受限制。考虑到我国绝大部分地区抗震设防烈度在 6～8 度之间，当采用Ⅰ级机械连接接头或灌浆套筒在有抗震设防要求的梁端、柱端对纵向钢筋进行连接时，接头百分率可放宽至 100%，但应考虑对塑性变形能力的影响。

第三节　全装配式混凝土结构

一、概述

所谓全装配式混凝土结构是指装配式混凝土结构中不满足装配整体式要求的装配式混凝土结构。通常全装配式建筑结构中预制构件之间部分或全部通过干式节点进行连接，没有或者有较少的现浇混凝土，楼板一般采用全预制楼板。严格地讲，还有介于装配整体式和全装配式之间的结构，由于装配整体式结构在我国占绝对统治地位，因此本书把不是装配整体式的结构统称为全装配式结构。当然，将来随着发展还可以进一步细分。

目前，国内绝大部分装配式结构均为装配整体式结构，而全装配式结构应用很少，主要原因是我国还没有全装配式结构的设计方法，也无相关规范可以遵循，针对全装配式结构的相关研究也比较少，这些都大大制约了全装配式建筑在国内的发展。

本书后续章节中的设计方法均针对装配整体式结构，本节仅对全装配式混凝土结构的一些特性作简单的说明。

二、全装配式混凝土结构的特性

图 3.3-1 为全装配式框架结构构件间连接的示意图，从图中可以看出，预制梁与预制柱的连接，可采用牛腿连接、螺栓连接或暗榫连接等；预制梁间采用螺栓连接或企口连接；预制柱间采用螺栓连接或套筒灌浆连接；预制楼板间、预制楼板与主体结构间多采用连接件进行焊接连接。这些连接方式多以干连接为主。

常见的梁-柱干连接节点如图 3.3-2 所示，楼板连接如图 3.3-3 所示。

从结构分析上来讲，全装配式混凝土结构体系与装配整体式混凝土结构一样，都需要承担恒荷载、活荷载、地震作用和风荷载等，且各构件和节点均需满足承载力及变形要求。在进行结构的整体受力分析时，两种结构体系基本没有差异，都应该满足各构件间力的有效传递，但是，对于全装配式结构体系而言，由于节点基本上采用干式节点，且采用全预制楼板，结构的总体刚度和整体性与装配整体式混凝土结构相比会有所降低，变形行为也与装配整体式混凝土结构有较大差异。全装配式结构中的梁、柱节点，有可能为半刚性连接，节点的刚度介于刚接和铰接之间，对不同的截面形式和连接形式，其刚度会不

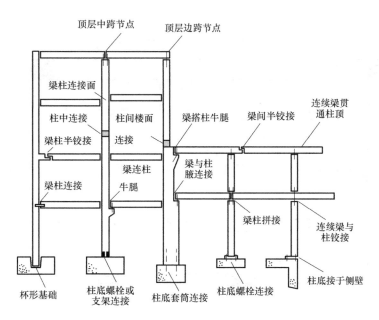

图 3.3-1　全装配式框架构件连接示意图

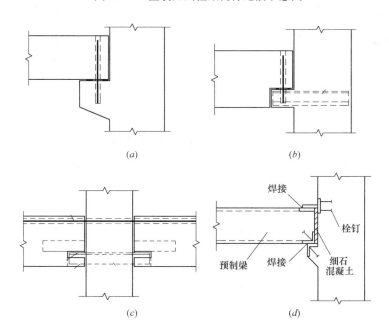

图 3.3-2　常用的全装配式梁柱节点连接

（a）普通牛腿连接；（b）型钢牛腿连接；（c）型钢暗牛腿连接；（d）焊接连接

同，给计算带来了很大的困难；另外，采用全预制楼板时，楼板的刚性假定也可能不适用，无法采用常规的软件进行计算，这些都使得全装配式结构无法按照现浇混凝土结构的方法进行分析。

　　从构件受力上来讲，与装配整体式混凝土结构相比，很多特性是全装配式结构中特有的，如由收缩等因素导致结构产生相对的移动而产生的摩擦力、钢筋和混凝土中的预应

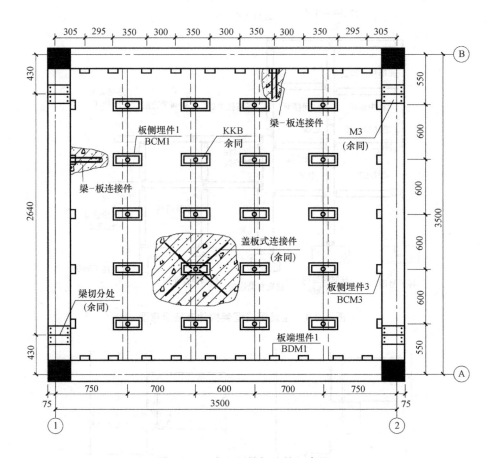

图 3.3-3　全预制楼板连接示意图

图 3.3-4　预制梁-柱连接节点示意图

力、施工荷载和自重应力等。图 3.3-4 为一个预制梁搁置在预制柱牛腿上的节点图，如果仅从竖向承载力来考虑，简单的搁置就足够了，但是在实际的使用过程中，预制梁、柱之间会因为材料收缩、温度变化等产生相对的移动（图 3.3-5（a）），而构件间的摩擦力会阻止这种相对移动，当摩擦力超过材料的拉应力时，构件中就会产生裂缝（图 3.3-5（b））。在竖向荷载作用下，预制梁端会发生弯曲转动，此时梁端在预制柱上的支承长度会变短，在柱边会产生应力集中而导致柱边开裂（图 3.3-5（c））。当支承宽度比较窄时，柱子的应力会从内向外扩散，使柱的侧面产生裂缝（图 3.3-5（d））。图 3.3-6 为全装配式结构中两种典型的破坏，其中（a）为梁与板的相对移动导致梁侧面混凝土剥落，（b）为梁的弯曲变形或梁端部的转动导致梁与牛腿连接处或楼板的底部产生裂缝。

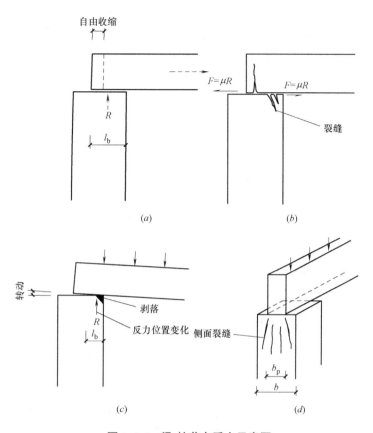

图 3.3-5　梁-柱节点受力示意图
（a）梁-柱可相对移动；（b）梁-柱不能相对移动；
（c）支撑长度变短和应力集中；（d）窄支承导致侧面开裂

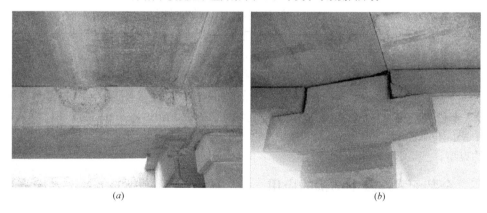

图 3.3-6　构件破坏示意图
（a）梁混凝土剥落；（b）梁开裂

　　从构件的连接上来讲，全装配式结构中构件间的连接理论上来说并没有完全的刚接和铰接，而是半刚接的，尤其是在节点因为变形而产生裂缝之后。以图 3.3-6 中的梁-柱连接为例，我们可以根据节点的特性对连接进行评估。图 3.3-7 中的弯矩-转角曲线是建立在考虑两种极端的情况下的，即完全刚接和完全铰接。图中①和②分别为刚接和铰接时节点的性能，③、④、⑤为半刚接的节点性能，其中⑤对应的连接没有足够的延性，可以定义为铰接，③所对应的连接的特性与刚接的类似（相差 5% 以内）。

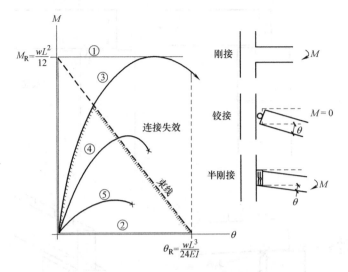

图 3.3-7　梁-柱节点的弯矩-转角曲线示意图

半刚性连接是指能承受一定弯矩的同时也具有一定转动能力的连接节点，其转动刚度

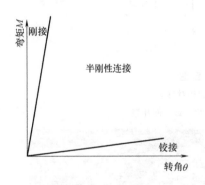

图 3.3-8　节点分类图

介于刚接和铰接之间，如图 3.3-8 所示。对全装配式混凝土结构，梁柱主要采用干式节点进行连接，其节点的转动刚度可能为半刚性连接。欧洲规范和美国规范都明确提出了刚接、半刚接和铰接的分类标准。欧洲规范把节点按初始转动刚度 R_{ki} 分为了各种节点，当节点的初始弹性刚度 R_{ki} 在无支撑结构中不小于 $25EI/L$、有支撑结构中不小于 $8EI/L$ 时，节点为刚性节点，其中，EI/L 为梁的线刚度；当节点初始刚度不大于 $0.5EI/L$ 时，节点为铰接节点；在刚接和铰接之间的部分属于半刚性节点。美国规范同欧洲规范类似，利用连接刚度与梁刚度的比值 $\alpha = K_sL/EI$ 来分类，把结构连接形式分为完全约束 FR（Fully Restrained）型、部分约束 PR（Partially Restrained）型和铰接型三种，当 $\alpha \geqslant 20$ 时为全约束型，当 $2 < \alpha < 20$ 时为部分约束型，当 $\alpha \leqslant 2$ 时为近似铰接型。

三、全装配式混凝土结构的应用

全装配式结构的全部构件均在工厂里成批生产，然后运送到现场进行装配，生产效率高，施工速度快，构件质量好，且施工受季节性影响较小。虽然设计方法还不成熟，但是全装配式结构也有其一定的适用范围，比如在以承受竖向荷载为主的建筑中，或者是在高宽比比较小的低层和多层建筑中。图 3.3-9 为七度区某两层框架结构办公楼，结构高度 7.0m，宽度 17.8m，高宽比为 0.4，经计算，在地震作用下，结构最大的层间位移约为 2mm，构件的受力以竖向荷载为主，地震作用对结构的影响很小，此时可采用全装配式结构进行建造。分析时运用有限元软件进行有限元分析，连接的刚度按实际输入。

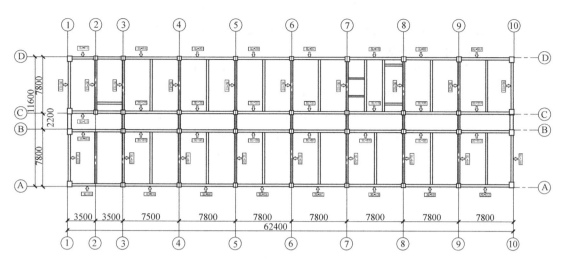

图 3. 3-9 某办公楼结构平面图

第四节 结构抗侧力体系与抗重力体系

抗侧力体系是指结构中抵抗侧向作用或同时抵抗侧向作用和竖向荷载的结构体系；抗重力体系是指结构中仅承担竖向荷载、不产生侧向刚度且对侧向承载力无贡献的结构体系。

在美国和新西兰等国家的规范中，结构分为抗侧力体系与抗重力体系，所有侧向荷载由抗侧力体系承担；抗重力体系需具有与抗侧力体系部分协同变形的能力，比如预制梁柱的连接，在结构产生侧向位移时，还能够保持竖向的承载能力。

图 3.4-1 为新西兰的一栋装配式建筑，设计时对结构进行了抗侧力部分和抗重力部分

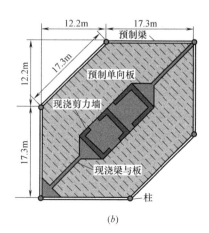

(*a*)   (*b*)

图 3. 4-1 装配式框架-现浇核心筒结构

(*a*) 结构立面图；(*b*) 标准层结构平面图

的划分，其中核心筒采用现浇的钢筋混凝土结构，作为结构的抗侧力部分抵抗水平地震作用和风荷载；周边的框架采用预制混凝土柱和预制桁架梁，主要承受竖向荷载；核心筒与周边框架之间采用单向预制板。

在传统的现浇结构设计中，由于所有节点都是现浇，因此所有柱、剪力墙、主梁均按抗侧力体系进行设计，楼板、次梁、楼梯可按抗重力构件进行设计，如图 3.4-2（a）所示。在《抗规》及《高规》中，房屋适用的最大高度和抗震等级也是根据抗侧力构件来确定的，因此，也隐含了抗侧力与抗重力的概念。而在装配式混凝土结构中，我们可以根据需要采用不同的连接形式，刚接或铰接均可以实现，如图 3.4-2（b）所示，这就为抗重力体系的实现提供了一个很好的前提条件。

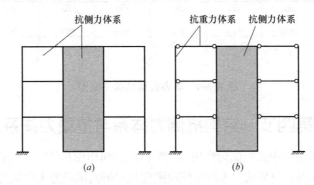

图 3.4-2 结构体系布置示意图
（a）抗侧力体系；（b）抗重力体系＋抗侧力体系

从整个结构来说，对抗侧力体系部分，可以按照现浇混凝土结构的设计方法进行设计；对抗重力体系部分，构件间的连接可以采用干连接，如梁、柱连接可采用铰接，楼板可采用全预制楼板，连接简单，施工方便，使结构整体具有显著的技术和经济效益。在结构分析时，为考虑侧移的影响，要采用二阶的分析方法，考虑 $P\text{-}\Delta$ 效应，等效质量要考虑抗侧力体系和抗重力体系的全部质量。

第四章 装配整体式高层混凝土结构布置和整体分析

第一节 结构体系和布置原则

一、结构体系

建筑结构常见的体系有框架结构体系、剪力墙结构体系、框架—剪力墙结构体系、框支剪力墙结构体系、筒体结构体系等。对于装配整体式建筑而言，装配整体式建筑的结构体系除上述与现浇混凝土结构一样的体系外，还包括装配整体式框架—斜撑结构体系、装配式墙板结构体系等。

随着层数和高度的增加，水平作用（包括地震作用和风荷载）对装配整体式建筑结构安全的控制作用更加显著。装配整体式建筑的承载能力、抗震性能、材料用量和造价高低，与其所采用的结构体系密切相关。不同的结构体系，适用于不同的层数、高度和功能。

1. 框架结构体系

框架结构体系一般用于钢结构和钢筋混凝土结构中，由框架梁和框架柱通过刚接连接组成抗侧力体系，如图 4.1-1 所示。框架结构体系可使建筑空间灵活布置、使用方便。

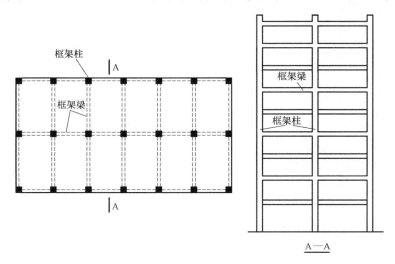

图 4.1-1 框架结构

框架结构抗侧刚度较小，在水平力作用下将产生较大的侧向位移。其中一部分是结构弯曲变形，即框架结构产生整体弯曲，由柱子的拉伸和压缩所引起的水平位移，如图 4.1-2（a）所示；另一部分是剪切变形，即框架结构整体受剪，层间梁柱杆件发生弯曲引起的水平位移，如图 4.1-2（b）所示。当高宽比 $H/B \leqslant 4$ 时，框架结构以剪切变形为主，弯曲变形较小可忽略，其整体位移曲线呈剪切型，特点是结构层间位移随楼层增高而减小。

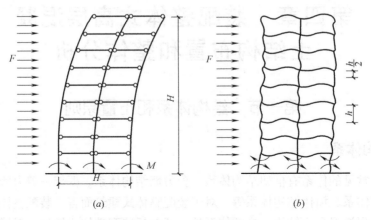

图 4.1-2　框架结构水平变形

由于框架体系抗侧刚度较小，在强震下结构整体位移和层间位移都较大，容易产生震害。此外，非结构性破坏如填充墙、建筑装修和设备管道等破坏较严重，因而其主要适用于非抗震区和层数较少的建筑；抗震设计的框架结构除需加强梁、柱和节点的抗震措施外，还需注意填充墙的材料以及填充墙与框架的连接方式等，以避免框架变形过大时填充墙损坏。

装配整体式混凝土框架结构（图 4.1-3），是指在框架结构中，全部或部分框架梁、柱采用预制构件构建而成的装配整体式混凝土结构。

图 4.1-3　万科南京上坊单身公寓

装配整体式框架结构随着高度的增加，水平作用使得框架底部梁柱构件的弯矩和剪力显著增加，从而导致梁柱截面尺寸和配筋量增加。而预制构件过大，会带来运输、安装不便，并且材料用量和造价方面也趋于不合理。因此，装配整体式框架结构在使用上高度受到限制。

相比较其他装配整体式混凝土结构体系，装配整体式混凝土框架结构连接节点单一、简单，结构构件的连接可靠并容易得到保证，方便采用等同现浇的设计概念；框架结构布置灵活，容易满足不同的建筑功能需求；梁、柱几乎可以全部

采用预制构件，预制率可以达到很高水平，很适合装配式建筑发展；另外，梁、柱的预制构件规整，与剪力墙构件相比便于运输及安装。在施工方案中应充分考虑预制构件的安装顺序并进行钢筋碰撞检查，施工安装需严格按照预定方案流程施工，否则可能会造成梁无法安装的情况出现。

2. 剪力墙结构体系

剪力墙结构体系一般用于钢筋混凝土结构中，由剪力墙承受大部分水平作用。在承受

水平力作用时，剪力墙相当于一根下部嵌固的悬臂深梁，水平位移由弯曲变形和剪切变形两部分组成。剪力墙结构体系的水平位移以弯曲变形为主，特点是结构层间位移随楼层增加而增加，如图 4.1-4 所示。

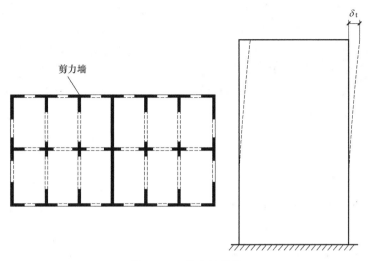

图 4.1-4　剪力墙结构

住宅、宿舍、旅馆类建筑，具有开间较小、墙体较多、房间面积不太大的特点，采用剪力墙结构较为合适，而且房间内没有梁柱棱角、整体美观。

与框架结构体系相比，剪力墙结构体系抗侧刚度大、整体性好，结构顶点水平位移和层间位移通常较小，能更好地满足抗震设计的要求。但剪力墙结构墙体较多，建筑的平面布置和使用性能都受到了一定的限制，不容易形成大空间。

为了满足底层或底部若干层有较大空间的要求，可将底部一层或数层的部分剪力墙用框架取而代之，形成部分框支剪力墙结构。与上部的剪力墙结构相比，框支框架部分的结构侧向刚度小，楼层受剪承载力也小，容易形成软弱层和薄弱层，在地震作用下，转换层及以下结构的层间变形大，有可能引起局部倒塌甚至整体倒塌。

抗震设计的部分框支剪力墙结构底部大空间的层数不宜过多，落地剪力墙的数量不宜过少。转换层及以下的落地剪力墙的两端宜有端柱，或与另一方向的剪力墙相连，以增大落地剪力墙的整体稳定和侧向刚度；转换层及转换层以下结构的侧向刚度与转换层以上结构的侧向刚度比不应过小；落地剪力墙承担的地震倾覆力矩，不应小于结构总地震倾覆力矩的 50%。由于有一定数量的落地剪力墙，通过采用合理的构造措施，可以增强部分框支剪力墙结构转换层及以下结构在地震作用下的安全性。由于转换层受力复杂，《装规》规定转换层应采用现浇结构。

装配整体式混凝土剪力墙结构（图 4.1-5），是指在剪力墙结构中，全部或部分剪力墙采用预制墙板构建而成的装配整体式混凝土结构。由于剪力墙构件重，运输和吊装费用高，竖向钢筋连接多，从理论上讲，不是装配式结构的最佳适用体系，但在我国目前的情况是，地产项目住宅面积大，而用户房间内又不希望凸出柱子，政府通过奖励容积率和提前预售等鼓励措施，调动开发商采用装配式建造的积极性，装配式剪力墙结构反而在我国得到了较大发展。

41

图 4.1-5　万科翡翠公园

3. 框架—剪力墙结构体系

框架—剪力墙结构体系是一种双重抗侧力结构，将框架和剪力墙两种结构共同组合在一起形成的结构体系。建筑的竖向荷载分别由框架和剪力墙共同承担，而水平作用主要由抗侧刚度较大的剪力墙承担。这种结构既具有框架结构布置灵活、延性好的特点，又有剪力墙结构刚度大、承载力大的特点，因而广泛应用于高层办公类建筑中。这种结构体系的典型平面布置如图 4.1-6 所示。

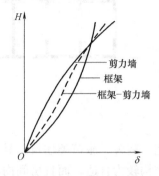

图 4.1-6　框架—剪力墙结构　　　　图 4.1-7　框架剪力墙结构变形特征

在水平力作用下，框架和剪力墙的变形曲线分别呈剪切型和弯曲型，而由于楼板的作用，框架和剪力墙的侧向位移需相互协调，在结构底部框架的侧移减小，在结构上部剪力墙的侧移减小，如图 4.1-7 所示。结构整体的侧移曲线形状呈弯剪型，层间位移沿建筑高度比较均匀，改善了框架结构及剪力墙结构的抗震性能，也有利于减少小震作用下非结构构件的破坏。由于剪力墙承担了大部分的剪力，框架的受力状况和内力分布得到改善，框架所承受的水平剪力减小且沿高度分布比较均匀；剪力墙所承受的剪力越接近结构底部越大，有利于框架控制变形；而在结构上部，剪力墙承受框架约束的负剪力。具体变形特征如图 4.1-8 所示。

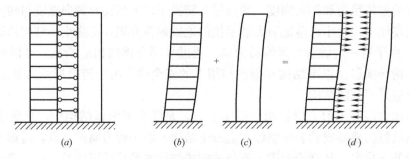

(a)　　　　　(b)　　　　(c)　　　　　(d)

图 4.1-8　框架-剪力墙结构在水平力作用下协同工作

装配整体式框架—剪力墙结构（图 4.1-9）是将装配整体式框架结构和装配整体式剪力墙结构共同组合在一起形成的结构体系。从概念上讲，梁、柱、板预制，剪力墙结合铝合金模板现浇（或采用其他形式的剪力墙，如钢板剪力墙），是装配式结构的最佳选择。

图4.1-9 上海万科新里程

4. 框架—斜撑结构体系

混凝土框架—斜撑结构是在混凝土框架的某榀或某几榀增加一些混凝土或钢结构斜撑，斜撑与框架梁、柱构成支撑框架系统，再与无斜撑的框架系统共同组合成框架—支撑结构体系。这种抗侧力结构体系，具有多道抗震防线。

地震作用下，结构产生层间位移角，层间斜撑首先承受拉力和压力，并将这些拉力和压力交替反复作用到框架梁柱节点上。斜撑拉压力达到一定程度后，会先于框架柱屈服，起到第一道抗震防线的作用，比单纯的混凝土框架结构多了一道抗震防线。由于支撑框架系统抗侧刚度较大，其与延性框架协同抗震时，比纯框架结构的抗震性能高、抗倒塌能力强。

装配整体式框架—斜撑结构（图4.1-10）是在装配整体式混凝土框架结构中增加斜撑构建而成的装配整体式混凝土结构，斜撑部分可采用预制混凝土构件或钢构件。

装配整体式框架—斜撑结构预制构件均为杆系构件，运输和吊装等又比装配整体式剪力墙结构方便，因此，在装配整体式建筑中具有很大的潜力。

图4.1-10 框架—斜撑结构

5. 多层装配式墙板结构

（1）多层装配式墙板结构体系介绍

多层装配式墙板结构是全部或部分墙体采用预制墙板构建而成的多层装配式混凝土结构。多层装配式墙板结构是在高层装配整体式剪力墙结构的基础上进行简化，并对原有装配式大板结构进行节点优化，主要用于多层建筑的装配式结构。此种结构体系构造简单，施工方便，可在城镇地区多层住宅中推广使用。

多层装配式墙板结构在《装标》第五章第八节有简单的介绍。

其最大适用层数和适用高度应符合表 4.1-1 的规定，高宽比不宜超过表 4.1-2 的数值。

多层装配式墙板结构的最大适用层数和最大适用高度　　　　表 4.1-1

设防烈度	6 度	7 度	8 度(0.2g)
最大适用层数	9	8	7
最大适用高度(m)	28	24	21

多层装配式墙板结构适用的最大高宽比　　　　表 4.1-2

设防烈度	6 度	7 度	8 度(0.2g)
最大高宽比	3.5	3.0	2.5

多层装配式墙板结构的计算分析可采用弹性方法，并按结构实际情况建立分析模型，在计算中应考虑接缝连接方式的影响。在风荷载或多遇地震作用下，按弹性方法计算的楼层层间最大水平位移与层高之比不宜大于 1/1200。

（2）全装配式混凝土圆孔大板结构

1）全装配式混凝土圆孔大板结构体系介绍

广东草根民墅房屋制造有限公司的全装配式混凝土圆孔大板结构，就是一种多层装配式墙板结构，也可划分到全装配式结构中。所有构件都是板式构件，能够高效、快速地建造低层房屋。通过户型设计、构件生产、构件运输、施工安装、装饰装修以及竣工交付这六步，就能轻松实现住宅产业化。

该体系的房屋包括五种预制构件，墙板构件、楼板构件、山墙构件、屋顶构件以及钢梁构件；采用专用集装箱运输构件，使得运输速度快、效率高。

施工安装：安装步骤如图 4.1-11 所示。

装饰装修：在预埋件内铺设线路、管线以及安装设备。

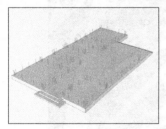
1. 基础及预留钢筋

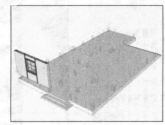
2. 墙板吊装

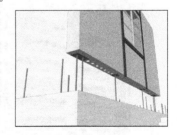
3. 基础钢筋插入墙板抽孔

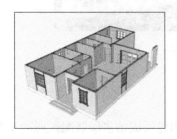
4.首层墙板吊装完成

5.L 形连接节点

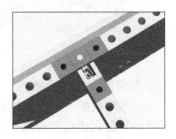
6.T 形连接节点

图 4.1-11　全装配式圆孔大板结构的施工安装步骤（一）

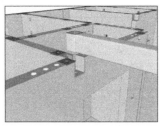

7.一形连接节点	8.钢梁安装	9.L形连接节点加强钢板

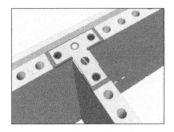

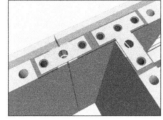

10.T形连接节点加强钢板	11.一形连接节点加强钢板	12.二层楼板吊装

13.楼板抽孔与墙板抽孔对位	14.二层楼板吊装完成	15.楼板钢筋焊接

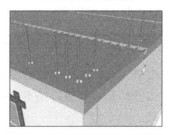

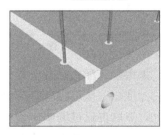

16.楼板抽孔插筋	17.插筋贯通楼板及墙板抽孔	18.墙板及楼板抽孔、接缝灌注浆料

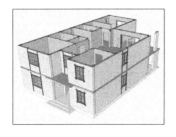

19.二层墙板吊装完成	20.钢梁安装	21.连接节点加强钢板

图 4.1-11　全装配式圆孔大板结构的施工安装步骤（二）

22. 屋面楼板吊装完成

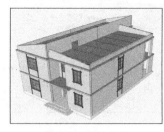
23. 山墙吊装完成

24. 木屋顶木梁安装

25. 木梁与墙板固定

26. 木梁完成安装

27. 木屋顶安装

28. 木屋顶与木梁固定

29. 木屋顶完成安装

30. 屋面瓦及防水工程

图 4.1-11　全装配式圆孔大板结构的施工安装步骤（三）

采用全装配式混凝土圆孔大板结构，需要标准化的设计技术，实现墙板、楼板、屋面板的标准化。该结构所有的承重构件都是墙和板，基本上没有梁，荷载通过楼板传递到墙体上，然后再通过墙体传递至基础。

全装配式混凝土圆孔大板结构中，楼板与楼板之间的连接，是将预制时预留的外露钢筋焊接或用其他方式连接，然后在拼接处浇筑后浇带；楼板与墙体之间的连接，是通过预制时墙体和楼板上的预留孔洞将楼板定位并搭在墙体上，然后在孔洞中插入钢筋后并浇筑混凝土；墙体与墙体之间的连接，是通过预制时预留的软索和剪力键槽以及 Ω 形槽口，在软索和预留 Ω 形槽口处插入钢筋，然后在 Ω 形槽口内浇筑混凝土；墙体与基础之间的连接，是在基础上预留钢筋，将墙体中的预留孔洞与基础上的预留钢筋对准，然后在墙体的预留孔洞内浇筑混凝土。

采用全装配式混凝土圆孔大板结构，楼板与墙板之间通过预留圆孔，实现有效的连接，增强房屋的整体性能（如图 4.1-12 所示）；墙体之间的软索灌浆连接技术，实现了在四种标准化节点（一字形、T 形、L 形、十字形）下，快速组装成多样化的建筑，同时很好地满足了小震不坏、中震可修、大震不倒的抗震设防目标；墙体之间 Ω 槽的应用，实现了在湿作业区域免模板工艺；采用圆孔大板墙体，方便铺设线路、管线以及安装设备，并有效减少构件自重。

2）全装配式结构竖向缝的新连接结构形式

全装配式结构竖向缝的新连接结构形式由三部分组成，第一部分为抗剪键和软索锚环，第二部分为连接槽和钢筋锚环，第三部分为预埋钢管和连接钢板以及插筋，这三部分共同作用组成竖向缝的新连接结

图 4.1-12 全装配式混凝土圆孔大板结构施工图

构，使得墙体与墙体之间的连接缝更加稳固，有利于结构的安全性能。第一部分的软索和第二部分的钢筋都绑扎在各自墙体内第三部分的钢管上，连接槽是墙体和墙体对接后的空腔，空腔两侧的墙上有软索锚环和钢筋锚环以及剪力键槽，在软索锚环和钢筋锚环的重叠环中插入第三部分的插筋，然后再将第三部分的连接钢板与墙体内钢管连接，最后向连接槽和钢管内灌浆。（L 形节点如图 4.1-13 所示，L 形节点三维图如图 4.1-14 所示）

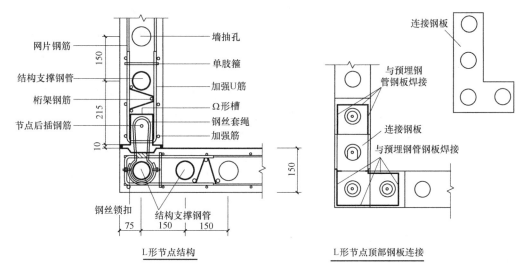

图 4.1-13 L 形节点

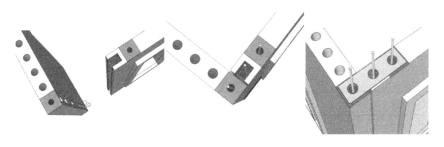

图 4.1-14 L 形节点三维图

　　采用全装配式结构竖向缝的新连接结构形式，用软索而不是钢筋，不会出现钢筋的交错；不需要支模，而是预先留有孔洞，然后在孔洞中直接灌浆。这种新的连接方式节约时间、节省人工、减少模板材料，加快了施工速度，使得造价降低。

二、装配式结构布置原则

　　由于目前对装配式结构整体性能研究较少，主要还是借助现浇结构，因而对于装配整体式结构的布置要求，要较严于现浇混凝土结构的布置要求。特别不规则的建筑会出现各种非标准的构件，且在地震作用下内力分布较复杂，不适用于装配式结构。

1. 抗震设防结构布置原则

　　为了使装配式建筑满足抗震设防要求，装配整体式结构与现浇结构一样，应考虑下述的抗震设计基本原则：

　　(1) 选择有利的场地，采取措施保证地基稳定。

　　(2) 保证地基基础的承载力、刚度以及足够的抗滑移、抗倾覆能力。

　　(3) 合理设置沉降缝、伸缩缝和防震缝。

　　(4) 设置多道抗震设防防线。

　　(5) 合理选择结构体系，结构应有足够的刚度，且具有均匀的刚度分布，控制结构顶点总位移和层间位移。

　　(6) 结构应有足够的承载力，节点的承载力应大于构件的承载力。

　　(7) 结构应有足够的变形能力及耗能能力，防止构件脆性破坏，保证构件有足够的延性。

2. 抗震设防结构布置的规则性

　　与现浇结构一样，装配整体式建筑设计应重视其平面、立面和竖向剖面的规则性对抗震性能及经济合理性的影响，宜择优选用规则的形体。装配整体式建筑的开间、进深尺寸和构件类型应尽量减少规格，有利于建筑工业化。

　　《装规》(行标) 中对装配整体式结构平面布置给出了下列规定：

　　(1) 平面形状宜简单、规则、对称，质量、刚度分布宜均匀，不应采用严重不规则的平面布置；

　　(2) 平面长度不宜过长 (图 4.1-15)，长宽比 (L/B) 宜按表 4.1-3 采用；

　　(3) 平面突出部分的长度 l 不宜过大、宽度 b 不宜过小 (图 4.1-15)，l/B_{max}、l/b 宜按表 4.1-3 采用；

　　(4) 平面不宜采用角部重叠或细腰形平面布置。

　　《装规》(行标) 对角部重叠或细腰形平面没有具体的数值规定，《广东省装标》规定如下：细腰形平面尺寸 b/B 不宜小于 0.4；角部重叠部分尺寸与相应边长较小值的比值 b/B_{min} 不宜小于 1/3，具体见图 4.1-16。

平面尺寸及突出部位尺寸的比值限值 表 4.1-3

抗震设防烈度	L/B	l/B_{max}	l/b
6,7 度	≤6.0	≤0.35	≤2.0
8 度	≤5.0	≤0.30	≤1.5

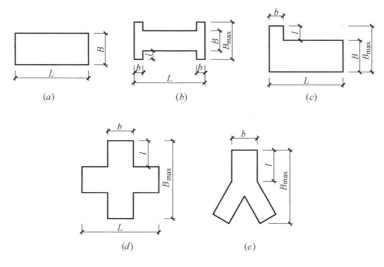

图 4.1-15　建筑平面示例

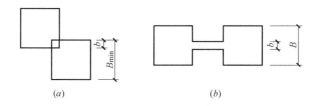

图 4.1-16　角部重叠和细腰形平面示意

《抗规》中规定的平面和竖向不规则的主要类型见表 4.1-4、4.1-5。

平面不规则的主要类型　　　　　　　　　　　　　　　　　表 4.1-4

不规则类型	定　义
扭转不规则	楼层的最大弹性水平位移(或层间位移),大于该楼层间弹性水平位移(或层间位移)平均值的 1.2 倍
凹凸不规则	结构平面凹进的一侧尺寸大于相应投影方向总尺寸的 30%
楼板局部不连接	楼板的尺寸和平面刚度急剧变化

竖向不规则的主要类型　　　　　　　　　　　　　　　　　表 4.1-5

不规则类型	定　义
侧向刚度不规则	该层的侧向刚度小于相邻上一层的 70%,或小于其上相邻三个楼层侧向刚度平均值的 80%;除顶层或出屋面小建筑外,局部收进的水平向尺寸大于相邻下一层的 25%
竖向抗侧力构件不连续	竖向抗侧力构件(柱、抗震墙、抗震支撑)的内力由水平转换构件(梁、桁架等)向下传递
楼层承载力突变	抗侧力结构的层间受剪承载力小于相邻上一楼层的 80%

当结构布置超过表 4.1-4 和 4.1-5 中一项及以上的不规则指标,称为结构布置不规

则；当超过表 4.1-4 和 4.1-5 中多项指标，或某一项超过规定指标较多，具有较明显的抗震薄弱部分，可能引起不良后果时，称为特别不规则；当结构体型复杂，多项不规则指标超过《抗规》中规定的上限或某一项大大超过规定值，具有现有技术和经济条件不能克服的严重的抗震薄弱环节，可能导致地震破坏的严重后果者称为严重不规则。

3. 装配式建筑结构布置的其他规定

装配整体式建筑结构由于其构件在工厂预制、现场拼装，为了减少装配的数量及减小装配中的施工难度，需尽量少设置次梁；为了节约造价，需尽可能地使用标准件，统一构件的尺寸及配筋等。

装配整体式建筑结构布置除需满足上述布置原则及规则性的规定外，在综合考虑建筑结构的安全、经济、适用等因素后，需要满足以下规定：

（1）建筑宜选用大开间、大进深的平面布置。

（2）承重墙、柱等竖向构件宜上下连续。

（3）门窗洞口宜上下对齐、成列布置，其平面位置和尺寸应满足结构受力及预制构件设计要求；剪力墙结构中不宜采用转角窗。

（4）厨房和卫生间的平面布置应合理，其平面尺寸宜满足标准化整体橱柜及整体卫浴的要求；厨房和卫生间的水电设备管线宜采用管井集中布置。竖向管井宜布置在公共空间。

（5）住宅套型设计宜做到套型平面内基本间、连接构造、各类预制构件、配件及各类设备管线的标准化。

（6）空调板宜集中布置，并宜与阳台合并设置。

第二节　装配整体式结构设计的基本规定

一、结构适用高度

建筑物最大适用高度由结构规范规定，与结构形式、地震设防烈度、建筑是 A 级高度还是 B 级高度等因素有关。

《装标》和《高规》分别规定了装配式混凝土结构和现浇混凝土结构的最大适用高度，两者比较如下：

（1）当结构中竖向构件全部为现浇且楼盖采用叠合梁板时，房屋的最大适用高度按《高规》规定。

（2）对于框架结构和框架—现浇剪力墙结构以及框架—现浇核心筒结构而言，装配整体式结构的最大适用高度和现浇结构基本一致。

（3）对于剪力墙结构和框支剪力墙结构而言，装配整体式结构的最大适用高度比现浇结构降低了 10～20m。

《装标》和《高规》关于装配式混凝土结构与现浇混凝土结构最大适用高度的规定见表 4.2-1。《装标》中没有非抗震设计时的规定，此部分内容选自《装规》（行标）。对于超出表内高度的建筑，应进行专门研究和论证，并采取有效的加强措施。

国家标准《装标》对装配整体式框架—斜撑的适用高度没有规定，《广东省装标》有关装配整体式结构适用高度的规定，见表 4.2-2。

装配整体式混凝土结构与现浇混凝土结构房屋的最大适用高度（m）　　表 4.2-1

结构类型	非抗震设计		抗震设防烈度							
			6		7		8(0.2g)		8(0.2g)	
	高规	装标	高规	装标	高规	装标	高规	装标	高规	装标
框架结构	70	70	60	60	50	50	40	40	35	30
框架-现浇剪力墙结构	150	150	130	130	120	120	100	100	80	80
剪力墙结构	150	140(130)	140	130(120)	120	110(100)	100	90(80)	80	70(60)
部分框支剪力墙结构	130	120(110)	120	110(100)	100	90(80)	80	70(60)	50	40(30)
框架-现浇核心筒结构	160		150	150	130	130	100	100	90	90

注：1. 房屋高度指室外地面到主要屋面的高度，不包括局部突出屋顶的部分。

    2. 装配整体式剪力墙结构和装配整体式部分框支剪力墙结构，在规定水平力作用下，当预制剪力墙构件底部承担的总剪力大于该层总剪力的 50% 时，最大适用高度应适当降低；当预制剪力墙构件底部承担的总剪力大于该层总剪力的 80% 时，最大适用高度应取表 4.2-1 中括号内的数值。

    3. 装配整体式剪力墙结构和装配整体式部分框支剪力墙结构，当剪力墙边缘构件竖向钢筋采用浆锚搭接连接时，房屋最大适用高度应比表中数值降低 10m。

《广东省装标》关于装配整体式结构房屋的最大适用高度（m）　　表 4.2-2

结构类型	非抗震设计	抗震设防烈度		
		6	7	8(0.2g)
装配整体式框架结构	70	60	50	30
装配整体式框架-现浇剪力墙结构	150	130	120	90
装配整体式剪力墙结构	140(130)	130(120)	110(100)	80(70)
装配整体式部分框支剪力墙结构	120(110)	110(100)	90(80)	60(50)
装配整体式框架-现浇核心筒结构	160	150	130	90
装配整体式框架-斜撑结构	120	110	100	70

注：房屋高度指室外地面到主要屋面的高度，不包括局部突出屋顶的部分。

二、结构高宽比

《装标》和《高规》分别规定了装配式混凝土结构和现浇混凝土结构的最大高宽比（H/B）不宜超过表 4.2-3，两者比较如下：

高层装配整体式混凝土结构与现浇混凝土结构适用的最大高宽比　　表 4.2-3

结构类型	非抗震设计		抗震设防烈度			
			6 度、7 度		8 度	
	高规	装标	高规	装标	高规	装标
框架结构	5	5	4	4	3	3
框架-现浇剪力墙结构	7	6	6	6	5	5
剪力墙结构	7	6	6	6	5	5
框架-现浇核心筒结构	8		7	7	6	6

（1）对于框架结构和框架—现浇核心筒结构而言，装配整体式结构的高宽比和现浇结构一致。

（2）对于剪力墙结构和框架—现浇剪力墙结构而言，在抗震设计情况下，装配整体式结构的高宽比与现浇结构一致。

《装标》和《高规》关于装配整体式混凝土结构与现浇混凝土结构最大高宽比的规定见表4.2-3。《装标》中没有非抗震设计时的规定，此部分内容选自《装规》（行标）。对于超出表内高宽比的建筑，应进行专门研究和论证，并采取有效的加强措施。

《装标》对装配整体式框架—斜撑的高宽比没有规定，《广东省装标》有关装配整体式结构高宽比的规定，见表4.2-4。

《广东省装标》关于高层装配整体式结构适用的最大高宽比   表 4.2-4

结构类型	非抗震设计	抗震设防烈度	
		6度、7度	8度
装配整体式框架结构	5	4	3
装配整体式框架-现浇剪力墙结构	6	6	5
装配整体式剪力墙结构	6	6	5
装配整体式框架-现浇核心筒结构	8	7	6
装配整体式框架-斜撑结构	5	5	4

三、结构抗震等级

抗震等级是抗震设计的房屋建筑结构的重要设计参数，装配整体式结构的抗震设计根据其抗震设防类别、烈度、结构类型和房屋高度四个因素确定抗震等级。抗震等级的划分，体现了对于不同抗震设防类别、不同烈度、不同结构类型、同一烈度但不同高度的房屋结构弹塑性变形能力要求的不同，以及同一种构件在不同结构类型中的弹塑性变形能力要求的不同。装配式建筑结构根据抗震等级采取相应的抗震措施，抗震措施包括抗震设计时构件截面内力调整措施和抗震构造措施。

《装标》中关于丙类建筑装配整体式混凝土结构的抗震等级规定，见表4.2-5。

丙类建筑装配整体式混凝土结构的抗震等级   表 4.2-5

结构类型		抗震设防烈度					
		6度		7度		8度	
装配整体式框架结构	高度(m)	≤24	>24	≤24	>24	≤24	>24
	框架	四	三	三	二	二	一
	大跨度框架	三		二		一	
装配整体式框架-现浇剪力墙结构	高度(m)	≤60	>60	≤24	>24且≤60	>60	≤24	>24且≤60	>60
	框架	四	三	四	三	二	三	二	一
	剪力墙	三	三	三	二	二	二	一	一
装配整体式框架-现浇核心筒结构	框架	三		二		一	
	核心筒	二		二		一	
装配整体式剪力墙结构	高度(m)	≤70	>70	≤24	>24且≤70	>70	≤24	>24且≤70	>70
	剪力墙	四	三	四	三	二	三	二	一

续表

结构类型		抗震设防烈度					
		6度		7度			8度
		≤70	>70	≤24	>24且≤70	>70	≤24	>24且≤70
装配整体式部分框支剪力墙结构	高度(m)	≤70	>70	≤24	>24且≤70	>70	≤24	>24且≤70
	现浇框支框架	二	二	二	二		一	一
	底部加强部位剪力墙	三	二	三	二	一	二	一
	其他区域剪力墙	四	三	四	三	二	三	二

《装规》(行标)中还规定了乙类装配整体式结构应按本地区抗震设防烈度提高一度的要求加强其抗震措施;当本地区抗震设防烈度为8度且抗震等级为一级时,应采取比一级更高的抗震措施;当建筑场地为I类时,仍可按本地区抗震设防烈度的要求采取抗震构造措施。

第三节　装配整体式结构计算分析的特点

一、预制非结构构件对装配整体式混凝土结构计算的影响

1. 预制外挂墙板

预制外墙板现在使用最广泛的为预制外挂墙板,预制外挂墙板的连接方式有点支承式和线支承式两种。对结构整体进行抗震计算分析时,点支承式外挂墙板可不计入其刚度影响;线支承式外挂墙板,当其刚度对整体结构受力有利时,可不计入其刚度影响,当其刚度对整体结构受力不利时,应计入其刚度影响。

线支承式外挂墙板,当墙板为平板时,可根据外挂墙板的开洞率及与梁连接区段,对梁刚度乘以相应的放大系数,具体如下:

(1) 对于满跨无洞外挂墙板,当墙板与梁全长连接时,梁的刚度增大系数可取1.5;当墙板与梁两端脱开长度不小于梁高时,梁的刚度增大系数可取1.2。

(2) 对于满跨大开洞外挂墙板,当墙板与梁全长连接时,梁的刚度增大系数可取1.3;当墙板与梁两端脱开长度不小于梁高时,梁的刚度增大系数可取1.0。

(3) 对于半跨无洞外挂墙板,墙板与梁全长连接时,梁的刚度增大系数可取1.4;当墙板与梁脱开长度不小于梁高时,梁的刚度增大系数可取1.1。

(4) 当同时考虑楼板与外挂墙板对梁刚度的影响时,梁刚度增大系数的增大部分取两者增量之和。

2. 预制楼梯

通常采用一端固定或简支,一端滑动支座连接,能有效消除斜撑效应,可不考虑楼梯参与整体结构的抗震计算,但其滑动变形能力应满足罕遇地震作用下的变形要求。

二、叠合楼板对梁刚度的影响

在结构内力与位移计算时,对现浇楼盖和叠合楼盖,均可按实际确定是否按《高规》

的规定假定其在自身平面内具有无限刚性；楼面梁的刚度可计入翼缘作用予以增大；梁刚度增大系数可根据翼缘情况近似取 $1.3\sim2.0$。无现浇层的装配式楼盖对梁刚度增大作用较小，设计中可以忽略。

与一般建筑相同，在进行结构内力与位移计算时，楼面梁刚度可考虑楼板翼缘的作用予以放大。当近似考虑楼面对梁刚度的影响时，应根据梁翼缘尺寸与梁截面尺寸的比例关系确定增大系数的取值。通常现浇楼面的边框梁可取 1.5，中框梁可取 2.0；采用叠合板时，楼面梁的刚度增大系数可适当减小。当框架梁截面较小而楼板较厚或者梁截面较大而楼板较薄时，梁刚度增大系数可能会超出 $1.5\sim2.0$ 的范围，因此规定增大系数可取 $1.3\sim2.0$。

叠合楼板中预制部分之间如采用整体式接缝，则考虑预制楼板对楼面梁刚度的贡献；若叠合板中预制部分之间接缝不连接，仅考虑现浇部分对楼面梁刚度的贡献。

对于装配整体式钢筋混凝土结构中的边梁，其一侧有楼板，另一侧有外挂预制外墙，应同时考虑楼板和外挂预制外墙对边梁刚度的放大作用。

三、装配式结构框架弯矩调幅计算

在竖向荷载作用下，可考虑框架梁端塑性变形内力重分布，对梁端负弯矩乘以 $0.75\sim0.85$ 的调幅系数进行调幅。在竖向荷载作用下，框架梁端负弯矩往往较大，配筋困难，不便于施工和保证质量。因此允许考虑塑性变形内力重分布对梁端负弯矩进行适当调整。钢筋混凝土的塑性变形能力有限，调幅的幅度应该加以限制。框架梁端负弯矩减小后，梁跨中弯矩应按平衡条件相应增大。对装配式结构，有时需要考虑二次受力的影响，对全装配式的干连接不应调幅。

四、抗震设计中的"强柱弱梁"、"强剪弱弯"、"强节点弱构件"的理解

需要澄清的概念是抗震设计中的"强柱弱梁"、"强剪弱弯"、"强节点弱构件"等强弱要求不是针对不同构件之间简单的截面大小对比要求。以"强柱弱梁"为例，是指在柱本身设计时，为了在大震作用下，梁先于柱进入屈服阶段，柱的设计强度要高于因大震作用而进入屈服强度的要求，在大震作用的荷载效应组合下，柱处于弹性阶段而没有进入塑性变形阶段，此时与其相连的梁端却达到了其本身的屈服强度设计值而进入了塑性变形阶段，呈现出柱"强"梁"弱"的表现形态。如在大震荷载组合设计值作用下，一个框架节点中的柱分配到的极限弯矩设计值为 $6kN\cdot m$，梁端分配到的极限弯矩设计值为 $8kN\cdot m$（柱承受的弯矩不一定都大于梁承受的弯矩）。设计时，为达到"强柱"的要求，柱截面实际配筋可承受的弯矩设计值超过 $6kN\cdot m$，在大震作用下，柱承受的弯矩达到 $6kN\cdot m$ 时本应该进入塑性阶段，但实际上它还处于弹性阶段；梁端按满足常规设计要求的 $8kN\cdot m$ 的弯矩值进行设计，在大震作用下，梁承受的弯矩达到 $8kN\cdot m$ 时，梁端进入塑性阶段，形成塑性铰，产生塑性变形，表现为即将破坏的征兆。这种梁比柱先进入塑性阶段产生塑性铰的现象就表现为"强柱弱梁"。

"强剪弱弯"是指构件自身强度的强弱对比。由于钢筋混凝土构件剪切破坏属脆性破坏，在构件破坏之前没有任何征兆，不能为人们逃生防范等争取时间，危害性极大，因此在混凝土结构设计当中，任何构件都不允许首先出现剪切破坏。相反，构件的受弯破坏为

延性破坏，构件破坏之前会有一个塑性变形阶段，进入塑性状态到最后破坏有一段时间，可供使用者逃生或采取加固措施。"强剪弱弯"就是要求构件实际抗剪承载力高于作用效应，抗弯承载力不宜有过多的富余，在大震下保证受弯破坏先于受剪破坏。

"强节点弱构件"与"强柱弱梁"相似，要满足构件节点不先于构件破坏的目标。

五、保护层厚度问题

现浇混凝土结构的钢筋保护层厚度应当从受力钢筋的箍筋外侧算起，而装配式混凝土结构连接部位的钢筋保护层厚度应当从套筒的箍筋外侧算起。以结构柱为例，《混规》规定，一类环境中结构柱最外层钢筋的混凝土保护层厚度是 20mm。当柱纵筋直径为 25mm，套筒外径一般取 50～55mm，使得套筒区域的保护层厚度与普通钢筋区域的保护层相差 13～15mm，由此会带来以下三种不同的可能（图 4.3-1）：

（1）若柱截面尺寸和钢筋位置按现浇结构设计不变，则套筒保护层厚度无法得到满足；

（2）若为保证套筒保护层厚度将钢筋内移，柱截面尺寸不变，则原结构计算条件发生了变化，下柱 h_0 变小，柱子承载力降低；

（3）若钢筋位置不变，为保证套筒保护层厚度，将柱截面加大，则原结构计算条件发生了变化，柱截面加大，刚度随之变大，结构尺寸和建筑尺寸都发生了变化。

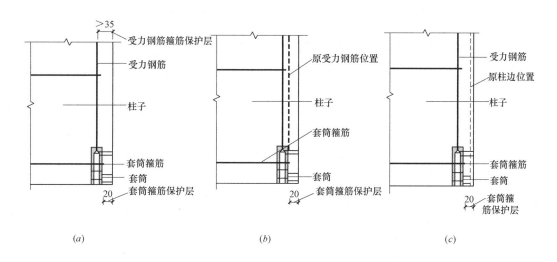

图 4.3-1 套筒灌浆连接钢筋保护层问题示意图
（a）原设计；（b）钢筋内移；（c）柱边外移

我国设计规范和施工规范脱节，部分内容存在相互矛盾的情况。在《混规》中 8.2.2 条提到"采用工厂生产的预制构件"可适当减小混凝土保护层厚度，这种理论对于预制混凝土结构的耐久性是不利的。传统现浇结构一般会在完成面再粉刷 20mm 的抹灰层，而预制构件基本上不需要这道工作。因此考虑结构耐久性，一般情况下预制构件的保护层厚度宜比规范要求增加 5～10mm，计算构件有效高度时，也应该考虑其增加厚度的影响。当然通过对套筒及其范围内的钢筋采用防腐蚀的表面处理而减少部分保护层厚度，也是可以探讨的方法之一。

六、强连接对塑性铰位置的影响

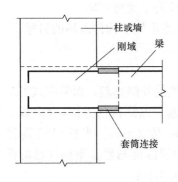

图 4.3-2 节点刚域变化示意图

目前国内外装配整体式混凝土结构预制构件之间的钢筋连接大多采用套筒灌浆的连接方式。根据行业标准《钢筋套筒灌浆连接应用技术规程》JGJ 355—2015 强制性条款 3.2.2 规定,"钢筋套筒灌浆连接接头的抗拉强度不应小于连接钢筋抗拉强度标准值,且破坏时应断于接头外钢筋。"即各种荷载组合作用下,套筒都不允许先于钢筋屈服,更不能破坏。因此,当套筒位于梁端与墙柱相邻时,套筒所在区段实际是不能屈服的,不能当作梁端塑性铰形成区段来看待,真正的塑性变形区段会沿着梁长方向顺延。此时套筒所在区段与梁柱相交节点一样,可以作为节点刚域的一部分,如图 4.3-2 所示。

第四节 装配式结构设计深度要求

装配式结构施工图设计分两阶段,一是施工图设计阶段,二是构件深化设计阶段。其编制内容和方向有侧重区别。深化设计图可由原主体施工图设计单位设计,也可由施工单位、预制构件厂家或其他单位设计完成,并经原设计单位确认通过后方可实施。

一、装配式结构施工图设计编制深度要求

结构专业施工图主要目的是要满足结构在风荷载、地震荷载、竖向荷载、温度、耐久性等承载能力极限状态和正常使用极限状态下的安全要求和使用功能要求,以图纸或 BIM 模型的形式,完整、清楚地表达,供制作、安装等单位使用。装配式结构施工图设计除了满足传统混凝土结构设计文件的编制深度要求外,还应满足以下要求:

(1) 结构设计总说明中,应说明结构类型及采用的预制构件类型等。

(2) 结构总说明中主要结构材料应注明装配式结构连接材料的种类及要求(包括连接套筒、浆锚金属波纹管、冷挤压接头性能等级要求,预制夹心外墙内的拉结件、套筒灌浆料、水泥基灌浆料性能指标,螺栓材料及规格,接缝材料及其他连接方式所使用的材料)。

(3) 装配式结构设计专项说明:

1) 设计依据及配套图集

① 装配式结构采用的主要法规和主要标准(包括标准的名称、编号、年号和版本号)。

② 配套的相关图集(包括图集的名称、编号、年号和版本号)。

③ 采用的材料及性能要求。

④ 预制构件详图及加工图。

2) 预制构件的生产和检验要求。

3) 预制构件的运输和堆放要求。

4) 预制构件现场安装要求。

5) 装配式结构验收要求。

（4）装配式建筑墙柱结构布置图中用不同的填充符号标明预制构件和现浇构件，采用预制构件时注明预制构件的编号，给出预制构件编号与型号对应关系以及详图索引号。预制板的跨度方向、板号、数量及板底标高，标出预留洞大小及位置；预制梁、洞口过梁的位置和型号、梁底标高。

（5）绘制钢筋混凝土构件详图时，预制构件应绘出：

1）构件模板图，应表示模板尺寸、预留洞及预埋件位置、尺寸，预埋件编号、必要的标高等；后张预应力构件尚需表示预留孔道的定位尺寸、张拉端、锚固端等；

2）构件配筋图：纵剖面表示钢筋形式、箍筋直径与间距，配筋复杂时宜将非预应力筋分离绘出；横剖面注明断面尺寸、钢筋规格、位置、数量等；

3）需作补充说明的内容。

注：对形状简单、规则的现浇或预制构件，在满足上述规定前提下，可用列表法绘制。

（6）预制装配式结构的节点，梁、柱与墙体锚拉等详图应绘出平、剖面，连接材料、附加钢筋（或埋件）的规格、型号、性能、数量，并注明连接方法以及对施工安装、后浇混凝土的有关要求等。

二、装配式结构深化设计编制深度要求

装配式结构深化设计包括三方面内容：一是结构施工图本身需要进一步的细化；二是其他专业设计中需要预埋、预留及需要与预制构件一起生产的孔洞、装饰等；三是生产、运输、安装等环节相关要求在深化图中的反映。深化设计应包括：预制构件加工图，现浇作业的深化图，运输、吊装、安装方式和顺序图，临时状态的计算书，质量控制措施等。

因此，在深化设计前，应制定运输、安装、吊装方案，确定施工过程需要的预埋件、吊件、施工图设计的孔洞等；当与现浇部分结合时，施工中所需的孔位连接等，如内浇外挂剪力墙现浇部分模板对应的螺杆等；施工图的细化，如构件的放样尺寸、钢筋细部尺寸、吊顶、管线、安装用较轻的预埋螺口、较小孔径穿管用的孔洞等；施工过程临时状态的受力验算，当施工图中的配筋不够时，应增加钢筋。

在深化设计前，需确定构件预制生产厂家的一些主要技术参数，如：（1）生产模台的大小；（2）固定模台与移动模台；（3）养护、脱模的方法等。

根据装配式结构深化设计编制的深度要求，具体内容如下：

1. 预制构件加工图设计文件

（1）图纸目录及数量表、设计说明。

（2）合同要求的全部设计图纸。

（3）与预制构件现场安装相关的施工验算。计算书不属于必须交付的设计文件，但应归档保存。

（4）设计文件按本规定相关条款的要求编制并归档保存。

2. 设计说明

（1）工程概况

1）工程地点、结构体系；

2）预制构件的使用范围及预制构件的使用位置；

3）单体建筑所包含的预制构件类型；

4）工程项目外架采用的形式；

5）工程项目选用的模板体系。

（2）设计依据

1）作为构件加工图设计依据的工程施工图设计全称；

2）建设单位提出的与预制构件加工图设计有关的符合有关标准、法规的书面要求；

3）设计所执行的主要法规和所采用的主要标准（包括标准的名称、编号、年号和版本号）。

（3）图纸说明

1）图纸编号按照分类编制时，应有图纸编号说明；

2）预制构件的编号，应有构件编号及编号原则说明；

3）宜对图纸的功能及突出表达的内容做简要的说明。

（4）预制构件设计构造

1）预制构件的基本构造、材料基本组成；

2）标明各类构件的混凝土强度等级、钢筋级别及种类、钢材级别、连接的方式；

3）各类型构件表面成型处理的基本要求；

4）防雷接地引下线的做法。

（5）预制构件主材要求

1）混凝土

① 各类构件混凝土的强度等级，且应注明各类构件对应楼层的强度等级；

② 预制构件混凝土的技术要求；

③ 预制构件采用特种混凝土的技术要求及控制指标。

2）钢筋

① 钢筋种类、钢绞线或高强钢丝种类及对应的产品标准，有特殊要求单独注明；

② 各类构件受力钢筋的最小保护层厚度；

③ 预应力预制构件的张拉控制应力、张拉顺序、张拉条件、对于张拉的测试要求等；

④ 钢筋加工的技术要求及控制重点；

⑤ 钢筋的标注原则。

3）预埋件

① 钢材的牌号和质量等级，以及所对应的产品标准，有特殊要求应注明对应的控制指标及执行标准；

② 预埋铁件的除锈方法及除锈等级以及对应的标准，有特殊用途埋件的处理要求（如埋件镀锌及禁止锚筋冷加工等）；

③ 钢材的焊接方法及相应的技术要求；

④ 注明螺栓的种类、性能等级，以及所对应的产品标准；

⑤ 焊缝质量等级及焊缝质量检查要求；

⑥ 其他埋件应注明材料的种类、类别、性能，有耐久性要求的应标明使用年限，以及执行的对应标准；

⑦ 应注明埋件的尺寸控制偏差或执行的相关标准。

4）其他

① 保温材料的规格、材料导热系数、燃烧性能等要求。

② 夹心保温构件、表面附着材料的构件，应明确拉接件的材料性能、布置原则、锚固深度以及产品的操作要求；需要拉接件生产厂家补充的内容应明确技术要求，确定技术接口的深度。

③ 对钢筋采用套筒灌浆连接的套筒和灌浆料及钢筋浆锚搭接的约束筋和其采用的水泥基灌浆料提出要求。

（6）预制构件生产技术要求

1）应要求构件加工单位根据设计规定及施工要求编制生产加工方案，内容包括生产计划和生产工艺、模板方案和模板计划等。

2）模具的材料、质量要求、执行标准；对成型有特殊要求的构件宜有相应的要求或标准。面砖或石材饰面的材料要求。

3）构件加工隐蔽工程检查的内容或执行的相关标准。

4）生产中需要重点注意的内容，预制构件养护的要求或执行标准，构件脱模起吊的要求。

5）预制构件质量检验执行的标准，对有特殊要求的应单独说明。

6）预制构件成品保护的要求。

（7）预制构件的堆放与运输

1）应要求制定堆放与运输专项方案；

2）预制构件堆放的场地及堆放方式的要求；

3）构件堆放的技术要求与措施；

4）构件运输的要求与措施；

5）对异形构件的堆放与运输应提出明确要求及注意事项。

（8）现场施工要求

1）预制构件现场安装要求

① 现浇部位预留埋件的埋设要求；

② 构件吊具、吊装螺栓、吊装角度的基本要求；

③ 安装人员进行岗前培训的基本要求；

④ 构件吊装顺序的基本要求（如先吊装竖向构件再吊装水平构件，外挂板宜从低层向高层安装等）。

2）预制构件连接

① 主体装配的建筑中，钢筋连接用灌浆套筒、约束浆锚连接，以及其他涉及结构钢筋连接方式的操作要求，以及执行的相应标准；

② 装饰性挂板，以及其他构件连接的操作要求或执行的标准。

3）预制构件防水做法的要求

① 构件板缝防水施工的基本要求；

② 板缝防水的注意要点（如密封胶的最小厚度，密封胶对接处的处理等）。

3. 设计图纸

（1）预制构件平面布置图

1）绘制轴线，轴线总尺寸（或外包总尺寸），轴线间尺寸（柱距、跨距）、预制构件与轴线的尺寸、现浇带与轴线的尺寸、门窗洞口的尺寸；当预制构件种类较多时，宜分别绘制竖向承重构件平面图、水平承重构件平面图、非承重装饰构件平面图、屋面层平面图、预埋件平面布置图；预制构件部分与现场后浇部分应采用不同图例表示。

2）竖向承重构件平面图应标明预制构件（剪力墙内外墙板、柱、PCF板）的编号、数量、安装方向、预留洞口位置及尺寸、转换层插筋定位、楼层的层高及标高、详图索引。

3）水平承重构件平面图应标明预制构件（叠合板、楼梯、阳台、空调板、梁）的编号、数量、安装方向、楼板板顶标高、叠合板与现浇层的高度、预留洞口定位及尺寸、机电预留定位、详图索引。

4）非承重装饰构件平面图应标明预制构件（混凝土外挂板、空心条板、装饰板等）的编号、数量、安装方向、详图索引。

5）屋面层平面与楼层平面类同。

6）埋件平面布置图应标明埋件编号、数量、埋件定位、详图索引。

7）复杂的工程项目，必要时增加局部平面详图。

8）选用图集节点时，应注明索引图号。

9）图纸名称、比例。

（2）预制构件装配立面图

1）建筑两端轴线编号。

2）各立面预制构件的布置位置、编号、层高线。复杂的框架或框剪结构应分别绘制主体结构立面及外装饰板立面图。

3）埋件布置在平面中表达不清的，可增加埋件立面布置图。

4）图纸名称、比例。

（3）模板图

1）绘制预制构件主视图、俯视图、仰视图、侧视图、门窗洞口剖面图，主视图依据生产工艺的不同可绘制构件正面图，也可绘制背面图；

2）标明预制构件与结构层高线或轴线间的距离，当主要视图中不便于表达时，可通过缩略示意图的方式表达；

3）标注预制构件的外轮廓尺寸、缺口尺寸、预埋件的定位尺寸；

4）各视图中应标注预制构件表面的工艺要求（如模板面、人工压光面、粗糙面），表面有特殊要求应标明饰面做法（如清水混凝土、彩色混凝土、喷砂、瓷砖、石材等），有瓷砖或石材饰面的构件应绘制排板图；

5）预留埋件及预留孔应分别用不同的图例表达，并在构件视图中标明埋件编号；

6）构件信息表应包括构件编号、数量、混凝土体积、构件重量、钢筋保护层、混凝土强度；

7）埋件信息表应包括埋件编号、名称、规格、单块板数量；

8）说明中应包括符号说明及注释；

9）注明索引图号；

10）注明图纸名称、比例。

（4）配筋图

1）绘制预制构件配筋的主视图、剖面图，当采用夹心保温构件时，应分别绘制内叶板配筋图、外叶板配筋图。

2）标注钢筋与构件外边线的定位尺寸、钢筋间距、钢筋外露长度。钢筋连接用灌浆套筒、浆锚搭接约束筋及其他钢筋连接用预留必须明确标注尺寸及外露长度，叠合类构件应标明外露桁架钢筋的高度。

3）钢筋应按类别及尺寸分别编号，在视图中引出标注。

4）配筋表应标明编号、直径、级别、钢筋加工尺寸、单块板中钢筋重量、备注。需要直螺纹连接的钢筋应标明套丝长度及精度等级。

5）图纸名称、比例、说明。

（5）通用详图

1）预埋件图

① 预埋件详图。绘制内容包括材料要求、规格、尺寸、焊缝高度、套丝长度、精度等级、埋件名称、尺寸标注。

② 埋件布置图。表达埋件的局部埋设大样及要求，包括埋设位置、埋设深度、外露高度、加强措施、局部构造做法。

③ 有特殊要求的埋件应在说明中注释。

④ 埋件的名称、比例。

2）通用索引图

① 节点详图表达装配式结构构件拼接处的防水、保温、隔声、防火、预制构件连接节点、预制构件与现浇部位的连接构造节点等局部大样图；

② 预制构件的局部剖切大样图、引出节点大样图；

③ 被索引的图纸名称、比例。

（6）其他图纸

1）夹心保温墙板应绘制拉结件排布图，标注埋件定位尺寸；

2）不同类别的拉结件应分别标注名称、数量；

3）带有保温层的预制构件宜绘制保温材料排板图，分块编号，并标明定位尺寸。

（7）计算书

1）预制构件在翻转、运输、存储、吊装和安装定位、连接施工等阶段的施工验算；

2）固定连接的预埋件与预埋吊件、临时支撑用预埋件在最不利工况下的施工验算；

3）夹心保温墙板拉结件的施工及正常使用工况下的验算。

第五章　框架结构

第一节　梁柱构件设计与拆分形式

一、梁、柱截面设计

1. 柱截面的确定

在进行设计时，首先要确定柱的截面尺寸。框架结构中，除部分顶层柱和大跨度结构柱外，柱截面尺寸主要受柱轴力和混凝土轴心抗压强度控制，故此根据轴压比限值可初步确定柱截面。

《混规》第11.4.16条规定，一、二、三、四级抗震等级的各类结构的框架柱、框支柱，其轴压比不宜大于表5.1-1的限值。对Ⅳ类场地上的较高的高层建筑，柱轴压比限值应适当减小。

柱轴压比限值　　　　　　　　　　　　　　　表 5.1-1

结构体系	抗震等级			
	一级	二级	三级	四级
框架结构	0.65	0.75	0.85	0.90
框架-剪力墙结构、筒体结构	0.75	0.85	0.90	0.95
部分框支剪力墙结构	0.60	0.70	—	—

注：轴压比指柱地震作用组合的轴向压力设计值与柱的全截面面积和混凝土轴心抗压强度设计值乘积之比值。

在装配式结构当中，由于预制框架梁、柱的钢筋连接施工难度大，梁柱节点钢筋比较多，框架柱的纵筋连接通常采用套筒灌浆连接，套筒之间的净距不应小于25mm。钢筋间距要求比较大，套筒直径比较粗，混凝土结构的保护层厚度（不小于20mm）需从套筒处箍筋的外侧算起（图5.1-1），当灌浆套筒长度范围外柱混凝土保护层厚度大于50mm，宜对保护层采取有效的构造措施。为保证钢筋间净距，预制框架柱的截面尺寸宜比常规的现浇柱截面尺寸偏大一点，或增大钢筋直径，减少钢筋根数。《装标》第5.6.3条规定，矩形柱截面边长不宜小于400mm，圆形截面柱直径不宜小于450mm，并要求柱截面宽度大于同方向梁宽的1.5倍。该项规定有利于避免节点区梁钢筋和柱纵向钢筋的位置冲突，便于安装施工。但用于住宅时，也容易突出房间内，不方便

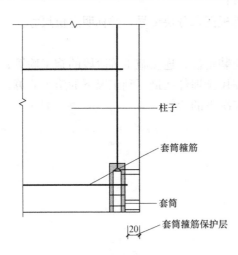

图 5.1-1　连接套筒保护层厚度示意图

使用。

　　框架柱可沿全高分阶段改变截面尺寸和混凝土强度等级，但不宜在同一楼层同时改变截面尺寸和混凝土强度等级。装配式结构柱节点钢筋连接施工比较复杂（图5.1-2），尽量少设计变截面柱，同时宜减少预制柱种类，方便生产，减少模具数量，简化施工流程。

图 5.1-2　现场预制柱节点安装

2. 梁截面的确定

　　装配整体式框架结构与现浇框架结构在结构受力上相同，但为了减少叠合板的规格，便于布置叠合板，同时减少次梁与主梁的连接节点，设计时尽量减少次梁的布置。根据工程经验，框架梁梁高 $h=(1/8\sim1/12)L$，一般可取 $L/12$，同时，梁高的取值还要考虑荷载大小和跨度，在跨度较小且荷载不是很大的情况下，框架梁高度可以取 $L/15$，高度小于经验范围时，要注意复核其挠度是否满足规范要求。次梁 $h=(1/12\sim1/20)L$，一般可取 $1/15$，当跨度较小，受荷较小时，可取 $1/18$。悬挑梁当荷载比较大时，$h=(1/5\sim1/6)L$；当荷载不大时，$h=(1/7\sim1/8)L$。

　　《抗规》有以下规定，梁截面宽度不宜小于 200mm；截面高宽比一般为 2～3，但不宜大于 4；净跨与截面高度之比不宜小于 4。

　　在装配整体式框架结构中，当采用预制叠合梁时，框架叠合梁的现浇混凝土叠合层厚度不宜小于 150mm，次梁的现浇混凝土叠合层厚度不宜小于 120mm；装配整体式结构里，楼板一般采用叠合板，梁、板的现浇层是一起浇筑的。当板的总厚度小于梁的现浇层厚度要求时，为增加梁的现浇层厚度，可采用凹口形截面预制梁。当采用凹口形截面预制梁时，凹口深度不宜小于 50mm，凹口边厚度不宜小于 60mm。由于叠合板厚度一般为 120mm，这样造成大多数叠合梁须做凹槽，造成梁预制时不方便，须进一步做试验，验证此必要性。全装配式结构中，预制梁也可采用其他截面形式，如倒 T 形截面或者传统的花篮梁的形式等。

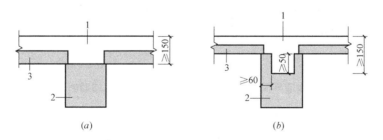

图 5.1-3　叠合梁截面

（a）预制部分为矩形截面；（b）预制部分为凹口截面
1—叠合层；2—预制梁；3—叠合层或现浇板

二、框架结构的配筋构造

　　装配整体式框架结构除了要满足《混规》、《高规》和《抗规》外，还要满足装配式结构设计规程中相关的要求。

1. 柱钢筋构造要求

（1）预制柱纵向钢筋要求

柱纵向受力钢筋的最小总配筋率应按表 5.1-2 采用。

柱纵向受力钢筋的最小总配筋率 表 5.1-2

类别	抗 震 等 级			
	一	二	三	四
中柱和边柱	0.9(1.0)	0.7(0.8)	0.6(0.7)	0.5(0.6)
角柱、框支柱	1.1	0.9	0.8	0.7

注：1. 表中括号内数值用于框架结构的柱；
  2. 采用 335MPa 级、400MPa 级纵向受力钢筋时，应分别按表中数值增加 0.1 和 0.05 采用；
  3. 当混凝土强度等级为 C60 以上时，应按表中数值增加 0.1 采用。

为了提高装配式框架梁柱节点的安装效率和施工质量，同时减少套筒灌浆数量，柱可采用较大的纵筋直径和间距，按《装标》规定不应大于 400mm，并将纵向受力钢筋集中于四角配置且宜对称布置（图 5.1-4）。柱箍筋加密区的箍筋肢距抗震等级一级时不宜大于 200mm，二、三级时不宜大于 250mm，四级时不宜大于 300mm。可采用拉筋、菱形箍筋等形式，建议采用复合箍筋，对混凝土形成有效约束机制。柱中设置纵向辅助钢筋，直径不宜小于 12mm 和箍筋直径。纵向辅助钢筋不伸入框架节点（图 5.1-5），不参与正截面承载力计算。

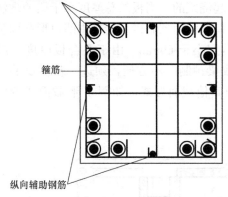

图 5.1-4　柱集中配筋构造平面示意　　图 5.1-5　纵向辅助钢筋不伸入框架节点现场照片

灌浆套筒灌浆段最小内径与连接钢筋公称直径的差不宜小于表 5.1-3 的规定。

灌浆套筒灌浆段最小内径与连接钢筋公称直径的差值 表 5.1-3

钢筋直径（mm）	套筒灌浆段最小内径与连接钢筋公称直径差最小值（mm）
12～25	10
28～40	15

（2）预制柱箍筋要求

为提高混凝土的延性，保证箍筋对其形成有效的约束作用，《混规》提出柱中的箍筋应符合下列规定，箍筋直径不应小于$d/4$，且不应小于6mm（d为纵向钢筋的最大直径）；箍筋间距不应大于400mm及构件截面的短边尺寸，且不应大于$15d$（d为纵向钢筋的最小直径）；柱及其他受压构件中的周边箍筋应做成封闭式；当柱截面短边尺寸大于400mm且各边纵向钢筋多于3根时，应设置复合箍筋；柱中全部纵向受力钢筋的配筋率大于3%时，箍筋直径不应小于8mm，间距不应大于$10d$，且不应大于200mm。箍筋末端应做成135°弯钩，且弯钩末端平直段长度不应小于$10d$，d为纵向受力钢筋的最小直径；为了保证柱的延性，箍筋建议采用复合箍筋。

抗震设计时，柱的箍筋加密区高度，应按《抗规》采用，柱端取截面高度（圆柱直径）、柱净高的1/6和500mm三者的最大值；底层柱的下端不小于柱净高的1/3；刚性地面上下各500mm；剪跨比不大于2的柱、因设置填充墙等形成的柱净高与柱截面高度之比不大于4的柱、框支柱、一级和二级框架的角柱，取全高。

同时，由于套筒连接区域柱截面刚度较大，柱的塑性铰变形区可能会上移到套筒连接区域以上。为保证该区域混凝土的延性，至少应将套筒连接区域以上500mm高度区域柱箍筋加密（图5.1-6）。一般情况下，柱箍筋加密区的箍筋最大间距和最小直径，应按表5.1-4采用：

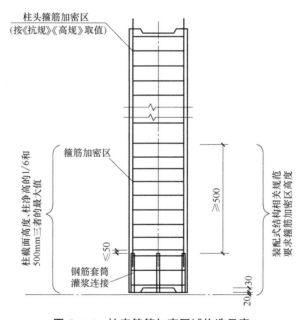

图5.1-6 柱底箍筋加密区域构造示意

柱箍筋加密区的箍筋最大间距和最小直径 　　　　　　　　　　　表5.1-4

抗震等级	箍筋最大间距（采用较小值，mm）	箍筋最小直径（mm）
一	$6d$，100	10
二	$8d$，100	8
三	$8d$，150（柱根100）	8
四	$8d$，150（柱根100）	6（柱根8）

注：柱根系指底层柱下端的箍筋加密区范围。

柱纵向受力钢筋在柱底采用套筒灌浆连接时，套筒上端第一道箍筋距离套筒顶部不应大于 50mm（图 5.1-7）。

当房屋高度不大于 12m 或层数不超过 3 层，且钢筋直径不是很大（一般不大于 28mm）时，上、下层相邻预制柱纵向受力钢筋也可采用挤压套筒连接，柱底需设置现浇段，套筒上端第一道箍筋距离套筒顶部不应大于 20mm，柱底部第一道箍筋距柱底面不应大于 50mm（图 5.1-8）；箍筋间距不宜大于 75mm；抗震等级为一、二级时，箍筋直径不应小于 10mm，抗震等级为三、四级时，箍筋直径不应小于 8mm。

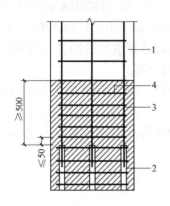

图 5.1-7　柱底箍筋加密区域构造示意

1—预制柱；2—连接接头（或钢筋连接区域）；
3—柱纵筋；4—箍筋加密区（阴影区域）

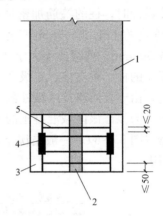

图 5.1-8　柱底现浇段箍筋配置示意

1—预制柱；2—支腿；3—柱底现浇段；
4—挤压套筒；5—箍筋

2. 柱其他构造要求

为了提高框架柱与现浇混凝土叠合面的抗剪能力，预制柱的底部应设置键槽，键槽应均匀布置，键槽端部斜面倾角不宜大于 30°。键槽深度不宜太小，不宜小于 30mm，键槽深度太小时，易发生承压破坏。

同时，为了增加预制柱与现浇混凝土叠合层之间的粘结力，结合面应设置粗糙面，粗糙面的面积不宜小于结合面的 80%，预制柱柱顶也应设置粗糙面，粗糙面的凹凸深度不应小于 6mm。

高层建筑装配整体式框架结构首层的剪切变形远大于其他各层。试验研究表明，由于竖向钢筋连接的差异，预制柱底的塑性铰与现浇柱底的塑性铰形成机制有一定的差别。在目前设计和施工经验尚不充分的情况下，高层建筑框架结构的首层柱宜采用现浇柱，以保证结构的抗地震倒塌能力。当高层建筑装配整体式框架结构首层柱采用预制混凝土时，应采取特别的可靠技术措施，如强连接、下置套筒等方式（图 5.1-9），确保出现塑性铰部位的塑性变形能力，提高预制接缝的抗剪承载力。在经济性允许下，也可以提高首层柱的性能目标，抗剪、抗弯均按"力"控制，在大震下保持在弹性状态，不产生塑性铰。

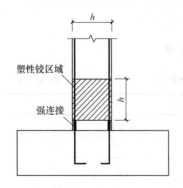

图 5.1-9　框架首层柱连接示意图

3. 梁钢筋构造要求

（1）叠合梁受力钢筋要求

装配整体式框架结构的叠合梁构造要求与现浇混凝土结构一样。梁的钢筋配置，应符合下列规定：梁端纵向受拉钢筋的配筋率不宜大于 2.5%；沿梁全长顶面、底面的配筋，抗震等级一、二级不应少于 2Φ14，且分别不应少于梁顶面、底面两端纵向配筋中较大截面面积的 1/4；抗震等级三、四级不应少于 2Φ12；抗震等级一、二、三级框架梁内贯通中柱的每根纵向钢筋直径，对框架结构不应大于矩形截面柱在该方向截面尺寸的 1/20，或纵向钢筋所在位置圆形截面柱弦长的 1/20；对其他结构类型的框架不宜大于矩形截面柱在该方向截面尺寸的 1/20，或纵向钢筋所在位置圆形截面柱弦长的 1/20。考虑梁柱节点的复杂性，梁受力钢筋尽量采用较粗直径、较大间距的钢筋布置方式。

当梁底部钢筋采用灌浆套筒连接时，梁底部钢筋直径不宜小于 12mm。同时套筒的净距不应小于 25mm，套筒外侧箍筋保护层厚度不小于 20mm。所以，综合各规范对混凝土构件保护层厚度及梁钢筋排布的要求，参考第 2 章表 2.1-4，预制梁底部单排钢筋（采用灌浆套筒连接）最多放置根数如表 5.1-5 所示：

预制梁底部单排钢筋（采用灌浆套筒连接）最多放置根数　　　　表 5.1-5

梁宽(mm)	钢筋直径(mm)							
	12	14	16	18	20	22	25	28
200	3	2	2	2	2	2	2	2
250	3	3	3	3	3	3	3	2
300	4	4	4	4	4	3	3	3
350	5	5	5	5	4	4	4	4
400	6	6	5	5	5	5	5	4

（2）叠合梁箍筋要求

为保证梁端混凝土的延性及塑性铰变形能力，《抗规》对梁端箍筋加密区的长度、箍筋最大间距和最小直径做了相关规定，见表 5.1-6。当梁端纵向受拉钢筋配筋率大于 2% 时，表中箍筋最小直径数值应增大 2mm。梁端加密区的箍筋肢距，一级不宜大于 200mm 和 20 倍箍筋直径的较大值，二、三级不宜大于 250mm 和 20 倍箍筋直径的较大值，四级不宜大于 300mm。

梁端箍筋加密区的长度、箍筋最大间距和最小直径　　　　表 5.1-6

抗震等级	加密区长度 （采用较大值）(mm)	箍筋最大间距 （采用最小值）(mm)	箍筋最小直径(mm)
一	$2h_b$，500	$h_b/4,6d,100$	10
二	$1.5h_b$，500	$h_b/4,8d,100$	8
三	$1.5h_b$，500	$h_b/4,8d,150$	8
四	$1.5h_b$，500	$h_b/4,8d,150$	6

考虑叠合梁与传统现浇梁施工工艺的差异，其箍筋配置可以采取不同的形式。《装规》与《广东省装规》中有如下规定：

（1）抗震等级为一、二级的叠合框架梁的梁端箍筋加密区应采用整体封闭箍筋［图 5.1-10（a）］；

（2）采用组合封闭箍筋的形式时，开口箍筋上方应做成不小于 135°弯钩；非抗震设计时，弯钩端头平直段长度不应小于 5d（d 为箍筋直径），抗震设计时，平直段长度不应小于 10d［图 5.1-10（b）］。

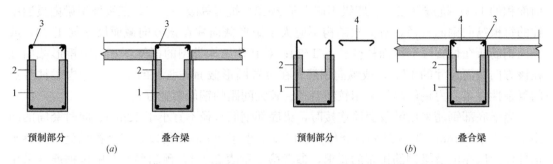

预制部分　　　　　叠合梁　　　　　预制部分　　　　　叠合梁
（a）　　　　　　　　　　　　　　（b）

图 5.1-10　叠合梁箍筋构造示意

1—预制梁；2—预制箍筋；3—上部纵向钢筋；4—箍筋帽

实际上，从梁的整体性受力来讲，在施工条件允许的情况下，叠合梁的箍筋形式均宜采用闭口箍筋。当采用闭口箍筋不便于安装上部纵筋时，可采用组合封闭箍筋，即开口箍筋加箍筋帽的形式。由于对封闭组合箍的研究尚不够完善，因此在所受扭矩较大的梁和抗震等级为一、二级的叠合框架梁梁端加密区中不建议采用。

4. 叠合梁其他构造要求

抗剪键槽是指通过凹凸形状的混凝土传递剪力的抗剪机构，是保证接缝处抗剪承载力的关键技术措施。有试验表明，预制梁端采用键槽的方式时，其受剪承载力一般大于粗糙面，且易于控制加工质量及检测。因此广东省《装规》强制性条文规定预制框架梁在梁端结合面应设置抗剪键槽（图 5.1-11）。

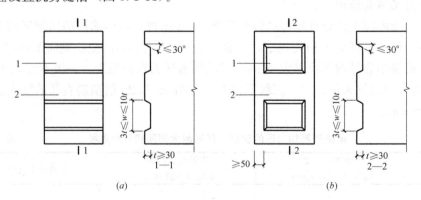

（a）　　　　　　　　　　　　　　（b）

图 5.1-11　梁端键槽构造示意

（a）键槽贯通截面；（b）键槽不贯通截面

1—键槽；2—梁端面；w—键槽宽度

预制梁在梁端结合面的键槽的深度 t 不宜小于 30mm，宽度 w 不宜小于深度的 3 倍且不宜大于深度的 10 倍；键槽可贯通截面，当不贯通时槽口距离截面边缘不宜小于 50mm；键槽间距宜等于键槽宽度；键槽端部斜面倾角不宜大于 30°。梁端键槽数量通常较少，一般为1~3个。

同时，为加强预制梁与现浇混凝土叠合层之间结合面的混凝土粘结力，结合面处应设置粗糙面，粗糙面的面积不宜小于结合面的80%，预制梁端的粗糙面凹凸深度不应小于6mm。根据大量试验以及日本的通用做法，在预制梁（含墙、柱）与预制板相交部位可以做成光面，这些部位对结构受力影响很小且有利于构件制作和脱模。

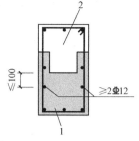

图5.1-12　叠合梁
截面构造
1—预制梁；2—叠合层

预制梁与普通现浇梁不一样，在预制构件的制作、吊装、运输、安装等环节中可能会产生一些不利的受力情况。所以在预制梁的预制面以下100mm范围内，应设置2根直径不小于12mm的腰筋，其他位置的腰筋应按《混规》要求设置，如图5.1-12所示。

由于装配式施工中除局部现浇区域外，无须采用传统的梁、板底模，为保证现场施工人员安全，在预制梁顶面两端宜各设置一根直径不宜小于28mm、出预制梁顶面的高度不宜小于150mm的安全维护插筋（图5.1-13），利用安全维护插筋来固定钢管，通过钢管间的安全绳固定施工人员佩戴的安全锁。设计时应注意安全维护插筋直径与钢管内径相匹配。

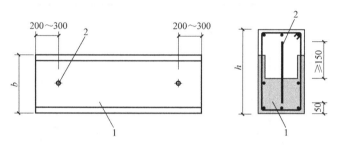

图5.1-13　预制梁顶面安全维护插筋示意图
1—预制梁；2—安全维护插筋

三、装配式框架结构构件拆分形式

由于预制构件连接部位是影响装配整体式结构性能的重要部位，划分预制构件时，从现浇结构上来讲，宜将连接设置在应力水平较低处，如梁、柱的反弯点处，但目前还较难实现。图5.1-14为几种可能的划分方法。

（1）梁预制，柱与梁柱节点现浇，如图5.1-15所示，也可以梁、柱预制，梁柱节点现浇，如图5.1-16所示。当梁柱节点现浇时，由于节点内钢筋拥挤，预制梁伸出钢筋较长，容易打架、碰撞，设计和制作构件时需采取措施避让，而且安装时需要控制构件吊装顺序，施工较为复杂。

（2）梁、柱、节点分别预制，在现场进行连接，如图5.1-17所示。

当采用该种连接形式时，各个预制节点与梁的结合面均要预留钢筋与梁连接，预留孔道给柱钢筋穿过。

（3）梁柱节点与梁共同预制，节点内钢筋可在构件制作阶段布置完成，简化施工步骤，如图5.1-18所示。也可以梁柱节点与柱共同预制，在梁端和柱中进行连接，如图5.1-19所示。

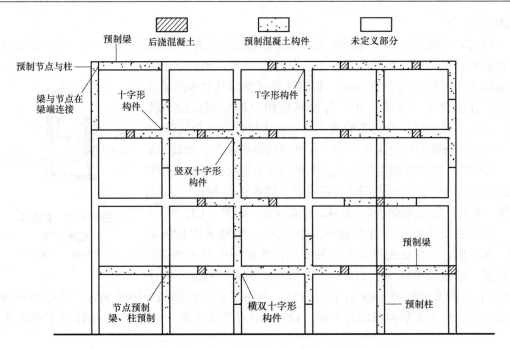

图 5.1-14 梁、柱预制，节点现浇示意图

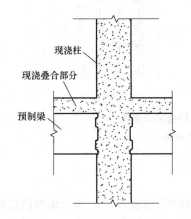

图 5.1-15 梁预制，柱、节点现浇示意图

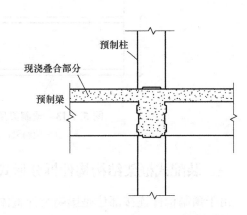

图 5.1-16 梁、柱预制，节点现浇示意图

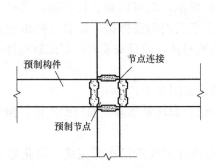

图 5.1-17 梁、柱、节点分别预制，
节点周边连接示意图

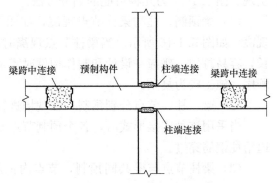

图 5.1-18 梁柱节点与梁共同预制，
柱端、梁中连接示意图

（4）梁柱共同预制成 T 字形或十字形构件，构件现场连接。此种方法可减少预制构件数量与连接数量，但在构件设计时应充分考虑构件运输与安装对构件尺寸和重量的限制。T 字形构件连接形式、十字形构件连接形式和双十字形构件连接形式如图 5.1-20～图 5.1-22 所示。

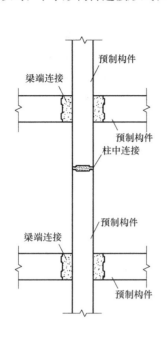

图 5.1-19　梁柱节点与柱共同预制，
柱中、梁端连接示意图

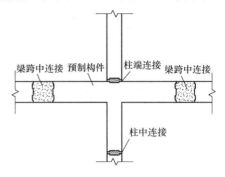

图 5.1-20　T 字形构件连接示意图

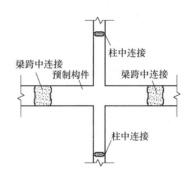

图 5.1-21　十字形构件连接示意图

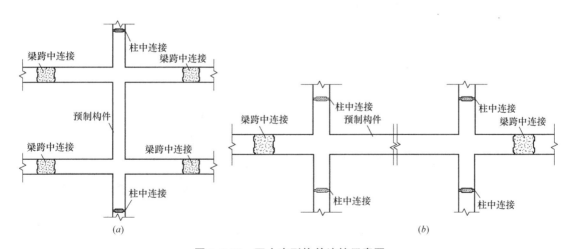

图 5.1-22　双十字形构件连接示意图
（a）竖向双十字形；（b）横向双十字形

四、装配式框架结构构件拆分形式

1. 现浇梁柱节点

梁柱现浇节点往往被认为是刚性连接，装配整体式框架结构中梁柱节点现浇可使梁的

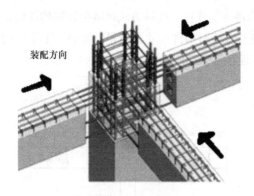

图 5.1-23 梁柱节点现浇

纵筋在节点中的锚固或贯通与现浇混凝土结构相同，因此现浇节点是比较常用的一种预制结构节点施工方式。由于单根梁柱预制时，模台占用面积较小，预制效率高，且运输、吊装方便，是目前我国最常用的拆分施工方式。

现浇梁柱节点在预制柱与预制梁相交的地方，预留柱端纵筋，预制梁端钢筋，现场绑扎梁上部钢筋、梁柱节点箍筋，然后浇筑节点区混凝土（图 5.1-23）。

2. 现浇梁端节点

在预制柱与预制梁相交的地方，柱端预留连接钢筋，预制梁端也预留钢筋，现场绑扎梁上部钢筋，梁箍筋、梁端钢筋与柱端预留钢筋通过套筒连接或其他方式连接，然后浇筑混凝土（图 5.1-24）。《装规》规定，图中套筒距柱边不少于 $1.5h_0$，h_0 为预制梁有效截面高度。

为减少柱侧伸出钢筋长度，当采用图 5.1-25 中梁钢筋连接方式时，当套筒左侧没有足够的塑性铰变形长度，结合部的钢筋会产生应力集中而发生脆性破坏。因此应设计成强连接，即加强套筒左侧配筋确保在罕遇地震作用下处于弹性阶段，使塑性铰在套筒右侧区段形成。设计时，套筒左侧梁柱结合部配筋荷载效应设计值可在右侧的荷载效应设计值基础上进行放大处理。以弯矩效应为例，其计算值可参考式（5.1-1）进行计算。

$$M_2 = M_1 \times K_1 \times K_2 \qquad (5.1-1)$$

式中：M_2——叠合梁端配筋时放大后的弯矩设计值；

M_1——套筒外侧配筋弯矩设计值；

K_1——将 M_1 换算到梁端（柱边）时的系数；

K_2——考虑钢筋强度离散性的放大系数。

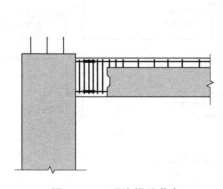

图 5.1-24 现浇梁端节点

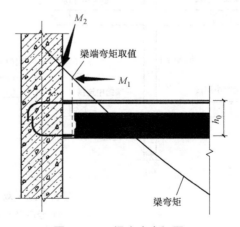

图 5.1-25 梁支座弯矩图

此时套筒两端钢筋直径不同，应采用一头大一头小的套筒即异径钢筋灌浆连接套筒，参考第 2 章图 2.1-11（a）。若柱截面较大，节点空间允许时，也可将套筒预埋于节点内，此时梁端钢筋设计与传统延性设计相同。

在我国《装标》和《装规》（行标）中没有强连接和延性连接的概念，但规定了按延性连接设计，如套筒距柱边一定距离形成塑性铰的长度等，如图 5.1-26 所示。

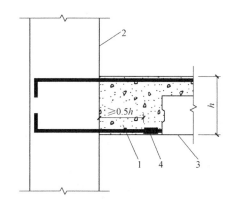

图 5.1-26　延性连接示意图和施工现场图

3. 梁柱节点预制，柱端连接

梁柱节点预制、柱端连接示意如图 5.1-27 所示。在梁柱节点中设置供预制柱纵向受力钢筋穿过的波纹钢管，柱纵向钢筋穿过梁柱节点后用灌浆料填满钢筋与波纹钢管之间的空隙，在波纹钢管外设置规范要求的梁柱节点箍筋，如图 5.1-28 所示。考虑到在构件制作和施工过程中存在的偏差，同时为了让灌浆料有足够的空间流动以填满波纹钢管管壁与钢筋之间的空隙，《新西兰装配式结构指导手册》建议波纹钢管的直径为穿过钢筋直径的 2～3 倍。此方法对于构件制作以及安装过程的精准度要求较高。必要时，叠合板的面筋也要预留，且与现浇层的结合面应做成粗糙面。

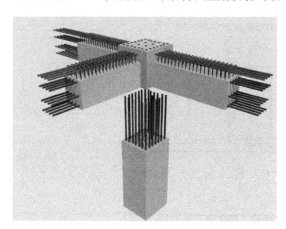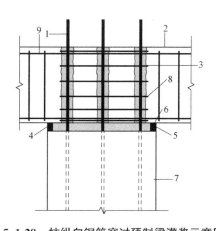

图 5.1-27　梁柱节点预制，柱端连接

图 5.1-28　柱纵向钢筋穿过预制梁灌浆示意图

1—柱纵筋；2—预制梁；3—波纹钢管；4—灌浆进口；5—灌浆出口；6—密封胶；7—预制柱；8—节点区加密水平箍筋；9—梁纵筋

4. 梁柱节点预制，"十字形"预制节点

梁、柱与梁柱节点一起预制，形成"十字形"预制节点构件，并通过梁与梁的拼接、梁端的连接、柱与柱的拼接、柱端连接等形式进行连接（图 5.1-29）。

5. 柱端连接及柱—柱拼接

预制柱与预制柱的连接当采用灌浆套筒连接时（图 5.1-30），在预制柱的柱底、连接钢筋的位置预埋灌浆套筒并在柱底设置键槽和粗糙面，被连的预制柱柱顶设置粗糙面，通过压力灌浆连接两柱，然后用灌浆料填实预制柱间接缝。当在柱中进行拼接时，可采用与柱端连接相同的连接形式，也可采用可靠的拼接形式。

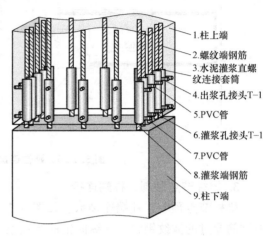

1. 柱上端
2. 螺纹端钢筋
3. 水泥灌浆直螺纹连接套筒
4. 出浆孔接头T-1
5. PVC管
6. 灌浆孔接头T-1
7. PVC管
8. 灌浆端钢筋
9. 柱下端

图 5.1-29 "十字形"预制构件现场施工图　　图 5.1-30 柱—柱拼接节点大样

6. 梁-梁拼接

叠合梁可采用对接连接（图 5.1-31），连接处应设置现浇段，现浇段的长度应满足梁下部纵向钢筋连接长度及作业的空间需求。梁下部纵向钢筋宜采用机械连接、套筒灌浆连接或焊接连接。

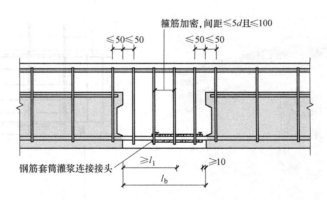

图 5.1-31 梁-梁拼接示意图（灌浆套筒形式）

7. 主次梁连接

主梁与次梁的连接可采用现浇混凝土节点，即主梁上预留现浇段，混凝土断开而钢筋连续，以便穿过和锚固次梁钢筋（图 5.1-32）。当主梁截面较高且次梁截面较小时，主梁预制混凝土也可不完全断开，采用预留凹槽的形式供次梁钢筋穿过。次梁端部可设计为刚接和铰接。主次梁连接还可以采用牛担板的连接方式进行连接，但次梁受扭时不宜使用。

图 5.1-32　主梁与次梁的连接施工图

第二节　构件连接验算

装配整体式结构中，应重视构件间的连接计算，虽然在工厂生产的预制件质量比现浇构件更容易保证，但关键问题就在于构件间的连接是否有效与可靠。结构设计过程中，应按《抗规》和《混规》验算节点核心区抗震性能，按《装规》验算接缝受弯承载力、受剪承载力等以确保连接区的受力性能。

装配式框架结构中接缝主要有以下几种：叠合梁端结合面，叠合梁的新旧混凝土结合面，梁-梁拼接的结合面，主次梁的结合面，柱中、柱底的结合面等几种类型（图 5.2-1）。

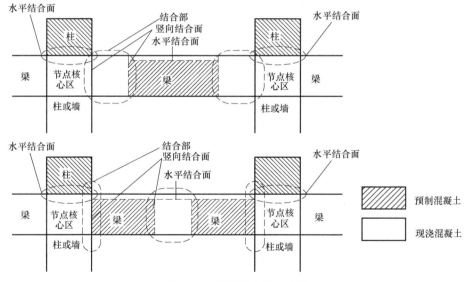

图 5.2-1　接缝结合面示意图

梁-柱节点中，接缝处的压力通过现浇混凝土、灌浆料或坐浆材料直接传递；拉力通过由各种方式连接的纵向钢筋、预埋件传递；剪力由结合面混凝土的粘结强度、键槽或者粗糙面、钢筋的销栓抗剪作用承担；接缝处于受压、受弯状态时，静力摩擦可承担一部分剪力。

在现行规范中，为了结构的安全性与可靠度，结合面的受剪承载力是不考虑混凝土的自然粘结作用的，仅取混凝土抗剪键槽的受剪承载力、现浇层混凝土的受剪承载力、穿过结合面钢筋的销栓抗剪作用之和，作为结合面的抗剪承载力。这种做法在设计中是偏于安全的。

一、叠合梁接缝正截面承载力验算

对于装配整体式框架结构，在受力特点上与现浇混凝土框架结构相似。叠合框架梁为典型的受弯构件，根据《混规》中矩形截面受弯构件正截面受弯承载力的计算有：

$$M \leqslant \alpha_1 f_c bx \left(h_0 - \frac{x}{2}\right) + f_y' A_s'(h_0 - a_s') - (\sigma_{po}' - f_{py}') A_p'(h_0 - a_p') \tag{5.2-1}$$

混凝土受压区高度应按下列公式确定：

$$\alpha_1 f_c bx = f_y A_s - f_y' A_s' + f_{py} A_p + (\sigma_{po}' - f_{py}') A_p' \tag{5.2-2}$$

混凝土受压区高度尚应符合下列条件：

$$x \leqslant \xi_b h_0$$
$$x \geqslant 2a' \tag{5.2-3}$$

式中：M——弯矩设计值；

α_1——系数，按《混规》第 6.2.6 条的规定计算；

A_s，A_s'——受拉区、受压区纵向普通钢筋的截面面积；

A_p，A_p'——受拉区、受压区纵向预应力筋的截面面积；

σ_{po}'——受压区纵向预应力筋合力点处混凝土法向应力等于零时的预应力筋应力；

b——矩形截面的宽度或倒 T 形截面的腹板宽度；

h_0——截面有效高度；

a_s'，a_p'——受压区纵向普通钢筋合力点、预应力筋合力点至截面受压边缘的距离；

a'——受压区全部纵向钢筋合力点至截面受压边缘的距离，当受压区未配置纵向预应力筋或受压区纵向预应力筋应力（$\sigma_{po}' - f_{py}'$）为拉应力时，公式中的 a' 用 a_s' 代替。

由上面公式可知，当叠合梁接缝处结合面需要进行正截面承载力验算时，影响其正截面承载力的因素主要有接缝的混凝土强度等级、穿过正截面且有可靠锚固的钢筋数量。

因为在装配整体式结构中，连接区的现浇混凝土强度一般不低于预制构件的混凝土强度，连接区的钢筋总承载力也不少于构件内钢筋承载力并且构造符合规范要求，所以接缝的正截面受拉及受弯承载力一般不低于构件。叠合梁现浇段钢筋连接方式有绑扎搭接、机械连接和灌浆套筒连接等，需根据连接区的位置（梁端或梁中）及抗震等级，按规范选取。当采用绑扎搭接形式时，并不会对截面有效高度产生影响；当采用机械连接时，虽然机械连接套筒直径较大，但考虑机械连接套筒长度很短（一般只有几厘米），其对钢筋保护层厚度影响范围较小，可以忽略；但采用灌浆套筒连接时，由于套筒直径较大，为保证混凝土保护层的厚度从套筒外箍筋起算，截面有效高度会有所减少（图 5.2-2）。截面有效高度按下式取值：

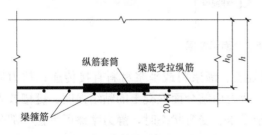

图 5.2-2　截面有效高度示意图

$$h_0 = h - 20 - d_g - \frac{D}{2} \tag{5.2-4}$$

式中：D——钢筋套筒直径（mm）；

$\quad\quad d$——钢筋直径（mm）；

$\quad\quad d_g$——箍筋直径（mm）。

二、梁端接缝受剪承载力验算

1. 接缝的受剪承载力应符合下列规定：

（1）持久设计状况：$\quad\quad\quad\quad\quad \gamma_0 V_{jd} \leqslant V_u \tag{5.2-5}$

（2）地震设计状况：$\quad\quad\quad\quad\quad V_{jdE} \leqslant V_{uE} / \gamma_{RE} \tag{5.2-6}$

在梁、柱端部箍筋加密区及剪力墙底部加强部位，尚应符合以下规定：

$$\eta_j V_{mua} \leqslant V_{uE} \tag{5.2-7}$$

式中：γ_0——结构重要性系数，按现行国家标准《混规》的规定选用；

$\quad\quad V_{jd}$——持久设计状况下接缝剪力设计值；

$\quad\quad V_{jdE}$——地震设计状况下接缝剪力设计值；

$\quad\quad V_u$——持久设计状况下梁端、柱端、剪力墙底部接缝受剪承载力设计值；

$\quad\quad V_{uE}$——地震设计状况下梁端、柱端、剪力墙底部接缝受剪承载力设计值；

$\quad\quad V_{mua}$——被连接构件端部按实配钢筋面积计算的斜截面受剪承载力设计值；

$\quad\quad \eta_j$——接缝受剪承载力增大系数，抗震等级为一、二级取 1.2，抗震等级为三、四级取 1.1。

2. 在《装规》（行标）和《广东省装标》中规定，叠合梁端竖向接缝的受剪承载力设计值应按下列公式计算：

（1）持久设计状况

$$V_u = 0.07 f_c A_{c1} + 0.10 f_c A_k + 1.65 A_{sd} \sqrt{f_c f_y} \tag{5.2-8}$$

在地震往复作用下，对现浇层混凝土部分的受剪承载力进行折减，参照混凝土斜截面受剪承载力设计方法，折减系数取 0.6。

（2）地震设计状况

$$V_{uE} = 0.04 f_c A_{c1} + 0.06 f_c A_k + 1.65 A_{sd} \sqrt{f_c f_y} \tag{5.2-9}$$

式中：A_{c1}——叠合梁端截面现浇混凝土叠合层截面面积；

$\quad\quad f_c$——预制构件混凝土轴心抗压强度设计值；

$\quad\quad f_y$——垂直穿过结合面钢筋抗拉强度设计值；

$\quad\quad A_k$——各键槽的根部截面面积之和（图 5.2-3），按现浇键槽根部截面和预制键槽根部截面分别计算，并取二者的较小值；

$\quad\quad A_{sd}$——垂直穿过结合面所有钢筋的面积，包括叠合层内的纵向钢筋。

国内外众多研究都表明，混凝土抗剪键槽的受剪承载力一般为 $0.15 \sim 0.2 f_c A_k$，但由于混凝土抗剪键槽的受剪承载力和钢筋的销栓抗剪作用一般不会同时达到最大值，因此在计算接缝的抗剪承载力中，对混凝土抗剪键槽的抗剪作用进行折减，取 $0.1 f_c A_k$。而由于在实际工程中，梁截面都不会很大，梁端抗剪键槽数量有限，沿高度方向一般不会超过 3 个，不考虑群键作用。抗剪键槽破坏时，可能沿现浇键槽或预制键槽的根部破坏，因此，

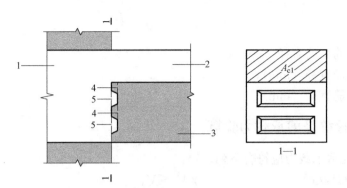

图 5.2-3　叠合梁端受剪承载力计算参数示意

1—现浇节点区；2—现浇混凝土叠合层；3—预制梁；
4—预制键槽根部截面；5—现浇键槽根部截面

计算抗剪键槽受剪承载力时应按现浇键槽和预制键槽根部剪切面分别计算面积（A_k），并取二者的较小值。而且在设计中，应尽量使现浇键槽和预制键槽根部剪切面面积相等。

钢筋销栓作用的受剪承载力计算公式（$1.65A_{sd}\sqrt{f_c f_y}$）主要参照日本的装配式框架设计规程中的规定，以及中国建筑科学研究院的试验研究结果，同时考虑混凝土强度及钢筋强度的影响。

三、叠合梁叠合面受剪承载力验算

对于叠合梁来说，叠合梁的斜裂缝发展到叠合面时，当混凝土的主拉应力达到其抗拉强度时，就会沿叠合面出现一系列细微斜裂缝，并沿叠合面向水平方向发展一段距离，叠合面上下混凝土发生相对滑移。随着剪力的增大，相对滑移会增大，叠合面裂缝也会相应增大，然后才会再向斜上方发展。而沿叠合面发生水平裂缝的梁是由于斜裂缝的发展而导致的剪压破坏，破坏比较突然，属脆性破坏，所以有必要对叠合面受剪承载力进行复核。《广东省装标》第 7.2.5 条有如下规定：

$$V \leqslant 1.2 f_t b h_0 + 0.85 f_{yv} \frac{A_{sv}}{s} h_0 \qquad (5.2-10)$$

式中：V——验算截面的剪力设计值；

　　　f_t——混凝土的抗拉强度设计值，取叠合层和预制构件中的较低值；

　　　f_{yv}——箍筋的抗拉强度设计值；

　　　b，h_0——分别为叠合梁宽度和有效高度；

　　　A_{sv}——配置在同一截面内箍筋各肢的全部截面面积；

　　　s——沿构件长度方向的箍筋间距。

该公式是参照美国 PCI 手册的建议，采用右图（图 5.2-4）模型，在不考虑箍筋作用的假设下剪力剪切试验结果与叠合梁叠合面抗剪强度之间的关系。参考斜截面抗剪计算公式的建立原则，用公式 $\tau = \dfrac{V}{bz}$，并按通常做法近似取 $Z = 0.85 h_0$，则可得上述规范公式。

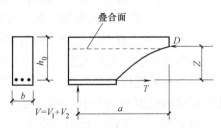

图 5.2-4　叠合梁叠合面剪力计算模型

需要注意的是，当配箍率低于 0.1% 时，箍筋对叠合面抗剪基本不起作用了。因此，只有当 $\rho_{sv} \geq 0.1\%$ 时，叠合面抗剪才用上述公式验算，否则只能按无箍筋叠合面进行验算。

四、预制柱柱底结合面受剪承载力验算

预制柱底结合面的受剪承载力的组成主要包括：新旧混凝土结合面的粘结力、粗糙面或键槽的抗剪能力、轴压产生的摩擦力、柱纵向钢筋的销栓抗剪作用或摩擦抗剪作用，其中后两者为受剪承载力的主要组成部分。在地震往复作用下，混凝土自然粘结及粗糙面的受剪承载力丧失较快，计算中不考虑其作用。在非抗震设计时，柱底剪力通常较小，一般不需要验算。

当柱受压时，计算轴压产生的摩擦力时，柱底接缝灌浆层上下表面接触的混凝土均有粗糙面及键槽构造，因此摩擦系数可取 0.8。在《装标》中，钢筋销栓作用的受剪承载力计算公式与梁受剪承载力计算公式相同，都是参照日本装配式框架设计规程中的规定，以及中国建筑科学研究院的试验研究结果得出的。

抗震设计时，预制柱底水平接缝的受剪承载力设计值应按下列公式计算：

当预制柱受压时：

$$V_{uE} = 0.8N + 1.65A_{sd}\sqrt{f_c f_y} \tag{5.2-11}$$

而当柱受拉时，没有轴压产生的摩擦力，且由于钢筋受拉，计算钢筋销栓作用时，需要根据钢筋中的拉应力结果对销栓受剪承载力进行折减。

试验研究表明，预制柱的水平接缝处，受剪承载力受柱轴力影响较大。当柱受拉时，水平接缝的抗剪能力较差，易发生接缝的滑移错动。因此，应通过合理的结构布置，避免柱的水平接缝处出现拉力。

当预制柱受拉时：

$$V_{uE} = 1.65A_{sd}\sqrt{f_c f_y \left[1 - \left(\frac{N}{A_{sd}f_y}\right)^2\right]} \tag{5.2-12}$$

式中：f_c——预制构件混凝土轴心抗压强度设计值；

$\quad\ f_y$——垂直穿过结合面钢筋抗拉强度设计值；

$\quad\ N$——与剪力设计值 V 相应的垂直于结合面的轴向力设计值，取绝对值进行计算；

$\quad\ A_{sd}$——垂直穿过结合面所有钢筋的面积；

$\quad\ V_{uE}$——地震设计状况下接缝受剪承载力设计值。

第三节　构　造　要　求

一、梁与梁的拼接

1. 湿连接

梁与梁的拼接宜选择梁应力较小区段，且考虑塑性铰形成因素，连接节点应错开梁端加密区。通常情况下湿连接有以下几点构造要求（图 5.3-1）：

（1）连接处应设置现浇段，现浇段的长度应满足梁下部纵向钢筋连接作业的空间需求，一般需 ≥ 500mm；

（2）梁下部纵向钢筋在现浇段内宜采用机械连接、套筒灌浆连接或焊接连接；

（3）现浇段内的箍筋应加密，箍筋间距不应大于 $5d$（d 为纵向钢筋直径），且不应大于 100mm。

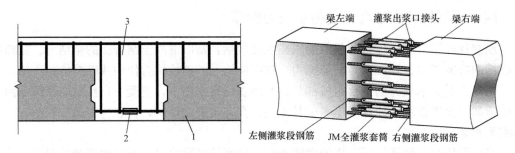

图 5.3-1　预制梁湿连接节点示意

1—预制梁；2—钢筋连接接头；3—现浇段

2. 干连接

干连接与湿连接不同，干连接与"其"连接的预制构件相比，刚度较小，变形会主要集中于干连接处；当变形较大时，在干连接处会出现集中裂缝，这与现浇混凝土结构的变形行为有较大差异。所以在装配整体式结构中，为了保证结构性能和变形行为与现浇混凝土结构等同，干连接仅允许在结构抗侧力体系梁跨中二分之一区域和抗重力体系内使用。

当在结构抗侧力体系梁跨中二分之一区域内采用干连接时，则应设计成强连接。因为这样连接处的变形对于结构抗侧力体系整体变形影响较小，能较好地保证结构性能和变形行为，与现浇混凝土结构等同（图 5.3-2）。

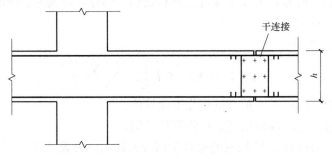

图 5.3-2　预制梁干连接节点示意

当干连接用于结构抗重力体系时，干连接应采用铰接。这样可以保证抗重力体系对结构侧向刚度贡献较小；具有较好的变形能力保证抗重力体系能与抗侧力体系协同变形；具有一定的强度确保抗重力体系竖向承载力。

二、次梁与主梁的连接

1. 湿连接

对于叠合楼盖结构，次梁与主梁的连接可采用现浇混凝土节点。做法按以下要求确定：

（1）在端部节点处［图 5.3-3（a）］，次梁下部纵向钢筋伸入主梁现浇段内的长度不应小于 12d。次梁上部纵向钢筋应在主梁现浇段内锚固。当采用弯折锚固或锚固板时，锚固直段长度不应小于 $0.6l_{ab}$；当钢筋应力不大于钢筋强度设计值的 50% 时，锚固直段长度

不应小于 $0.35l_{ab}$；弯折锚固的弯折后直段长度不应小于 $12d$（d 为纵向钢筋直径）。

（2）在中间节点处［图 5.3-3（b）］，两侧次梁的下部纵向钢筋伸入主梁现浇段内长度不应小于 $12d$（d 为纵向钢筋直径）；次梁上部纵向钢筋应在现浇层内贯通。

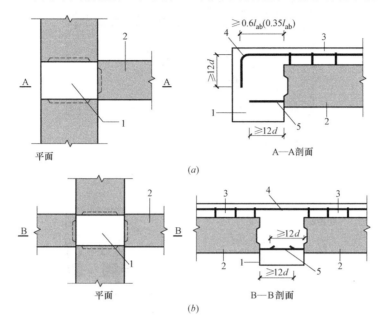

图 5.3-3　主次梁湿连接节点构造示意

（a）端部节点；（b）中间节点

1—主梁现浇段；2—次梁；3—现浇混凝土叠合层；4—次梁上部纵向钢筋；5—次梁下部纵向钢筋

次梁端部可设计为刚接和铰接。次梁钢筋在主梁内采用锚固板的方式锚固时，锚固长度根据现行行业标准《钢筋锚固板应用技术规程》JGJ 256—2011 确定。

2. 干连接

在装配整体式框架结构中，次梁作为抗重力构件，与主梁连接可采用干连接（图 5.3-4）。当次梁不直接承受动力荷载且跨度不大于 9m 时，可采用钢企口连接（图 5.3-5），

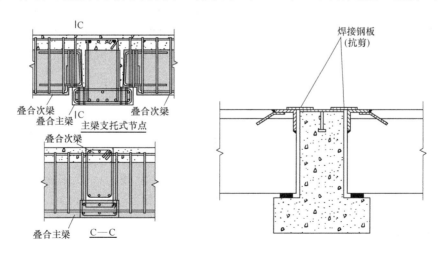

图 5.3-4　主次梁干连接节点构造示意

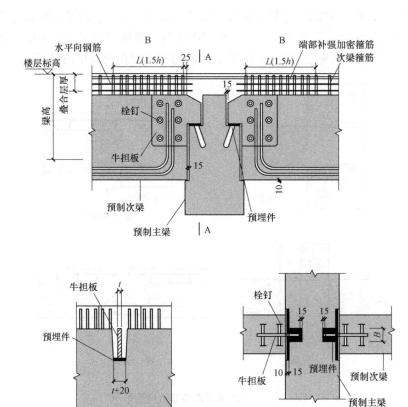

图 5.3-5　主次梁干连接节点构造示意（牛担板）

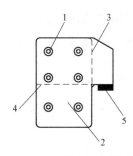

图 5.3-6　牛担板截面
验算示意图

1—栓钉；2—栓钉合力点；
3—验算截面 A；4—验算
截面 B；5—预埋件

并符合下列规定：

（1）钢企口两侧应对称布置抗剪栓钉，钢板厚度不应小于栓钉直径的 0.6 倍；预制主梁与钢企口连接处应设置预埋件；次梁端部 1.5 倍梁高范围内，箍筋间距不应大于 100mm。

（2）钢企口的承载力验算应符合《混规》和《钢结构设计规范》GB 50017 中的相关规定。

（3）钢企口的承载力验算包括下面几个方面：1）钢企口接头承载力承受施工及使用阶段的荷载验算；2）钢企口截面 A 处在施工及使用阶段的抗弯、抗剪强度；3）钢企口截面 B 处在施工及使用阶段的抗弯强度；4）凹槽内灌浆料未达到设计强度等级前，钢企口外挑部分的稳定承载力；5）栓钉的抗剪强度；6）钢企口搁置处的局部受压承载力（图 5.3-6）。

三、柱底连接

装配整体式框架结构中，纵筋的连接需符合下列规定：

（1）当房屋高度不大于 12m 或层数不超过 3 层时，可采用套筒灌浆、浆锚搭接、焊接等连接方式；

（2）当房屋高度大于 12m 或层数超过 3 层时，宜采用套筒灌浆连接；

（3）采用灌浆套筒连接时，应保证预制柱的最小保护层厚度满足相关规范要求；

（4）直径大于 20mm 的钢筋不宜采用浆锚搭接连接，直接承受动力荷载构件的纵向钢筋不应采用浆锚搭接连接。

柱底接缝设置在楼层结构面标高处时，必须符合下列要求：

（1）现浇节点区现浇混凝土上表面应设置粗糙面，凹凸深度不小于 6mm；

（2）柱纵向受力钢筋应贯穿现浇节点区；

（3）预制柱底面应设置键槽；

（4）柱底接缝厚度宜为 20mm，并用灌浆料填实（图 5.3-7）。

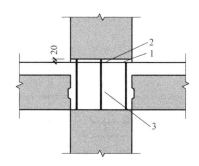

图 5.3-7　预制柱底接缝构造示意
1—后浇节点区混凝土上表面粗糙面；
2—接缝灌浆层；3—后浇区

钢筋采用套筒灌浆连接时，柱底接缝灌浆与套筒灌浆可同时进行，采用同样的灌浆料一次完成。预制柱底部应有键槽，且键槽的形式须考虑到灌浆填缝时气体排出的问题，应采取可靠且经过实践检验的施工方法，保证柱底接缝灌浆的密实性。现浇节点上表面应设置粗糙面，增加与灌浆层的粘结力及摩擦系数。

四、梁柱节点设计

1. 锚固形式

梁、柱纵向钢筋在现浇节点区内采用直线锚固、弯折锚固或机械锚固的方式时，其锚固长度应符合《混规》中的有关规定；当梁、柱纵向钢筋采用锚固板时，应符合现行行业标准《钢筋锚固板应用技术规程》JGJ 256—2011 中的有关规定。

当预制构件在有抗震设防要求的框架的梁端、柱端箍筋加密区进行连接时，连接形式宜采用灌浆套筒连接，也可采用机械连接。机械连接当接头（同一截面）百分率不大于 50% 时，接头性能等级可为Ⅱ级，当接头百分率大于 50% 时，接头性能等级应为Ⅰ级。直径大于 20mm 的钢筋不宜采用浆锚搭接连接，直接承受动力荷载构件的纵向钢筋不应采用浆锚搭接连接。

2. 搁置要求

当预制构件需要伸入其他构件内进行连接时，为防止在混凝土浇筑时漏浆，预制构件需要与其连接构件有一定的搁置长度，一般不小于 10mm。此外，距离预制构件端 500mm 范围内应设置施工支撑。

3. 连接形式

在预制柱叠合梁框架节点中，梁钢筋在节点中锚固及连接方式是决定施工可行性以及节点受力性能的关键。梁、柱构件尽量采用较粗直径、较大间距的钢筋布置方式，节点区的主梁钢筋较少，有利于节点的装配施工，保证施工质量。设计过程中，应充分考虑到施工装配的可行性，合理确定梁、柱截面尺寸及钢筋的数量、间距及位置等。在中间节点中，两侧梁的钢筋在节点区内锚固时，位置可能冲突，可采用弯折避让的方式，弯折角度不宜大于1∶6。节点区施工时，应注意合理安排节点区箍筋、预制梁、梁上部钢筋的安装顺序，控制节点区箍筋的间距满足要求。

采用预制柱及叠合梁的装配整体式框架节点，梁纵向受力钢筋应伸入现浇节点区内锚固或连接，在规范中有下列规定：

（1）在框架中间层中节点，节点两侧的梁下部纵向受力钢筋宜锚固在现浇节点区内，也可采用机械连接或焊接的方式直接连接；梁的上部纵向受力钢筋应贯穿现浇节点区（图5.3-8）。

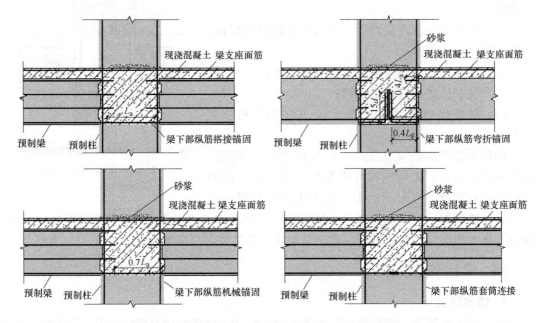

图5.3-8　预制柱及叠合梁框架中间层中节点构造示意

同时，当柱截面尺寸不满足梁纵向受力钢筋的直线锚固要求时，梁筋可采用锚固板锚固，也可采用90°弯折锚固；当底部钢筋较多时，梁柱现浇节点可能会出现钢筋打架。应注意考虑节点钢筋的放置，在构件预制时，对梁底部钢筋进行排布错位处理（图5.3-9），

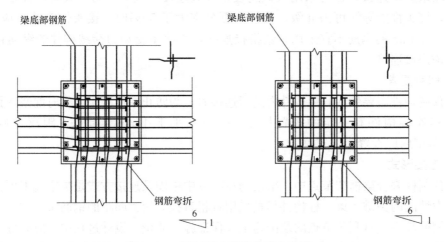

图5.3-9　框架梁底筋错位排布构造

减少在施工现场弯折钢筋的工作量，提高效率。

同时，当腰筋按受扭钢筋设计时，锚固长度较长，为方便施工吊装，可采用机械套筒后安装法。在梁构件预制阶段，先将机械套筒预埋在两端，待预制梁吊装安装完毕后，将现浇段的腰筋拧上（图 5.3-10）。

（2）在框架中间层端节点，当柱截面尺寸不满足梁纵向受力钢筋的直线锚固要求时，梁筋宜采用锚固板锚固，也可采用 90°弯折锚固（图 5.3-11）。

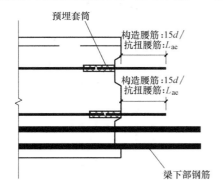

图 5.3-10　预制梁连接节点腰筋后安装法

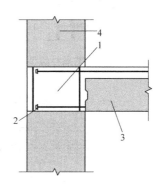

图 5.3-11　预制柱及叠合梁框架中间层端节点构造示意

1—后浇区；2—梁纵向受力钢筋锚固；
3—预制梁；4—预制柱

（3）在框架顶层中节点，柱纵向受力钢筋宜采用直线锚固；由于预制梁吊装为从上往下，顶层柱钢筋弯锚会影响预制梁的放置，为方便施工顶层柱纵筋可采用机械直锚。当梁截面尺寸不满足直线锚固要求时，宜采用锚固板锚固。当采用锚固板锚固时，锚固长度不应小于 $0.4l_a$（l_{aE}）、250mm 和梁高的 4/5 的最大值；由于取消了柱纵筋的弯锚段，对柱顶部箍筋进行了适当加强，在柱范围内应沿梁设置伸至梁底的开口箍筋，开口箍筋的间距不大于 100mm，直径和肢数同梁加密区。（图 5.3-12～图 5.3-15）

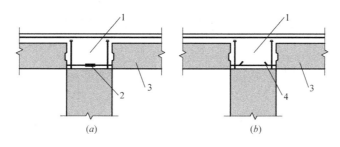

(a)　　　　　　　　　　　(b)

图 5.3-12　预制柱及叠合梁框架顶层中节点构造示意

（a）梁下部纵向受力钢筋连接；（b）梁下部纵向受力钢筋锚固
1—现浇区；2—梁下部纵向受力钢筋连接；3—预制梁；4—梁下部纵向受力筋锚固

顶层端节点的梁纵筋采用机械直锚时，为保证梁、柱能够相互可靠传力及机械直锚端头处混凝土的约束作用，将柱顶标高适当提高；梁纵筋采用弯锚的锚固方式时，柱顶标高可不高于梁顶面，应沿梁设置开口箍筋。

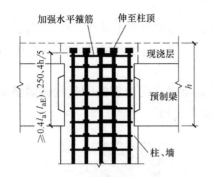

图 5.3-13　顶层中节点柱纵筋锚固要求

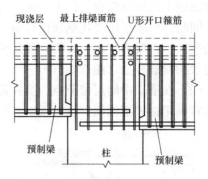

图 5.3-14　顶层中节点开口箍筋示意

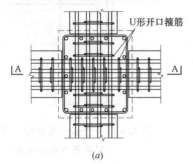

(a)

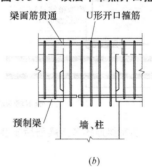

(b)

图 5.3-15　顶层节点区梁面 U 形箍加强示意

(a) 顶层中节点 U 形箍筋俯视图；(b) A—A 侧剖图

（4）在框架顶层端节点，梁下部纵向受力钢筋应锚固在现浇节点区内，且宜采用锚固板的锚固方式；柱宜伸出屋面并将柱纵向受力钢筋锚固在伸出段内，伸出段长度不宜小于 500mm，伸出段内箍筋间距不应大于 $5d$（d 为纵向钢筋直径），且不应大于 100mm；柱纵向钢筋宜采用锚固板锚固，锚固长度按规范确定；梁上部纵向受力钢筋宜采用锚固板锚固（图 5.3-16）。

连接接头与节点区采用预制柱及叠合梁的装配整体式框架节点，梁下部纵向受力钢筋也可伸至节点区外的现浇梁段内连接，规范规定连接接头与节点区的距离不应小于 $1.5h_0$（h_0 为梁截面有效高度），使梁端具有足够的塑性变形长度，从而可以保证在设计地震作用下形成梁端塑性铰（图 5.3-17）。

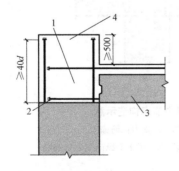

图 5.3-16　预制柱及叠合梁框架
顶层端节点构造示意

1—后浇区；2—梁下部纵向受力钢筋
锚固；3—预制梁；4—柱延伸段

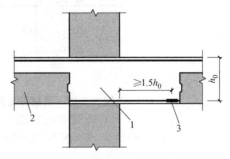

图 5.3-17　梁纵向钢筋在节点区
外的后浇梁段内连接示意

1—后浇段；2—预制梁；3—纵向受力钢筋连接

4. 强连接要求

针对梁柱连接的部位不同，对塑性铰发展区域影响也有所不同。如图 5.3-18 所示，设计连接部位时有三种选择：（1）连接部位设置在远离塑性铰发展区域 ［图（*a*）梁-梁连接］，梁端留有足够长度以满足塑性变形要求，也就是本书所说的延性连接；（2）将连接钢筋所用套筒预埋在预制柱中 ［图（*b*）梁-柱连接］，不影响梁端塑性铰的形成与发展；（3）连接位于梁端部时 ［图（*c*）梁－柱连接］，采用本书所说的强连接。

同样原理，在柱的纵向钢筋连接时，强连接部位处理也有三种情况，如图 5.3-18 中的（*d*）～（*f*）。

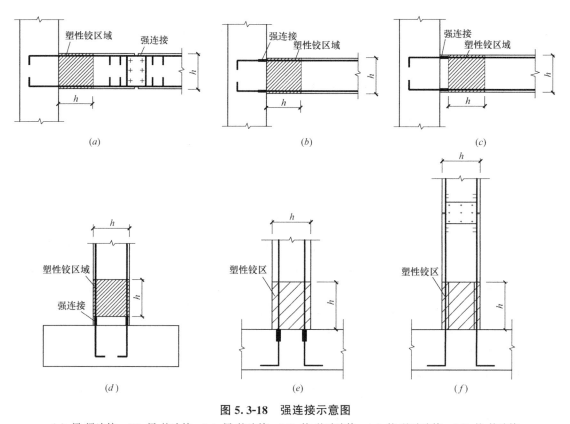

图 5.3-18　强连接示意图

（*a*）梁-梁连接；（*b*）梁-柱连接；（*c*）梁-柱连接；（*d*）柱-基础连接；（*e*）柱-基础连接；（*f*）柱-柱连接

当预制柱柱底采用强连接时，美国 ACI 318 规范要求，为保证柱连接结合部不进入塑性变形阶段，其抗弯设计承载力应大于考虑套筒上端塑性铰极限变形时强连接处产生相应效应值的 1.4 倍；当连接在柱中净高三分之一处时，假设柱身弯矩反弯点在柱中，连接处的弯矩值为柱端的三分之一，因此，该部位设计抗弯承载力应不小于柱端弯矩（通常是该柱最大弯矩）的 0.4 倍。

第四节　设计深度要求及图面表达

一、结构施工图设计深度要求

装配式混凝土框架结构的施工图设计深度要满足现浇结构设计文件的编制深度，如包括图纸目录、设计说明、基础施工图、按顺序排列的各部分的结构平面图等，除此之外还需包括装配式结构部分特有的装配式结构说明、预制构件详图、连接节点大样图等。

预制构件种类、常用代码及构件编号说明如下：

（1）预制柱编号由柱代号、序号组成，预制柱编号为 YKZ-XX（图 5.4-1）。在平面布置图中，应标注未居中的梁柱与轴线的定位，且需标明预制构件的装配方向。柱配筋可用柱平法表示也可用柱表形式表示。当预制柱为正方形柱，且两方向配筋不一样时，应使用"▲"在平面图及详图大样中表示其预制件安装方向。《装标》和《装规》（行标）未区分抗侧力结构和抗重力结构，因此所有柱均按框架柱编号，当设计有抗重力预制结构柱时，可编号 YZ-XX。

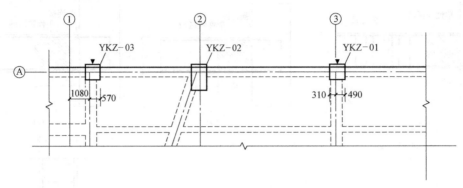

图 5.4-1　预制柱平面示意图

预制柱的配筋表示方式与现浇结构相同，可参照图集《混凝土结构施工图平面整体表示方法制图规则和构造详图》16G101，大样宜采用柱表形式表示，且尽可能减少不同形式的截面配筋，做到简化施工和便于深化设计的目的。预制柱的拆分需在图纸中进行说明，预制柱的长度应根据吊装及运输的要求进行考虑，不宜太长，增加运输与吊装的难度；亦不宜太短，导致构件数量过多，增加工作量。

（2）预制梁编号由梁代号、序号组成，预制梁编号为 PCL-XX。当预制梁数量、种类较多时，可将梁编号分成两个方向，梁编号可为 DKLX-XX、DLY-XX（图 5.4-2）。在平面布置图中，应标注未居中的梁柱与轴线的定位。同时，预制梁由于梁支座配筋有可能不一样，故还需标明预制构件的装配方向。为方便现场施工安装，应在梁施工图及详图大样中用"正面方向（▲）"来表明预制梁的方向，当预制梁的梁两端支座配筋一样时，可不表示。

（3）预制梁的配筋可表示在结构平面图中（图 5.4-3），可参照图集《混凝土结构施工图平面整体表示方法制图规则和构造详图（现浇混凝土框架、剪力墙、梁、板）》16G101，也可以仅在平面图中标示梁编号，配筋以梁表的形式表示在预制构件详图中。装配式结构中应尽量归并截面与配筋，这样才能将装配式结构的优点最大化。

预制梁的拆分与现浇段的长度需在图纸中表示或说明。预制梁的长度应根据吊装及运输的要求进行考虑，不宜太长，增加运输与吊装的难度；亦不宜太短，导致构件数量过多，增加工作量。

（4）预制梁、柱大样图应包括：构件模板图（应表示模板尺寸、预留洞及预埋件位置、尺寸、预埋件编号、必要的标高等。后张预应力构件尚需表示预留孔道的定位尺寸、

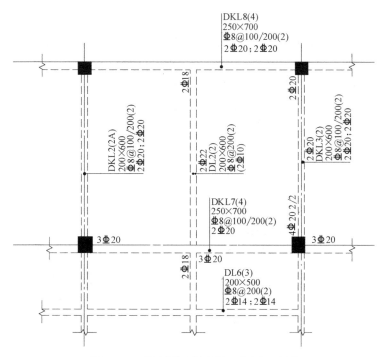

图 5.4-2 预制梁（叠合梁）平面示意图

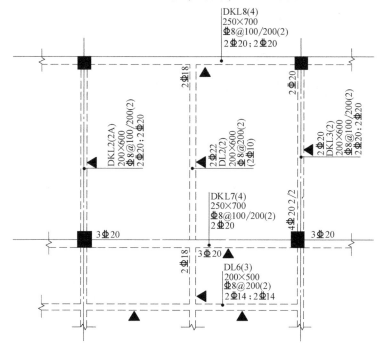

图 5.4-3 预制梁（全预制梁）平面示意图

张拉端、锚固端等）；构件配筋图（纵剖面表示钢筋形式、箍筋直径与间距，配筋复杂时宜将非预应力筋分离绘出；横剖面注明断面尺寸、钢筋规格、位置、数量等）；键槽尺寸与粗糙面要求；需作补充说明的内容。对形状简单、规则的现浇或预制构件，在满足上述规定前提下，可用列表法绘制。

例如：层高 3000mm，二层柱，柱截面尺寸为 400mm×400mm，纵筋为 8 Φ 20，箍筋为 Φ 8@100/200，柱箍筋加密区长度应大于纵向受力钢筋连接区域长度与 500mm 之和（图 5.4-4）。根据第 2 章表 2.1-4，采用 CT20 型灌浆套筒，套筒外径为 45mm。套管长度为 230mm；套筒上端第一道箍筋距离套筒顶部不大于 50mm；柱底接缝高度为 20mm；柱底键槽深度为 30mm，键槽端部斜面倾角不宜大于 30°；在预制柱详图中还需补充必要的说明，如材料要求（混凝土、钢筋、套筒等），允许误差，检测要求，规范、图集等。

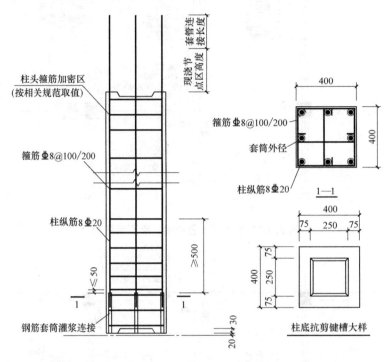

图 5.4-4　预制柱详图和抗剪键槽大样

（5）绘制连接节点大样图或通用图表时（图 5.4-5），预制装配式结构的节点，梁、柱与墙体等详图应绘出平、剖面，注明相互定位关系，构件代号、连接材料、附加钢筋（或埋件）的规格、型号、性能、数量，并注明连接方法以及对施工安装、现浇混凝土的有关要求等。

例如：在上述现浇梁柱节点例子中，梁面筋通长穿过节点，梁底筋伸至另一预制梁端并锚固；预制梁在预制柱上的搁置长度一般不宜少于 10mm。在预制构件的深化图中还需补充必要的说明，如材料要求（混凝土、钢筋、套筒等），允许误差，检测要求，参照规范、图集等。

二、装配式框架结构深化设计的设计深度要求

装配式框架结构深化设计除施工图已表达的内容外，还应包括以下几点：

（1）应对结构施工图进行进一步细化　应补充预制梁、柱深化详图，应根据施工图梁、柱大样（表）和节点大样图，标注纵向钢筋与构件外边线的定位尺寸、钢筋间距、根数、钢筋外露长度、下料长度、锚固或驳接细部尺寸，钢筋连接用套灌浆套筒、浆锚搭接

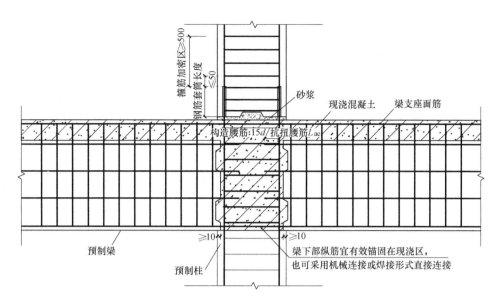

图 5.4-5 连接节点大样

约束筋及其他钢筋连接用预留必须明确标注尺寸及外露长度；箍筋形式、下料长度、弯钩角度、平直段长度等细部尺寸；粗糙面或键槽的细部尺寸；梁柱节点、主次梁节点、构件驳接等详图。

（2）对建筑、机电设备、精装修等专业在预制梁、柱上的预留洞口、预埋管线等进行综合设计，进行碰撞检查，绘制预留管线定位详图。

（3）对建筑、机电设备、精装修等专业在预制梁、柱上的安装预埋件、吊挂用的预埋螺母、螺杆等进行综合设计，绘制预埋件详图和埋件布置图。预埋件详图，绘制内容包括材料要求、规格、尺寸、焊缝高度、套丝长度、精度等级、埋件名称、尺寸标注；埋件布置图，表达埋件的局部埋设大样及要求，包括埋设位置、埋设深度、外露高度、加强措施、局部构造做法；有特殊要求的埋件应在说明中注释。

图 5.4-6 预制梁的吊装

（4）预制构件在翻转、运输、堆放、吊装和安装定位等阶段的施工验算，预埋管线位置的补强设计和固定连接的预埋件与预埋吊件、临时支撑用预埋件在最不利工况下的施工验算。由于预制构件需满足运输车辆的载运尺寸和载重要求，对于超高、超宽、形状特殊的大型构件的运输和堆放应进行相应的复核和验算。

第五节 案例分析

选取广东省某内办公楼作为装配式框架结构例子进行案例分析，本工程为某企业的办公楼，采用预制装配式框架结构，总建筑面积约 4200m²，主体地上 6 层，无地下室，建筑高度 23.95m。该项目抗震等级为丙类，设防烈度为 7 度（0.1g），设计地震分组为第一组，场地类别为 II 类，设计特征周期为 0.35s，框架抗震等级为三级。

本工程依据《装规》（行标）、《广东省装标》进行设计。结构体系中采用预制混凝土柱、预制混凝土叠合梁及预制混凝土叠合板。结构平面布置图（标准层）如下：

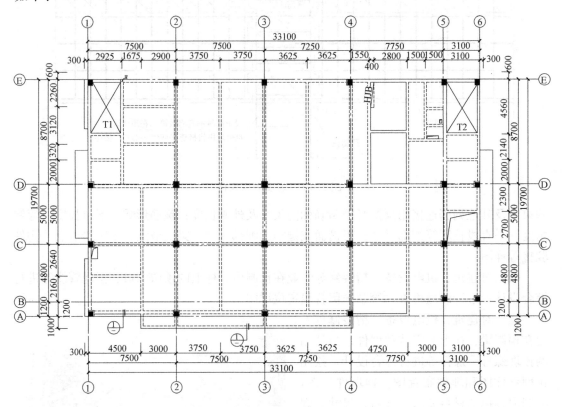

图 5.5-1 结构平面布置图

一、结构建模

本项目采用 PKPM3.1 版本进行结构建模，在建立结构模型方式上，现浇结构和装配式结构基本相同，仅在建模最后阶段有所不同，所以在案例中仅对装配式结构建模部分进行讲解。

传统结构建模完成后，在"装配式"菜单下，可以指定构件中的预制部分（这里指定的是梁板柱等主受力构件，楼梯与空调板等非影响整体受力的构件在后续处理中添加）。点选指定叠合梁后，出现叠合梁参数定义，可以通过这里定义叠合梁的现浇高度和键槽的截面面积与预制断面的面积比例（图 5.5-2）。叠合梁现浇部分的高度取值可根据《装规》（行标）的第 7.3.1 条取值。值得注意的是，图例仅是矩形截面预制梁，但实际设计中，需根据实际工程板厚度选择使用矩形或者凹口截面形式的预制梁，当板厚小于 150mm 时，需按凹口截面进行设计。

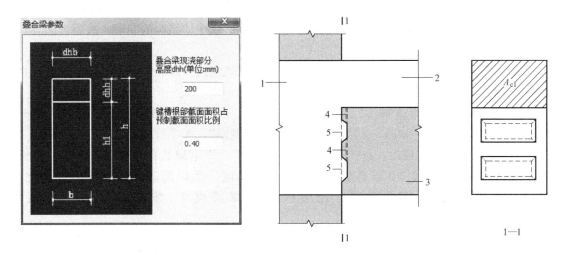

图 5.5-2　PKPM 叠合梁选项

二、总信息及参数调整

在计算分析前处理当中，有几个选项与现浇式结构选取有所不同：

（1）在总信息中，选取"装配整体式框架结构"（图 5.5-3）。

（2）楼梯采用预制楼梯，一端为滑动连接，对整体结构抗侧力刚度贡献不大，所以整体计算分析时可不考虑楼梯刚度计算。

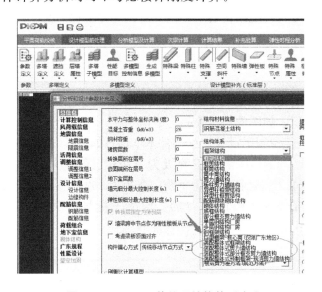

图 5.5-3　PKPM 前处理结构体系定义

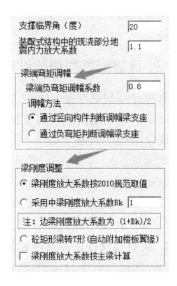

图 5.5-4　梁端弯矩调幅及梁刚度调整

（3）根据《广东省装标》第 6.3.6 条说明，在结构内力与位移计算时，对现浇楼盖和叠合楼盖，均可按现浇结构判断是否假定楼盖在其自身平面内无限刚性；楼面梁的刚度可计入翼缘作用予以增大；当近似考虑楼面对楼面梁刚度的影响时，应根据梁翼缘尺寸与梁截面尺寸的比例关系确定增大系数的取值。由于装配整体式结构等同现浇结构，叠合楼盖和现浇楼盖对梁刚度均有增大作用，因此规定增大系数可取 1.3～2.0，本项目取 1.5。本项目采用点支承式外挂墙板属于柔性连接，能较好地适应主体结构的变形，故不考虑其对主体结构刚度的影响。

（4）周期折减系数的选取：周期折减系数按规范规定的少隔墙情况取值，周期折减系数的最终取值与传统现浇结构相近，本项目取 0.7。

（5）《广东省装标》第 6.3.7 条"在竖向荷载下，可考虑框架梁端塑性变形内力重分布，对梁端负弯矩乘以 0.75～0.85 的调幅系数进行调幅"，本项目取 0.8，见图 5.5-4。

（6）总信息定义完成后，点选"分析模型及计算""生成数据"，由于现阶段软件无法按《混规》第 6.2.20 条自动调整柱的计算长度，所以需进入"设计属性补充"进行柱计算长度的补充定义。各层柱的计算长度 L_0 按表 5.5-1（《混规》表 6.2.20-2）取用。

各层柱的计算长度 表 5.5-1

楼盖类型	柱的类别	L_0
现浇楼盖	底层柱	1.0H
	其余各层柱	1.25H
装配式楼盖	底层柱	1.25H
	其余各层柱	1.5H

对于装配整体式混凝土结构来说，其受力形式、特点与现浇混凝土结构近似，装配整体式结构中混凝土柱的计算长度可按现浇楼盖取值；当采用全装配式混凝土结构或其他混合结构形式时，由于受力形式及构件刚度与现浇结构有所不同，需按实际工程情况进行计算取值。

三、计算配筋与构件设计

查看计算配筋结果，可以发现在预制构件的配筋中会多一项 PCxx。该项的含义为叠合梁两端接缝面抗剪验算需要的纵筋面积，如图 5.5-5 所示。

现以结构平面第 6 层 76 号梁为例进行预制梁设计，梁构件基本信息如下：

截面宽：$b = 300$mm，截面高：$h = 600$mm，梁抗震等级为三级；已知梁端剪力为 168.64kN，跨中弯矩为 241kN·m，准永久组合荷载作用下跨中弯矩为 109kN·m。梁底筋配 3 ⏀ 25，面筋通长配 2 ⏀ 25，箍筋 ⏀ 8@100/200（2）。混凝土标号：C30，$f_t = 1.43$N/mm^2，钢筋强度设计值：360N/mm^2。

1. 梁截面及叠合面抗剪验算

（1）预制梁截面及键槽设计

按照《装规》（行标）第 7.3.1 条规定，预制梁叠合层厚度不宜小于 150mm。当板的总厚度小于梁的现浇层厚度要求时，为增加梁的现浇层厚度，可采用凹口形截面预制梁。凹口形截面预制梁凹口深度不宜小于 50mm，凹口边厚度不宜小于 60mm。本层楼板厚度均为 120mm，所以预制梁部分采用凹口形截面预制梁，如图 5.5-6 所示。本工程为三级抗震，可采用组合封闭箍筋，即开口箍筋加箍筋帽的形式，按规定，箍筋帽两端可采用 135°弯钩（图 5.5-7）。

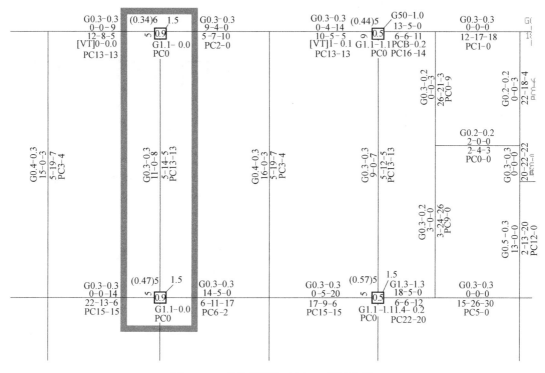

图 5.5-5　结构平面与六层 76 号梁位置

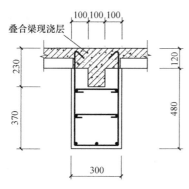

图 5.5-6　预制梁截面

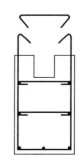

图 5.5-7　预制梁箍筋做法

预制梁梁端应设置键槽，键槽的深度 t 不宜小于 30mm，宽度不宜小于深度的 3 倍且不宜大于深度的 10 倍；键槽可贯通截面，当不贯通时槽口距离边缘不宜小于 50mm；键槽间距宜等于键槽宽度；键槽端部斜面倾角不宜大于 30°。故该预制梁键槽尺寸如图 5.5-8所示。

梁中有次梁时，可把该梁分为两段。同时现浇段的长度应满足梁下部纵向钢筋连接作业的空间需求，一般不小于 500mm；梁下部纵向钢筋在现浇段内采用套筒灌浆连接；现浇段内的箍筋应加密，箍筋间距不应大于 $5d$（d 为纵向钢筋直径），且不应大于 100mm（图 5.5-9）。

装配式混凝土结构设计

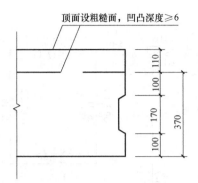

图 5.5-8　预制梁键槽尺寸

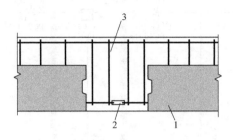

图 5.5-9　叠合梁连接节点示意

1—预制梁；2—钢筋连接接头；3—后浇段

（2）有效截面高度计算

本例中底部钢筋直径为 25mm，套筒直径按国标为 37mm，有效截面高度为：

$$h_0=600-20-8-37/2=553.5\text{mm}$$

（3）叠合面抗剪强度可根据本章式（5.2-10）进行计算。

验算梁 I 端截面：$V=142.12\text{kN}$

$$1.2\times1.43\times300\times559.5+0.85\times360\frac{100.5}{100}\times553.5$$

$$=288.9\text{kN}>V$$

叠合面抗剪承载力满足要求。

除了叠合面受剪承载力满足设计要求，同时应满足叠合梁截面尺寸的限制条件，即

$$V\leqslant0.25f_cbh_0=0.25\times14.3\times300\times559.5=589.88\text{kN}$$

2. 梁-柱节点设计及竖缝验算

（1）梁-柱节点设计

以上述例子中同一根梁为例，在本工程中，采用的是梁-柱节点现浇湿连接形式，如图 5.5-10 所示。

（2）计算梁端箍筋面积

以上述例子中的梁为例，按《混规》第 11.3.4 条，考虑地震作用下梁斜截面受剪承载力按下式

$$V_b=\frac{1}{\gamma_{RE}}\left[0.6\alpha_{cv}f_tbh_0+f_{yv}\frac{A_{sv}}{s}h_0\right]\text{计算：}$$

$$V_b\leqslant\frac{1}{0.85}\left[0.6\times0.7\times1.43\times300\times559.5+360\frac{A_{sv}}{100}\times559.5\right]$$

$$168.64\times10^3\leqslant\frac{1}{0.85}[100450.35+2007A_{sv}]$$

$$A_{sv}\geqslant25.57\text{mm}^2$$

本梁端箍筋直径取 8mm，配筋面积取 A_{sv} 为 100.5mm²，满足承载力要求。

（3）计算装配式梁-柱节点接缝结合面连接所需的纵筋面积

梁抗震等级为三级，按《装规》（行标）第 6.5.1-3 条和《广东省装标》第 6.5.1 条规

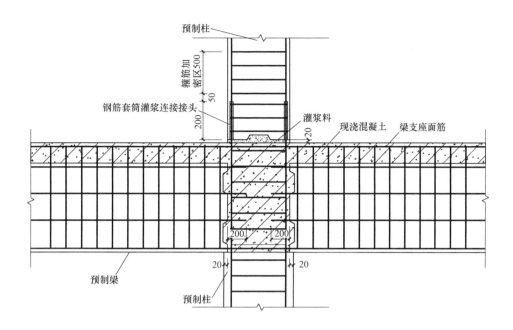

图 5.5-10　预制柱及叠合梁框架中间层中节点构造示意

定，接缝的受剪承载力应符合地震设计状况下 $V_{jdE} \leqslant \dfrac{V_{uE}}{\gamma_{RE}}$、持久设计状况下 $\gamma_0 V_{jd} \leqslant V_u$ 的要求。另外，在梁柱端部箍筋加密区中尚应符合 $\eta_j V_{mua} \leqslant V_{uE}$ 的要求。

根据《装规》（行标）第 7.2.2 条规定，在地震设计状况下计算叠合梁竖向接缝：

$$V_{uE} = 0.04 \times 14.3 \times (300 \times 150) + 0.06 \times 14.3 \times (50 \times 2 \times 30 + 100 \times 30) +$$

$$1.65 \times 5 \times 491 \times \sqrt{14.3 \times 360}$$

$$= 321527.5N = 321.53kN$$

在持久设计状况下计算叠合梁竖向接缝：

$$V_u = 0.07 \times 14.3 \times (300 \times 150) + 0.06 \times 14.3 \times (50 \times 2 \times 30 + 100 \times 30)$$

$$+ 1.65 \times 5 \times 491 \times \sqrt{14.3 \times 360}$$

$$= 340832N = 340.83kN$$

$$V_{jdE} \leqslant \frac{321.53}{0.75} = 428.7kN；$$

$$1.0 \times 142.12kN \leqslant V_u = 340.83kN$$

$$V_{uE} = 321.53 \geqslant \eta_j V_{mua} = 1.2 \times 224.5 = 269.4kN。$$

通过结合面纵筋截面面积的计算，满足承载力要求。

（4）装配式梁正常使用极限状态下裂缝宽度验算

现行规范并没有规定钢筋混凝土梁的裂缝宽度计算方法，但根据钢筋混凝土结构的特点，钢筋混凝土叠合梁与普通钢筋混凝土梁的裂缝宽度计算方法相同，可按《混规》第 7.1.2 条规定计算。

$$\psi=1.1-0.65 \frac{2.01}{(3\times491)/(0.5\times300\times600)\times[108\times10^6/(3\times491\times559.5)]}=0.807$$

$$d_{eq}=\frac{\sum n_i d_i^2}{\sum n_i \nu_i d_i}=\frac{3\times25^2}{3\times25}=25$$

$$\rho_{te}=\frac{A_s+A_p}{A_{te}}=3\times491/(0.5\times300\times600)=0.016$$

$$\omega_{max}=1.9\times0.807\times\frac{[108\times10^6/(3\times491\times559.5)]}{2.0\times10^5}\left(1.9\times28+0.08\times\frac{25}{0.016}\right)$$

$$=0.18mm<0.3mm$$

经计算，梁最大裂缝宽度满足规范要求。

四、柱-柱节点设计及水平接缝验算

抽取 5 层中某柱子为例，对节点水平接缝进行验算。

读取 SATWE 构件信息可知，地震设计状况下，接缝的剪力设计值（V_{jdE}）为 294.53kN，

$$\begin{aligned}V_{uE}&=0.8N+1.65A_{sd}\sqrt{f_c f_y}\\&=0.8\times992.03\times10^3+1.65\times8\times314\times\sqrt{14.3\times360}\\&=1091.01kN\end{aligned}$$

所以，$V_{jdE}\leqslant\frac{1}{\gamma_{RE}}V_{uE}=\frac{1}{0.85}\times1091.01$

另外，《混规》第 11.4.7 条有，考虑地震组合的矩形截面框架柱，按实配钢筋面积计算的斜截面承载力设计值为：

$$\begin{aligned}V_{mua}&=\frac{1}{\gamma_{RE}}\left[\frac{1.05}{\lambda+1}f_t bh_0+f_{yv}\frac{A_{sv}}{s}h_0+0.056N\right]\\&=\frac{1}{0.85}\times\left[\frac{1.05}{3+1}\times1.43\times400\times350+360\times\frac{150.72}{100}\times350+0.056\times686400\right]\\&=330.46kN\end{aligned}$$

其中，N——考虑地震组合的框架柱、框支柱轴向压力设计值，当 N 大于 $0.3f_c A$ 时，取 $0.3f_c A$。所以，$\eta_j V_{mua}=1.1\times330.46=363.50kN<V_{uE}$

经计算，柱底水平接缝斜截面受剪承载力满足要求。

五、结构施工图

1. 结构平面图的表达

以案例中第 6 层梁钢筋图为例（图 5.5-11）：

第 6 层的结构平面图中包括轴网线、预制构件与轴线的定位关系、预制梁的编号、配筋信息、预留洞口定位及尺寸等，同时还需要在图纸上表达楼层的层高及标高、详图索引等必要的说明；除此之外，还需在图中表达节点现浇区尺寸及定位、安装方向（若为全预

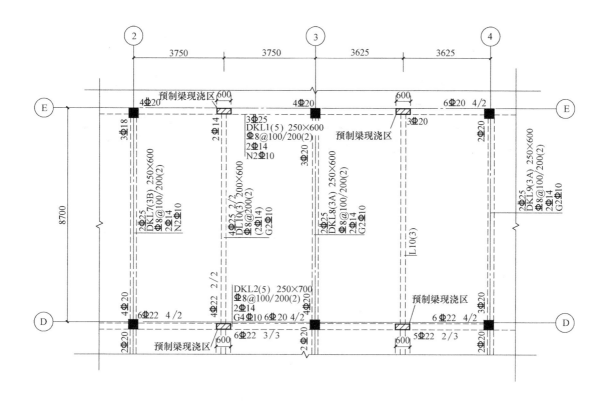

图 5.5-11　第 6 层梁钢筋平面图（局部）

制梁）等，并添加相应的文字说明。

2. 构件、节点大样图的表达

预制构件的节点连接和拼接做法，钢筋的锚固长度、键槽尺寸、粗糙面的要求与预埋件定位及做法等均需参考具体工程的总说明进行设计与施工。预制构件的节点构造及做法可详见本章第三节内容。

六、深化设计

除表达施工图中结构的有关信息外，深化设计中还应表达以下内容：

（1）与轻质隔墙连接的预埋件；

（2）吊装用的预埋件、吊装验算；

（3）当有设备线穿管时的预埋管等。

结构构件深化图实例如下（图 5.5-12～图 5.5-13）：

抽取上述案例中第 6 层的一根框架梁绘制构件大样图，利用 PKPM-BIM 可以较为便捷地生成预制梁构件的详图，图中表达该预制梁的尺寸、预留洞及预埋件位置、必要的标高等。构件配筋用纵剖面表示，包括钢筋形式、箍筋直径与间距；横剖面注明断面尺寸、钢筋规格、位置、数量、键槽尺寸与粗糙面要求等；还包含必要的补充说明，如箍筋弯钩长度，预埋件的做法等。

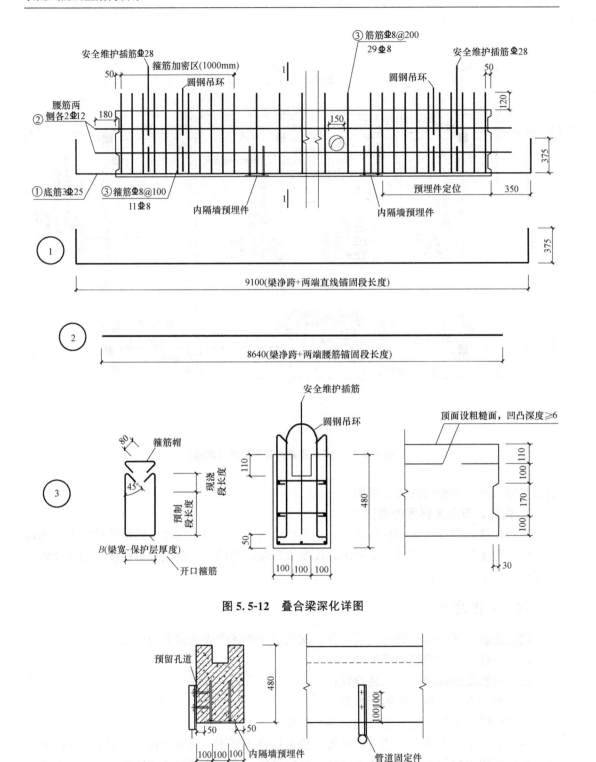

图 5.5-12　叠合梁深化详图

图 5.5-13　叠合梁预制构件深化详图

第六章 剪力墙结构

第一节 剪力墙墙身设计

一、剪力墙构件的基本定义及规定

预制剪力墙构件在整体结构中受力特性与现浇墙体相同，但作为在工厂生产、现场安装的预制构件，其连接部位的构造与竖向钢筋连接要求与现浇构件相比，有其特定的构造要求。

1. 剪力墙的定义

根据《混规》规定，"竖向构件截面长边、短边（厚度）比值大于4时，宜按墙的要求进行设计。"作为主要的抗侧力构件，剪力墙在地震作用下要具有一定的延性，细高的剪力墙（高宽比大于3）容易设计成具有延性的弯曲破坏剪力墙；当墙段长度（即墙段截面高度）很长时，受弯后产生的裂缝宽度会较大，墙体的配筋容易拉断，因此墙段的长度不宜过大，《高规》规定"各墙段的高度与墙段长度之比不宜小于3，墙段长度不宜大于8m。"如图6.1-1所示，当墙段很长时，可以通过开设洞口将长墙分成长度较小的墙段，分段宜较均匀。

截面厚度不大于300mm、各肢截面高度与厚度之比的最大值大于4但不大于8的剪力墙为"短肢剪力墙"；高度与宽度之比小于等于4的按"柱"设计。由于短肢剪力墙抗震性能较差，受

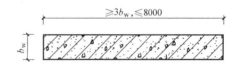

图6.1-1 剪力墙段长度规定示意图

力特点接近异形柱，在高层住宅结构中短肢剪力墙布置不宜过多，不应采用全部为短肢剪力墙的结构。当采用"具有较多短肢剪力墙的剪力墙结构"时（即短肢剪力墙承担的倾覆力矩不小于结构底部总倾覆力矩的30%），房屋的最大使用高度要适当降低。

2. 剪力墙底部加强部位

剪力墙的底部截面弯矩最大，可能出现塑性铰，由于钢筋在底部截面钢筋屈服以后，钢筋屈服的范围扩大而形成塑性铰区。同时，塑性铰区也是剪力最大的部位，斜裂缝常常在这个部位出现，且分布在一定的范围内，反复荷载作用就形成交叉裂缝，可能出现剪切破坏。抗震设计中，为保证剪力墙底部出现塑性铰后具有足够大的延性，不至于立即破坏，对可能出现塑性铰的部位采取必要的加强抗震措施，包括提高其抗剪切破坏的能力、设置约束边缘构件等，该加强部位成为"底部加强部位"。

《混规》中第11.1.5条规定：剪力墙底部加强部位的范围，应符合下列规定：（1）底部加强部位的高度应从地下室顶板算起。（2）部分框支剪力墙结构的剪力墙，底部加强部位的高度可取框支层加框支层以上两层的高度和落地剪力墙总高度的1/10两者的较大值。其他结构的剪力墙，房屋高度大于24m时，底部加强部位的高度可取底部两层和墙肢总高度的1/10两者的较大值；房屋高度不大于24m时，底部加强部位可取底部一层。（3）

当结构计算嵌固端位于地下一层的底板或以下时，按本条第（1）、（2）款确定的底部加强部位的范围尚宜向下延伸到计算嵌固端（图6.1-2）。

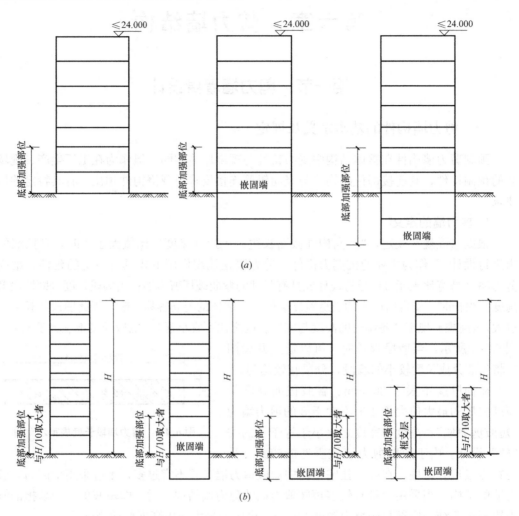

图6.1-2　剪力墙底部加强部位范围示意图

（a）多层建筑剪力墙底部加强部位范围示意图；（b）高层建筑剪力墙底部加强部位范围示意图

3. 剪力墙边缘构件

在剪力墙结构中设置剪力墙竖向边缘旨在加强剪力墙边缘的抗拉、抗弯和抗剪性能的暗柱，叫作"剪力墙边缘构件"。试验表明，有边缘构件约束的矩形截面抗震墙与无边缘构件约束的矩形截面抗震墙相比，极限承载力约提高40%，极限层间位移角约增加一倍，对地震能量的消耗能力增大20%左右，且有利于墙板的稳定。

实际设计制图时通常用不同填充图案区分边缘构件与非边缘构件（图6.1-3）。

对于开洞的抗震墙即联肢墙，强震作用下合理的破坏过程应当是连梁首先屈服，然后墙肢的底部钢筋屈服、形成塑性铰。抗震墙墙肢的塑性变形能力和抗地震倒塌能力，除了与纵向配筋有关外，还与截面形状、截面相对受压区高度或轴压比、墙两端的约束范围、约束范围内的箍筋配箍特征值有关。当截面相对受压区高度或轴压比较小时，即使不设约

束边缘构件，抗震墙也具有较好的延性和
耗能能力。当截面相对受压区高度或轴压
比大到一定值时，就需设置约束边缘构
件，使墙肢端部成为箍筋约束混凝土，具
有较大的受压变形能力。当轴压比更大
时，即使设置约束边缘构件，在强烈地震
作用下，抗震墙有可能压溃、丧失承担竖
向荷载的能力。因此，规范规定了抗震墙
在重力荷载代表值作用下的轴压比限值；

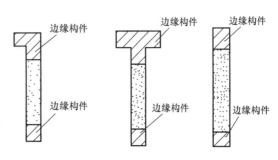

图 6.1-3 剪力墙边缘构件示意图

当墙底截面的轴压比超过一定值时，底部加强部位墙的两端及洞口两侧应设置约束边缘构
件，使底部加强部位有良好的延性和耗能能力；考虑到底部加强部位以上相邻层的抗震
墙，其轴压比可能仍较大，将约束边缘构件向上延伸一层。

《抗规》第 6.4.5 条规定：抗震墙两端和洞口两侧应设置边缘构件，边缘构件包括暗
柱、端柱和翼墙，并应符合下列要求：

(1) 对于抗震墙结构，底层墙肢底截面的轴压比不大于表 6.1-1 规定的一、二、三级
抗震墙及四级抗震墙，墙肢两端可设置构造边缘构件，构造边缘构件的范围可按图 6.1-4
采用。剪力墙的抗震等级划分详见第四章。

抗震墙设置构造边缘构件的最大轴压比 表 6.1-1

抗震等级或烈度	一级(9度)	一级(7,8度)	二、三级
轴压比	0.1	0.2	0.3

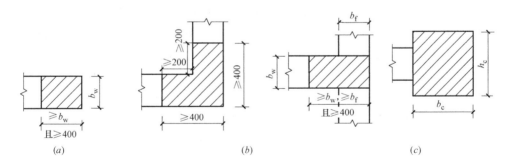

图 6.1-4 抗震墙的构造边缘构件范围
(a) 暗柱；(b) 翼柱；(c) 端柱

(2) 底层墙肢底截面的轴压比大于表 6.1-1 规定的一、二、三级抗震墙，以及部分框
支抗震墙结构的抗震墙，应在底部加强部位及相邻的上一层设置约束边缘构件，在以上的
其他部位可设置构造边缘构件（图 6.1-5）。

非抗震设计剪力墙无须设置边缘构件，但墙体两端纵筋宜适当加强，以形成约束边框。

二、剪力墙截面尺寸的确定

1. 稳定性要求

为了保证剪力墙平面外的刚度和稳定性能，剪力墙的截面厚度首先要满足墙体稳定验

算的要求，《高规》附录 D 给出了剪力墙墙肢应满足的稳定要求：

$$q \leqslant \frac{E_c t^3}{10 l_0^2} \qquad (6.1\text{-}1)$$

式中　q——作用于墙顶组合的等效竖向均布荷载设计值；

　　　E_c——剪力墙混凝土的弹性模量；

　　　t——剪力墙墙肢截面厚度；

　　　l_0——剪力墙墙肢计算长度，应按《高规》附录 D.0.2 条确定。

上式中的 q 为考虑重力荷载与侧向荷载的组合，与计算剪力墙轴压比时仅考虑重力荷载有所不同。剪力墙平面外稳定与该层墙体顶部所受的轴向压力的大小密切相关，如不考虑墙体顶部轴向压力的影响，单一限制墙厚与层高或无支长度的比值，则会导致不同高度的房屋底部墙厚要求一样，或一幢高层建筑中底部楼

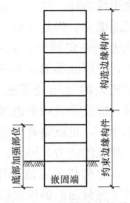

图 6.1-5　抗震边缘构件划分示意图

层墙厚与顶部楼层墙厚的要求一样等不够合理的情况。上述公式能合理地反映楼层墙体顶部轴向压力以及层高或无支长度对墙体平面外稳定性的影响，并具有适宜的安全储备。

在满足墙体稳定性要求的基础上，规范对各种体系中剪力墙的截面厚度做了规定。如《混规》第 11.7.12 条中剪力墙的墙肢截面厚度应符合下列规定：（1）剪力墙结构：一、二级抗震等级时，一般部位不应小于 160mm，且不宜小于层高或无支长度的 1/20；三、四级抗震等级时，不应小于 140mm，且不宜小于层高或无支长度的 1/25。一、二级抗震等级的底部加强部位，不应小于 200mm，且不宜小于层高或无支长度的 1/16，当墙端无端柱或翼墙时，墙厚不宜小于层高或无支长度的 1/12。（2）框架—剪力墙结构：一般部位不应小于 160mm，且不宜小于层高或无支长度的 1/20；底部加强部位不应小于 200mm，且不宜小于层高或无支长度的 1/16。（3）框架—核心筒结构、筒中筒结构：一般部位不应小于 160mm，且不宜小于层高或无支长度的 1/20；底部加强部位不应小于 200mm，且不宜小于层高或无支长度的 1/16。筒体底部加强部位及其上一层不宜改变墙体厚度。

对于房屋高度不大于 10m 且不超过 3 层的剪力墙，其截面厚度不应小于 120mm。

关于短肢剪力墙的相关规定和设计不在书中详细阐述。

《广东省装标》规定，开洞预制剪力墙洞口宜居中布置，洞口两侧的墙肢宽度不应小于 200mm，洞口上方连梁高度不宜小于 250mm。

2. 剪力墙底部加强部位的墙肢轴压比限值

剪力墙的底部在罕遇地震作用下有可能进入屈服后变形状态。该部位也是防止剪力墙结构、框架-剪力墙结构和筒体结构在罕遇地震作用下发生倒塌的关键部位。为了保证该部位的塑性耗能能力，通常采用的抗震构造措施包括：（1）对剪力墙肢的轴压比进行限制；（2）当底部轴压比超过一定限值后，在墙肢两侧设置约束边缘构件，同时对约束边缘构件内的纵筋及箍筋的最低配置进行限制，以保证剪力墙肢底部所需的延性和耗能能力，并达到对剪力墙底部抗弯能力进行适当加强的目的，以便在联肢剪力墙中使塑性铰首先在各层洞口连梁中形成，而使剪力墙肢底部的塑性铰推迟形成。

《混规》第 11.7.16 条一、二、三级抗震等级的剪力墙，其底部加强部位的墙肢轴压

比不宜超过表 6.1-2 的限值。

剪力墙轴压比限值　　　　　　　　　　　　表 6.1-2

抗震等级（设防烈度）	一级（9 度）	一级（7，8 度）	二、三级
轴压比限值	0.4	0.5	0.6

注：剪力墙肢轴压比指在重力荷载代表值作用下墙的轴压力设计值与墙的全截面面积和混凝土轴心抗压强度设计值乘积的比值。

三、配筋

1. 抗震设计中剪力墙的相关系数调整

为了使墙肢的塑性铰在底部加强部位的范围内得到发展，不是将塑性铰集中在底层，而是扩展到底部截面以上不大的范围内，从而减轻墙肢底截面附近的破坏程度，使墙肢有较大的塑性变形能力，同时避免底部加强部位紧邻的上层墙肢屈服而底部加强部位不屈服，规范对底部加强部位以上墙肢各截面采取加强抗震措施。《混规》第 11.7.1 条规定，一级抗震等级剪力墙各墙肢截面考虑地震组合的弯矩设计值，底部加强部位应按墙肢截面地震组合弯矩设计值采用，底部加强部位以上部位应按墙肢截面地震组合弯矩设计值乘增大系数，其值可取 1.2；剪力设计值应做相应调整。

对于剪力墙肢底部截面同样需要考虑"强剪弱弯"的要求，即对其作用的剪力设计值通过增强系数予以增大。《混规》第 11.7.2 条考虑剪力墙的剪力设计值 V_w 应按下列规定计算：

一级抗震等级　　　　　　$V_w = 1.6V$ 　　　　　　　　　　(6.1-2)

二级抗震等级　　　　　　$V_w = 1.4V$ 　　　　　　　　　　(6.1-3)

三级抗震等级　　　　　　$V_w = 1.2V$ 　　　　　　　　　　(6.1-4)

四级抗震等级及其他部位取地震组合下的剪力设计值。式中 V_w 的计算详见《混规》第 11.7.3～11.7.6 条。

说明：《装标》只针对抗震设防烈度为 8 度及以下地区的装配式混凝土建筑，因此 8 度以上设防烈度建筑在本书中不进行详细阐述。

预制剪力墙的接缝对剪力墙抗侧刚度有一定的削弱作用，应考虑对弹性计算的内力进行调整，适当放大现浇墙肢在地震作用下的剪力和弯矩；此时，预制剪力墙的剪力及弯矩不减小，对于结构偏于安全。《装标》中第 5.7.2 条对同一层内既有现浇墙肢也有预制墙肢的装配整体式剪力墙结构，现浇墙肢水平地震作用弯矩、剪力宜乘以不小于 1.1 的增大系数。

2. 构造要求

除满足计算要求外，规范对墙肢内各类钢筋的配置做了数量上的规定。

《混规》第 11.7.14 条中剪力墙的水平和竖向分布钢筋的配筋应符合下列规定：(1) 一、二、三级抗震等级的剪力墙的水平和竖向分布钢筋配筋率均不应小于 0.25%；四级抗震等级剪力墙不应小于 0.2%。(2) 部分框支剪力墙结构的剪力墙底部加强部位，水平和竖向分布钢筋配筋率不应小于 0.3%。（注：对高度小于 24m 且剪压比很小的四级抗震等级剪力墙，其竖向分布筋最小配筋率应允许按 0.15% 采用）

《高规》对抗震墙的构造边缘构件和约束边缘构件的配筋要求分别做了规定，详见表 6.1-3、表 6.1-4 及图 6.1-6。

抗震墙构造边缘构件的配筋要求　　　　　　　表 6.1-3

抗震等级	底部加强部位			其他部位		
	纵向钢筋最小量（取较大值）	箍筋		纵向钢筋最小量（取较大值）	拉筋	
		最小直径(mm)	沿竖向最大间距(mm)		最小直径(mm)	沿竖向最大间距(mm)
一	$0.010A_c, 6\Phi16$	8	100	$0.008A_c, 6\Phi14$	8	150
二	$0.008A_c, 6\Phi14$	8	150	$0.006A_c, 6\Phi14$	8	200
三	$0.006A_c, 6\Phi12$	6	150	$0.005A_c, 4\Phi12$	6	200
四	$0.005A_c, 4\Phi12$	6	200	$0.004A_c, 4\Phi12$	6	250

注：1. A_c 为边缘构件的截面面积；

2. 其他部位的拉筋，水平间距不应大于纵筋间距的 2 倍，转角处宜采用箍筋；

3. 当端柱承受集中荷载时，其纵向钢筋、箍筋直径和间距应满足柱的相应要求。

抗震墙约束边缘构件的范围及配筋要求　　　　　　表 6.1-4

项目	一级(9度)		一级(8度)		二、三级	
	$\lambda\leqslant0.2$	$\lambda>0.2$	$\lambda\leqslant0.3$	$\lambda>0.3$	$\lambda\leqslant0.4$	$\lambda>0.4$
l_c(暗柱)	$0.20h_w$	$0.25h_w$	$0.15h_w$	$0.20h_w$	$0.15h_w$	$0.20h_w$
l_c(翼墙或端柱)	$0.15h_w$	$0.20h_w$	$0.10h_w$	$0.15h_w$	$0.10h_w$	$0.15h_w$
λ_V	0.12	0.20	0.12	0.20	0.12	0.20
纵向钢筋(取较大值)	$0.012A_c, 8\Phi16$		$0.012A_c, 8\Phi16$		$0.010A_c, 6\Phi16$（三级 $6\Phi14$）	
箍筋或拉筋沿竖向间距	100mm		100mm		150mm	

注：1. 抗震墙的翼墙长度小于其 3 倍厚度或端柱截面边长小于 2 倍墙厚时，按无翼墙、无端柱查表。

2. l_c 为约束边缘构件沿墙肢长度，且不小于墙厚和 400mm；有翼墙或端柱时不应小于翼墙厚度或端柱沿墙肢方向截面高度加 300mm。

3. λ_v 为约束边缘构件的配箍特征值，体积配箍率可按《高规》式（6.3.9）计算，并可适当计入满足构造要求且在前端有可靠锚固的水平钢筋的截面面积。

4. h_w 为抗震墙墙肢长度。

5. λ 为墙肢轴压比。

6. A_c 为图 6.1-6 中约束边缘构件阴影部分的截面面积。

当剪力墙受较大压力时，在墙体约束边缘构件区域中，为更好地约束混凝土，提高其受压承载力，规范根据墙体轴压比的大小，对该区域的箍筋配置提出了配筋量的最低限值要求。《混规》规定，约束边缘构件范围内的体积配筋率 ρ_v 应符合下式要求：

$$\rho_v \geqslant \lambda_v \frac{f_c}{f_{yv}} \qquad\qquad (6.1\text{-}5)$$

箍筋的配置范围及相应的配箍特征值 λ_v 和 $\lambda_v/2$ 的区域可参照表 6.1-4 及图 6.1-6。

《混规》第 11.7.15 条规定，剪力墙水平和竖向分布钢筋的间距不宜大于 300mm，直径不宜大于墙厚的 1/10，且不应小于 8mm；竖向分布钢筋直径不宜小于 10mm。部分框支剪力墙结构的底部加强部位，剪力墙水平和竖向分布钢筋的间距不宜大于 200mm。

为防止混凝土表面出现收缩裂缝，同时使剪力墙具有一定的出平面抗弯能力，高层建筑的剪力墙不允许单排配筋。高层建筑的剪力墙厚度大，当剪力墙厚度超过 400mm 时，如果仅采用双排配筋，形成中部大面积的素混凝土，会使剪力墙截面应力分布不均匀，可

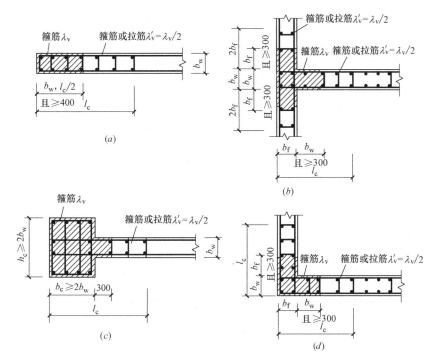

图 6.1-6 抗震墙的约束边缘构件

（a）暗柱；（b）有翼墙；（c）有端柱；（d）转角墙（L 形墙）

采用三排或四排配筋方案，截面设计所需要的配筋可分布在各排中，外排配筋可略大。在各排配筋之间需要用拉筋互相联系。

《高规》第 7.2.3 条规定，高层剪力墙结构的竖向和水平分布钢筋不应单排配置。剪力墙截面厚度不大于 400mm 时，可采用双排配筋；大于 400mm、但不大于 700mm 时，宜采用三排配筋；大于 700mm 时，宜采用四排配筋。各排分布钢筋之间拉筋的间距不应大于 600mm，直径不应小于 6mm。《混规》第 9.4.2 条规定，厚度大于 160mm 的墙应配置双排分布钢筋网；结构中重要部位的剪力墙，当其厚度不大于 160mm 时，也宜配置双排分布钢筋网。

钢筋的有效锚固及连接，是保证其发挥材料受力特性的根本保证。《高规》第 7.2.20 条规定，剪力墙的钢筋锚固和连接应符合下列规定：（1）非抗震设计时，剪力墙纵向钢筋最小锚固长度应取 l_a；抗震设计时，剪力墙纵向钢筋最小锚固长度应取 l_{aE}。（2）剪力墙竖向及水平分布钢筋采用搭接连接时（图 6.1-7），一、二级剪力墙的底部加强部位，接头位置应错开，同一截面连接的钢筋数量不宜超过总数量的 50%，错开净距不宜小于 500mm；

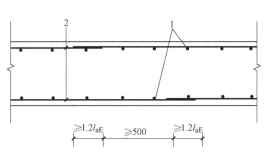

图 6.1-7 剪力墙分布钢筋的搭接连接

1—竖向分布钢筋；2—水平分布钢筋；非抗震设计时图中 l_{aE} 取 l_a

其他情况剪力墙的钢筋可在同一截面连接。分布钢筋的搭接长度，非抗震设计时不应小于

$1.2l_a$，抗震设计时不应小于 $1.2l_{aE}$。（3）暗柱及端柱内纵向钢筋连接和锚固要求宜与框架柱相同。

在工厂预制的剪力墙肢墙身钢筋很少需要驳接，基本可以满足整根通长配置。现场浇筑剪力墙，钢筋驳接不可避免。此时墙身钢筋的搭接构造可参照图 6.1-8 和图 6.1-9。

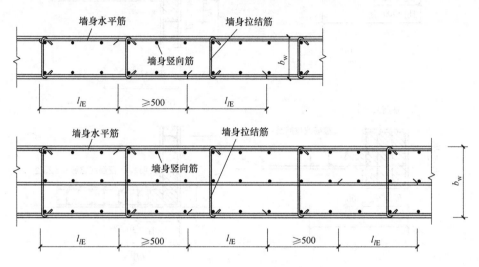

图 6.1-8 墙身水平筋搭接构造示意图

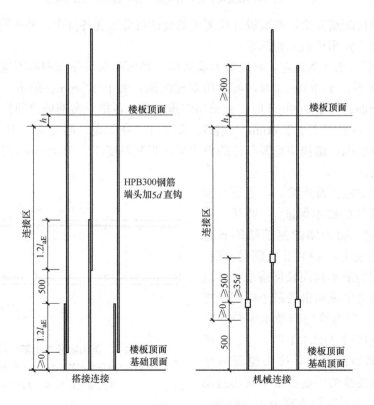

图 6.1-9 现浇区段墙身竖筋连接构造示意图

第二节 预制剪力墙水平缝连接抗剪及纵向钢筋连接设计

一、剪力墙水平接缝抗剪

预制剪力墙在灌浆时宜采用灌浆料将水平接缝填充饱满。灌浆料强度较高且流动性好，有利于保证接缝承载力。灌浆时，预制剪力墙构件下表面与楼面之间的缝隙周围可采用封边砂浆进行封堵和分仓，以保证水平接缝中灌浆料填充饱满。《装标》第 5.7.7 条规定，当采用套筒灌浆连接或浆锚搭接连接时，预制剪力墙底部接缝宜设置在楼面标高处。接缝高度不宜小于 20 mm，接缝处现浇混凝土上表面与预制剪力墙底部均应设置粗糙面。

1. 接缝承载力验算

装配整体式剪力墙结构中的接缝主要是指预制构件之间的接缝和预制构件与现浇混凝土之间的结合面，包括梁端接缝、剪力墙竖向接缝和水平缝等。

接缝是装配整体式结构的关键部位。接缝的受剪承载力应符合第五章公式（5.2.5~5.2.7）的要求。

《装规》第 6.5.1 条只给出了接缝受剪承载力的计算公式，没有给出正截面受压、受拉和受弯承载力的计算公式，其计算方法与现浇结构相同。接缝的压力通过现浇混凝土、灌浆料或坐浆材料直接传递；拉力通过由各种方式连接的钢筋、预埋件传递。

2. 剪力墙水平缝抗剪承载力计算

接缝的剪力由结合面混凝土的粘结强度、键槽或者粗糙面、钢筋的摩擦抗剪作用、销栓抗剪作用承担；接缝处于受压状态时，静力摩擦可承担一部分剪力。

《装规》规定：在地震设计状况下，剪力墙的水平接缝的受剪承载力设计值应按下式计算：

$$V_{uE} = 0.6f_y A_{sd} + 0.8N \tag{6.2-1}$$

式中　f_y——垂直穿过结合面的钢筋抗拉强度设计值；

　　　N——与剪力设计值 V 相应的垂直于结合面的轴向力设计值，压力时取正，拉力时取负；

　　　A_{sd}——垂直穿过结合面的抗剪钢筋面积。

公式与《高规》中对一级抗震等级剪力墙水平施工缝的抗剪验算公式相同，主要采用摩擦的原理，考虑了钢筋和轴力的共同作用。

二、竖向钢筋连接及连接部位的构造

1. 纵向钢筋连接的一般规律

装配式结构剪力墙的边缘构件的纵向钢筋是剪力墙的主要受力钢筋，根数多、直径大，连接的造价高、施工的难度相对较大，通常采用现浇，连接方式与现浇结构相同。装配式结构评价标准征求意见稿中规定，在计算预制率时该部分可不扣除。

当剪力墙的边缘构件预制时，钢筋要逐根驳接，为减少连接的数量，选用大直径的受力钢筋；当钢筋间距过大时，可增加构造钢筋，构造钢筋可不连接。《高规》第 7.2.15 条、第 7.2.16 条分别对剪力墙约束边缘构件及构造边缘构件配筋构造做了要求，详见表 6.2-1 和表 6.2-2。

剪力墙约束边缘构件的最小配筋要求　　　　　　　表 6.2-1

抗震等级	竖向钢筋最小量（取较大值）	箍筋	
		最小直径（mm）（取大值）	沿竖向最大间距（mm）
一	$0.012A_c$，8Φ16	按配箍率 λ_v 计算，8	100
二	$0.01A_c$，6Φ16		150
三	$0.01A_c$，6Φ14		150

注：约束边缘构件箍筋、拉筋沿水平方向的肢距不宜大于 300mm，不应大于竖向钢筋间距的 2 倍。

剪力墙构造边缘构件的最小配筋要求　　　　　　　表 6.2-2

抗震等级	底部加强部位		
	竖向钢筋最小量（取较大值）	箍筋	
		最小直径（mm）	沿竖向最大间距（mm）
一	$0.010A_c$，6Φ16	8	100
二	$0.008A_c$，6Φ14	8	150
三	$0.006A_c$，6Φ12	6	150
四	$0.005A_c$，4Φ12	6	200

抗震等级	底部加强部位		
	竖向钢筋最小量（取较大值）	拉筋	
		最小直径（mm）	沿竖向最大间距（mm）
一	$0.008A_c$，6Φ14	8	150
二	$0.006A_c$，6Φ12	8	200
三	$0.005A_c$，4Φ12	6	200
四	$0.004A_c$，4Φ12	6	250

注：1. 表 6.2-1 和表 6.2-2 中 A_c 分别指《高规》图 7.2.15 和图 7.2.16 中阴影面积；

　　2. 表中符号 Φ 表示钢筋直径；

　　3. 约束边缘构件阴影区域及构造边缘构件转角处宜采用箍筋。

剪力墙分布筋构造详图如图 6.2-1、图 6.2-2 所示。

当剪力墙可能出现塑性铰时，该部位要采用延性连接或强连接。如图 6.2-3 所示，首层剪力墙弯矩较其他层大很多，弯矩反弯点到第 3 层才出现，因此在大震作用下首层最容易出现塑性铰，且塑性铰区域明显较框架结构（反弯点通常每层内都出现）长，塑性变形区段较长。为使建筑在大震作用下墙体塑性铰首先在首层根部出现，首层采用现浇剪力墙结构能保证其延性，有利于塑性铰的形成。因此《装标》中规定：高层建筑装配整体式混凝土剪力墙结构和部分框支剪力墙结构底部加强部位宜采用现浇混凝土；当底部加强部位的剪力墙采用预制混凝土时，应采取可靠技术措施。

以套筒灌浆连接为例，首层剪力墙竖向钢筋与基础外伸钢筋以套筒灌浆连接方式进行连接时，因所采用套筒不允许屈服，套筒所在区段始终处于弹性阶段，无法进入塑性变形阶段，也就无法形成塑性铰。设计时要采取措施将该区段布置在不希望产生塑性铰区段，或者将期望塑性铰设计在该区段以外。根据这个思路，可以采取两种处理方法。

如图 6.2-4 所示，可将套筒设置在首层楼面以下（通常首层楼面以下均采用现浇混凝

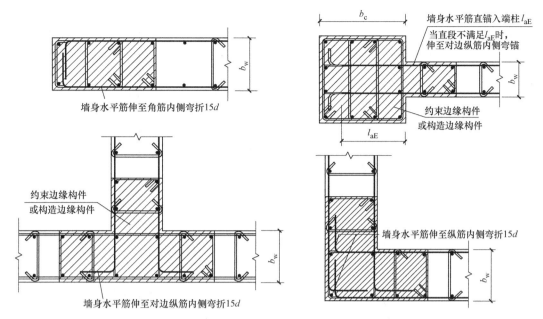

图 6.2-1　边缘构件水平分布筋构造示意图

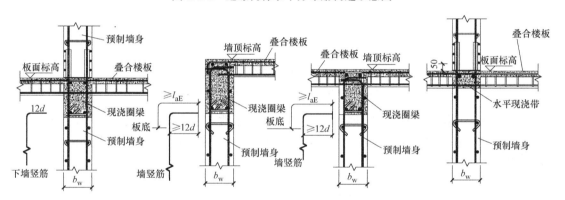

图 6.2-2　剪力墙竖向受力筋在水平现浇构件内构造示意图

土形式），首层预制剪力墙竖向钢筋向下伸入套筒进行连接。此时预制剪力墙内的钢筋与现浇结构形式的钢筋受力特性一致，不影响塑性铰的形成。

如图 6.2-5 所示，若套筒一定要布置在首层楼面处时，套筒下端没有足够的空间为构件进入塑性阶段提供足够的变形长度，因此，设计时套筒下端连接钢筋需有足够的强度，保证结构在大震作用下此钢筋仍处于弹性阶段，塑性铰发生在套筒以上的部位，即使塑性铰发生位置沿竖向上移，上移距离为套筒连接区段长度。若达到上述目标，在钢筋强度设计值一致时，套筒下端连接钢筋直径需在上端连接钢筋直径的基础上进行放大，放大系数需考虑以下两个方面进行计算：（1）钢筋强度离散性。当钢筋受力达到屈服强度时，理论上其应该进入屈服阶段，产生塑性变形。但钢筋强度具有离散性，因此在设计套筒下端连接钢筋截面时将计算截面乘以可靠度系数（一般为 1.3 左右），以保证其有足够的强度储备；（2）计算截面位置不同所对应的荷载效应的差异。套筒具有一定的长度，其下端连接钢筋所处位置对应的结构内力值大于其上端连接钢筋所处位置对应的结构内力值。所以在

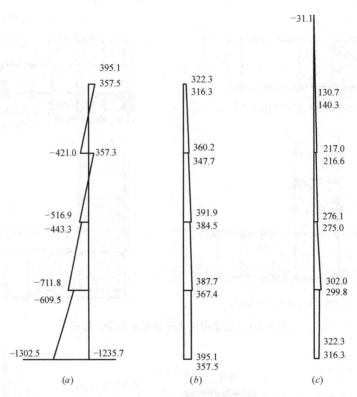

图 6.2-3　剪力墙地震荷载作用下弯矩图
(a) 1~4 层；(b) 7~10 层；(c) 11~屋面

设计套筒下端连接钢筋截面时需乘以上述两个放大系数，才能保证其在大震作用下不先于上端连接钢筋进入屈服阶段，产生塑性铰，从而使上端先形成塑性铰并向上延伸，为塑性变形提供足够的长度。

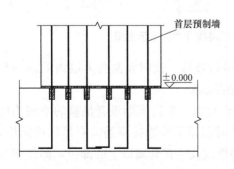

图 6.2-4　首层预制时套筒埋入首层楼面以下情况

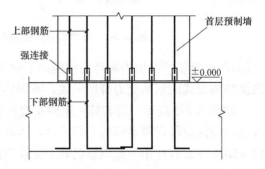

图 6.2-5　首层预制时套筒埋入首层楼面以上情况

2. 套筒灌浆连接

套筒灌浆连接方式在日本、欧美等国家已经有长期、大量的实践经验，国内也已有充分的试验研究和相关的规程，可以用于剪力墙竖向钢筋的连接。当房屋高度大于 12m 或层数超过 3 层时，宜采用套筒灌浆连接。

边缘构件是保证剪力墙抗震性能的重要构件，且钢筋较粗，为满足构件的强度要求，每根钢筋应各自连接。在构件设计时，通常剪力墙拆分时现浇混凝土接缝区域与剪力墙的边缘构件区域不完全重合，部分边缘构件区域被划分为预制构件范围。预制边缘构件内的竖向钢筋有时会很大。为方便施工，减少施工难度，可以选取直径较大的钢筋集中布置在边缘构件角部，中间布置分布钢筋（通常采用直径为 10mm 钢筋），如图 6.2-6 所示。在构件承载力计算时，分布钢筋不参与计算。位于现浇区域与预制区域边界处钢筋应尽量布置在现浇区域，以减少套筒灌浆连接的钢筋数量，简化施工。根据规范要求，剪力墙竖向钢筋最大净距不得大于 300mm，采用套筒灌浆连接的钢筋直径不得大于 40mm。

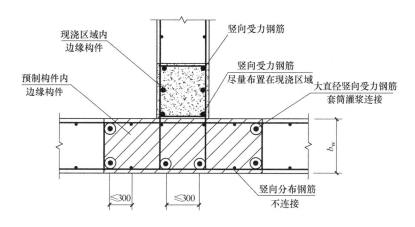

图 6.2-6 预制剪力墙边缘构件竖向钢筋连接示意图

套筒灌浆连接技术保障了装配整体式剪力墙结构的可靠性，但由于其对构件生产要求的精度高、施工工序较为繁琐，且由于剪力墙内竖向钢筋数量大，逐根连接时会存在成本较高，生产、施工难度较大等问题。为解决这个问题，可在预制剪力墙中设置部分较粗的分布钢筋，并在接缝处仅连接这部分钢筋，被连接钢筋的数量应满足剪力墙的配筋率和受力要求；为了满足分布钢筋最大间距的要求，在预制剪力墙中再设置一部分较小直径的竖向分布钢筋。因此《装标》规定：剪力墙边缘构件中的纵筋应逐根连接，竖向分布钢筋可以采用"梅花形"部分连接，形式如图 6.2-7 所示。

关于套筒灌浆连接，《装标》还做了相关规定：（1）抗震等级为一级的剪力墙以及二、三级底部加强部位的剪力墙，剪力墙的边缘构件竖向钢筋宜采用套筒灌浆连接。（2）当上下层预制剪力墙竖向钢筋采用"梅花形"套筒灌浆连接时，应符合下列规定：连接钢筋的配筋率不应小于现行国家标准《建筑抗震设计规范》GB

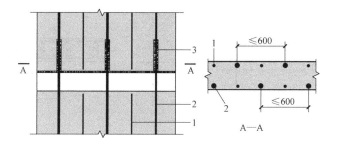

图 6.2-7 竖向分布钢筋"梅花形"套筒灌浆连接构造示意
1—未连接的竖向分布钢筋；2—连接的竖向分布钢筋；3—灌浆套筒

50011—2011（2016 年版）规定的剪力墙竖向分布钢筋最小配筋率要求，连接钢筋的直径不应小于 12mm，同侧间距不应大于 600mm，且在剪力墙构件承载力设计和分布钢筋配筋率计算中不得计入未连接的分布钢筋；未连接的竖向分布钢筋直径不应小于 6mm。

剪力墙竖间分布钢筋在特定情况下还可以采用"单排连接"。"单排连接"属于间接连接，钢筋间接连接的传力效果取决于连接钢筋与被连接钢筋的间距以及横向约束情况。考虑到地震作用的复杂性，在没有充分依据的情况下，剪力墙塑性发展集中和延性要求较高的部位墙身分布钢筋不宜采用单排连接。在墙身竖向分布钢筋采用单排连接时，为提高墙肢的稳定性，《装标》第 5.7.9 款第 3 条对墙肢侧向楼板支撑和约束情况提出了要求。

除下列情况外，墙体厚度不大于 200mm 的丙类建筑预制剪力墙的竖向分布钢筋可采用单排连接，采用单排连接时，应符合本标准（《装标》）第 5.7.10 条、第 5.7.12 条的规定，且在计算分析时不应考虑剪力墙平面外刚度及承载力。

（1）抗震等级为一级的剪力墙；

（2）轴压比大于 0.3 的抗震等级为二、三、四级的剪力墙；

（3）一侧无楼板的剪力墙；

（4）一字形剪力墙、一端有翼墙连接但剪力墙非边缘构件区长度大于 3m 的剪力墙以及两端有翼墙连接但剪力墙非边缘构件区长度大于 6m 的剪力墙。

在满足接缝正截面承载力和受剪承载力要求外，剪力墙两侧竖向分布钢筋与配置于墙体厚度中部的连接钢筋搭接连接，连接钢筋位于内、外侧被连接钢筋的中间；连接钢筋受拉承载力不应小于上下层被连接钢筋受拉承载力较大值的 1.1 倍，间距不宜大于 300mm。下层剪力墙连接钢筋自下层预制墙顶算起的埋置长度不应小于 $1.2l_{aE}+b_w/2$（b_w 为墙体厚度），上层剪力墙连接钢筋自套筒顶面算起的埋置长度不应小于 l_{aE}，上层连接钢筋顶部至套筒底部的长度尚不应小于 $1.2l_{aE}+b_w/2$，l_{aE} 按连接钢筋直径计算。钢筋连接长度范围内应配置拉筋，同一连接接头内的拉筋配筋面积不应小于连接钢筋的面积；拉筋沿竖向的间距不应大于水平分布钢筋间距，且不宜大于 150mm；拉筋沿水平方向的间距不应大于竖向分布钢筋间距，直径不应小于 6 mm；拉筋应紧靠连接钢筋，并钩住最外层分布钢筋（图 6.2-8）。

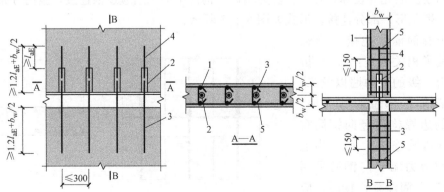

图 6.2-8　竖向分布钢筋单排套筒灌浆连接构造示意

1—上层预制剪力墙竖向分布钢筋；2—浆套筒；3—下层剪力墙连接钢筋；

4—上层剪力墙连接钢筋；5—拉筋

为保证预制墙板在形成整体结构之前的刚度及承载力，对预制墙板边缘配筋应适当加强，形成墙板约束边框。《装标》第 5.7.4 条规定，预制剪力墙竖向钢筋采用套筒灌浆连接时，自套筒底部至套筒顶部并向上延伸 300mm 范围内，预制剪力墙的水平分布筋应加密（图 6.2-9），加密区水平分布筋的最大间距及最小直径应符合表 6.2-3 的规定，套筒上端第一道水平分布钢筋距离套筒顶部不应大于 50mm。

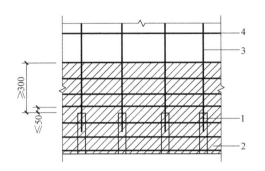

图 6.2-9　钢筋套筒灌浆连接部位水平
分布钢筋的加密构造示意

1—灌浆套筒；2—水平分布钢筋加密区域（阴影区域）；
3—竖向钢筋；4—水平分布钢筋

加密区水平分布钢筋的要求

表 6.2-3

抗震等级	最大间距（mm）	最小直径（mm）
一、二级	100	8
三、四级	150	8

《装规》中规定，端部无边缘构件的预制剪力墙，宜在端部配置 2 根直径不小于 12mm 的竖向构造钢筋；沿该钢筋竖向应配置拉筋，拉筋直径不宜小于 6mm、间距不宜大于 250mm。

3. 浆锚搭接连接

考虑浆锚搭接连接方式的传力原理，其在钢筋间的传力效果较套筒灌浆差，因此《装标》规定当剪力墙边缘构件竖向钢筋采用浆锚搭接连接时，房屋最大使用高度应比规范规定的最大值降低 10m。

《装标》还规定：当上下层预制剪力墙竖向钢筋采用浆锚搭接连接时，应符合下列规定：（1）当竖向钢筋非单排连接时，下层预制剪力墙连接钢筋伸入预留灌浆孔道内的长度不应小于 $1.2l_{aE}$（图 6.2-10）。连接钢筋伸入长度见表 2.1-12。

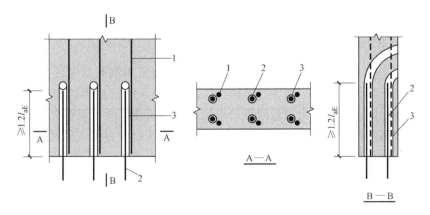

图 6.2-10　竖向钢筋浆锚搭接连接构造示意

1—上层预制剪力墙竖向钢筋；2—下层剪力墙竖向钢筋；3—预留灌浆孔道

（2）当竖向分布钢筋采用"梅花形"部分连接时（图 6.2-11），需满足前述"2. 套筒灌浆连接"中"梅花形"连接的要求。连接钢筋伸入预留灌浆孔道内的长度为第二章表 2.1-12"HRB400 钢筋浆锚搭接连接钢筋伸入长度"中数据加上 0.5 倍墙厚。

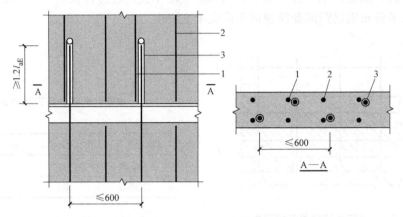

图 6.2-11　竖向分布钢筋"梅花形"浆锚搭接连接构造示意

1—连接的竖向分布钢筋；2—未连接的竖向分布钢筋；3—预留灌浆孔道

（3）当竖向分布钢筋采用单排连接时（图 6.2-12），需满足前述"2. 套筒灌浆连接"中"单排连接"的要求。

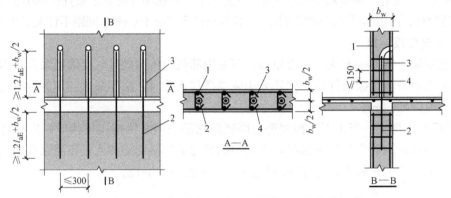

图 6.2-12　竖向分布钢筋单排浆锚搭接连接构造示意

1—上层预制剪力墙竖向钢筋；2—下层剪力墙连接钢筋；3—预留灌浆孔道；4—拉筋

在采用图 6.2-12 钢筋连接方式时，钢筋连接区域要采用箍筋加密的措施，将连接区域箍实，形成更好的约束机制，有利于钢筋内力的传递及结构整体性的形成。为此《装标》第 5.7.5 条规定，预制剪力墙竖向钢筋采用浆锚搭接连接时，应符合下列规定：

（1）墙体底部预留灌浆孔道直线段长度应大于下层预制剪力墙连接钢筋伸入孔道内的长度 30mm，孔道上部应根据灌浆要求设置合理弧度。孔道直径不宜小于 40mm 和 2.5d（d 为伸入孔道的连接钢筋直径）的较大值，孔道之间的水平净间距不宜小于 50mm；孔道外壁至剪力墙外表面的净间距不宜小于 30mm。当采用预埋金属波纹管成孔时，金属波纹管的钢带厚度及波纹高度应符合本标准第 5.2.2 条的规定；当采用其他成孔方式时，应对不同预留成孔工艺、孔道形状、孔道内壁的粗糙度或花纹深度及间距等形成的连接接头进行力学性能以及适用性的试验验证。

（2）竖向钢筋连接长度范围内的水平分布钢筋应加密，加密范围自剪力墙底部至预留灌浆孔道顶部（图 6.2-13），且不应小于 300mm。加密区水平分布钢筋的最大间距及最小直径应符合本标准表 5.7.4 的规定，最下层水平分布钢筋距离墙身底部不应大于 50mm。剪力墙竖向分布钢筋连接长度范围内未采取有效横向约束 措施时，水平分布钢筋加密范围内的拉筋应加密；拉筋 沿竖向的间距不宜大于 300mm 且不少于 2 排；拉筋沿水平方向的间距不宜大于竖向分布钢筋间距，直径不应 小于 6mm；拉筋应紧靠被连接钢筋，并钩住最外层分布钢筋。

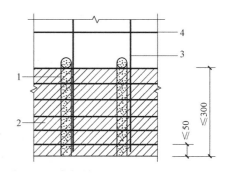

图 6.2-13 钢筋浆锚搭接连接部位水平分布钢筋加密构造示意图

1—预留灌浆孔道；2—水平分布钢筋加密区域（阴影区域）；3—竖向钢筋；4—水平分布钢筋

（3）边缘构件竖向钢筋连接长度范围内应采取加密水平封闭箍筋的横向约束措施或其他可靠措施。当采用加密水平封闭箍筋约束时，应沿预留孔道直线段全高加密。箍筋沿竖向的间距，一级不应大于 75mm，二、三级不应大于 100mm，四级不应大于 150mm；箍筋沿水平方向的肢距不应大于竖向钢筋间距，且不宜大于 200mm；箍筋直径一、二级不应小于 10mm，三、四级不应小于 8mm，宜采用焊接封闭箍筋（图 6.2-14）。

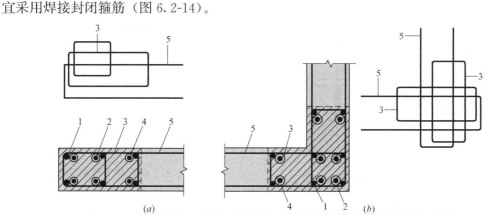

(a) *(b)*

图 6.2-14 钢筋浆锚搭接连接长度范围内加密水平封闭箍筋约束构造示意

(a) 暗柱；*(b)* 转角墙

1—上层预制剪力墙边缘构件竖向钢筋；2—下层剪力墙边缘构件竖向钢筋；

3—封闭箍筋；4—预留灌浆孔道；5—水平分布钢筋

4. 螺旋箍筋约束的钢筋浆锚搭接连接

螺旋箍筋约束钢筋浆锚搭接连接示意图如图 6.2-15 所示。其基本构造要求与前述关于浆锚搭接的要求相同。螺旋箍筋设置要求见表 6.2-4。

5. 挤压套筒连接

《装标》对钢筋采用挤压套筒连接要求也做了规定，但由于目前工程中应用较少，这里不再详细阐述。图 6.2-16 为《装标》中关于挤压套筒连接的构造示意图。

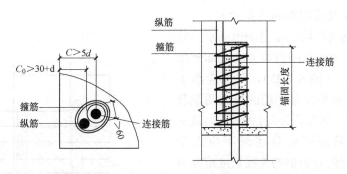

图 6.2-15　螺旋箍筋约束钢筋浆锚搭接连接示意

浆锚搭接部位螺旋箍筋设置要求　　　　　　　　　表 6.2-4

钢筋直径	抗震等级		
(mm)	一级	二、三级	四级
$d \leqslant 14$	Φ6@50	Φ6@60	Φ6@70
$14 < d \leqslant 18$	Φ8@40	Φ6@40	Φ6@50

当层间预制剪力墙竖向分布钢筋采用单排连接方式时，在计算墙肢稳定性时，如图 6.2-17 所示，各楼层楼板对墙肢的约束可视为铰接，剪力墙在竖向荷载作用下可能发生失稳，曲线如图所示，此时计算长度系数 β 取 1.0，对于验算偏于安全。

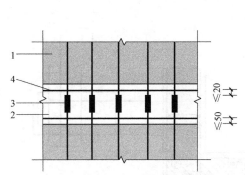

图 6.2-16　预制剪力墙后浇段水平钢筋配置示意

1—预制剪力墙；2—墙底后浇段；
3—挤压套筒；4—水平钢筋

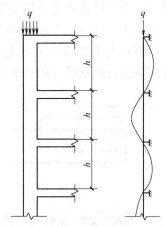

图 6.2-17　剪力墙稳定验算模型

第三节　剪力墙拆分和水平连接

一、整体式接缝连接构造

确定剪力墙竖向接缝位置的主要原则是便于标准化生产、吊装、运输和就位，减少边缘构件纵筋套筒连接的数量。约束边缘构件，位于墙肢端部的通常与墙板一起预制；纵横墙交接部位一般存在接缝，图 6.3-1 中阴影区域（约束边缘构件区域）可全部采用现浇混凝土，纵向钢筋配置在现浇段内，并应在现浇段内配置封闭箍筋及拉筋，预制墙板中的水平分布筋在现浇段内锚固。预制的约束边缘构件的配筋构造要求与现浇结构一致。

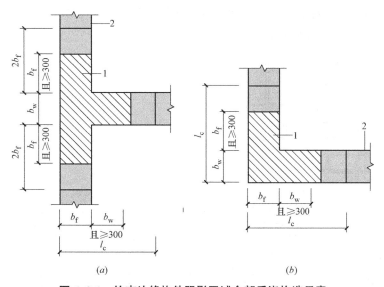

图 6.3-1　约束边缘构件阴影区域全部后浇构造示意

（a）有翼墙；（b）转角墙

l_c—约束边缘构件沿墙肢的长度；1—后浇段；2—预制剪力墙

墙肢端部的构造边缘构件通常全部预制；当采用 L 形、T 形或者 U 形墙板时，拐角处的构造边缘构件也可全部在预制剪力墙中，适用于立模生产，但相对异型构件制作效率低，运输不方便；通常采用一字形构件，适用于自动化生产线生产，但侧模伸出钢筋较多，此时纵横墙交接处的构造边缘构件可全部现浇（图 6.3-2）；为了满足构件的设计要求或施工方便也可部分现浇部分预制。当仅在一面墙上设置现浇段时，现浇段的长度不宜小于 300mm（图 6.3-3）。

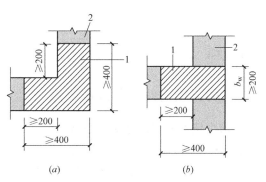

图 6.3-2　构造边缘构件全部现浇构造示意
（阴影区域为构造边缘构件范围）

（a）转角墙；（b）有翼墙

1—现浇段；2—预制剪力墙

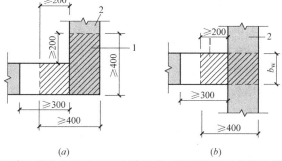

图 6.3-3　构造边缘构件部分现浇构造示意（阴影区域为构造边缘构件范围）

（a）转角墙；（b）有翼墙

1—现浇段；2—预制剪力墙

水平筋可通过封闭箍筋的形式，将两侧预制构件伸出的水平钢筋在现浇段内连接在一起，如图 6.3-4、图 6.3-5 所示。

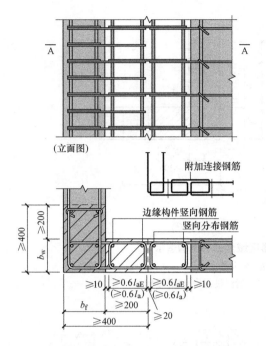

图 6.3-4 剪力墙水平接缝构造示意图

图 6.3-5 剪力墙水平接缝施工图片

二、剪力墙构件拆分设计要点

1. 剪力墙的布置需考虑建筑要求

建筑外部（周边）剪力墙有三种做法：

（1）剪力墙现浇。此时建筑外饰面及门窗等做法与现浇结构完全相同。

（2）剪力墙现浇。建筑外饰面及保温层预制，并作为剪力墙的外模板。

（3）剪力墙与外保温、装饰面一起预制。

以图 6.3-6 建筑平面为例，该项目为高层剪力墙结构住宅，因考虑外墙的防水保温等功能要求，该项目外围剪力墙全部采用内浇外挂剪力墙形式，内部剪力墙采用预制混凝土构件形式。以下针对此项目进行拆分介绍。

图 6.3-7 中为该案例中部分窗边剪力墙的拆分示意图，当外围剪力墙采用现浇形式时，左侧建筑专业墙长 400mm，现浇剪力墙翼缘外伸长度也为 400mm，紧贴窗边界，与外挂墙板边界一致；若翼缘外伸长度取 300mm，刚好满足规范要求，则剩下 100mm 宽度非剪力墙区域，无论预制墙板还是砖砌墙垛，均难以实现。右侧剪力墙每侧外伸长度同样可延伸到窗洞边，方便施工。

图 6.3-8 为外围剪力墙采用预制构件时，剪力墙拆分示意图。如图所示，外围剪力墙预制时，纵横接缝处设置现浇混凝土段实现墙体的连接。此时现浇区域与剪力墙边缘构件区域不一定重合。

图 6.3-9 为一个错误案例，翼缘为全预制构件。门洞口与剪力墙构件之间剩余

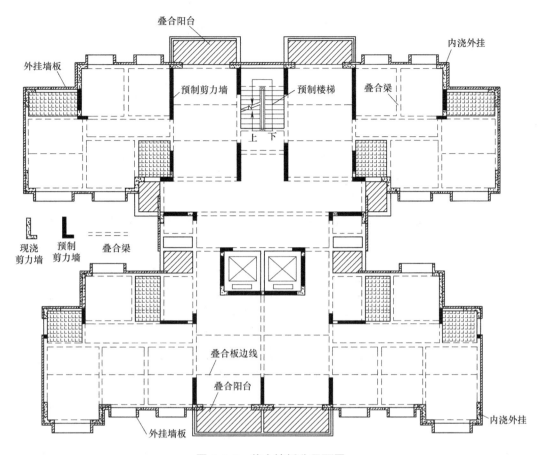

图 6.3-6　剪力墙拆分平面图

100mm 宽的隔墙段，施工困难。这种情况下宜将剪力墙区域延伸到门洞口边，设计成 T 形截面剪力墙构件，所有翼缘均可采用预制构件形式，现浇段的划分不变。

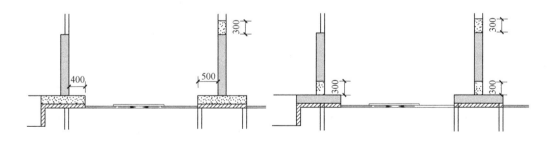

图 6.3-7　局部剪力墙拆分示意图（一）　　图 6.3-8　局部剪力墙拆分示意图（二）

外围的剪力墙可与建筑门窗洞口、保温隔热、外装饰面等一起预制，如图 6.3-10 所示。施工模板图可参照图 6.3-11。

如图 6.3-12 中，图中端部云线所圈部分为外墙板和保温材料两层在工厂预制。当预制构件吊装就位后，这部分保温材料与现浇墙体部分一起浇筑，作为现浇墙体的侧模。

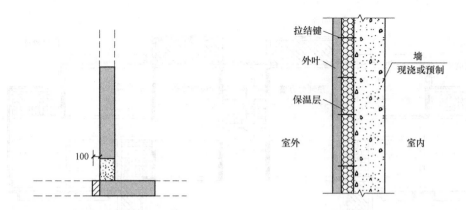

图 6.3-9 局部剪力墙拆分示意图（三）　　　　图 6.3-10　夹心混凝土外挂墙板构造示意图

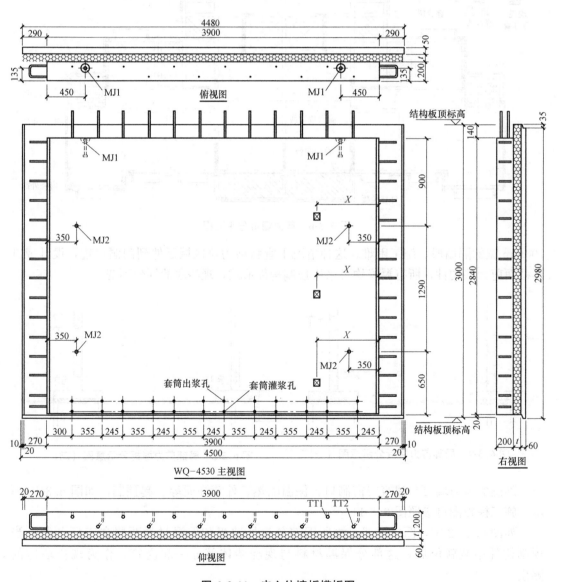

图 6.3-11　夹心外墙板模板图

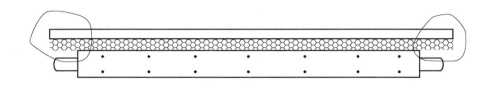

图 6.3-12　夹心外墙预制外墙俯视图

当预制外墙有窗洞，而窗洞下部墙体计算不考虑刚度贡献时，此部分墙体通常按隔墙处理，构件生产时填充一些轻质材料，减轻墙体自重，减少对结构刚度的影响，如图 6.3-13 所示。

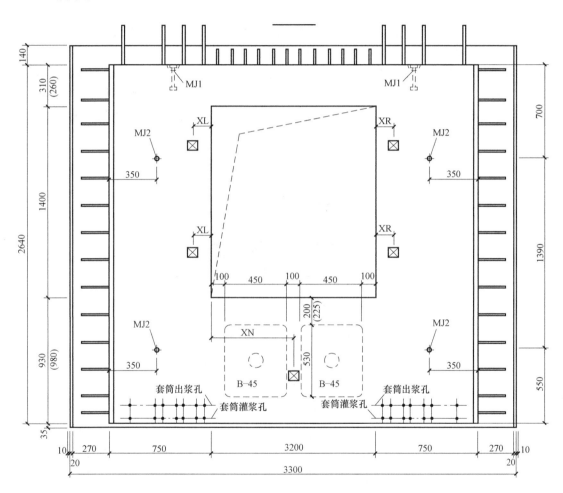

图 6.3-13　带窗洞预制墙体模板图示例

2. 预制率因素

在计算预制率时，处于预制剪力墙之间竖向接缝的后浇混凝土区域不超过一定范围时，仍可计入预制构件内，如图 6.3-14 所示。

根据《混规》和《装规》中对于边缘构件（包括约束边缘构件和构造边缘构件）的定义及区域范围，常规尺寸剪力墙构件（较长的除外），边缘构件区域都可按《装评》（征求

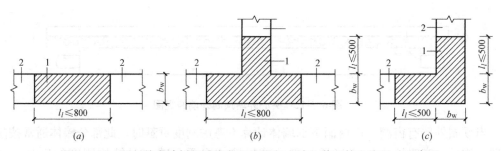

图6.3-14 预制剪力墙板间后浇段现浇混凝土计入装配的允许尺寸示意图

(a) 一字形连接；(b) T形连接；(c) L形连接

1—后浇段；2—预制剪力墙板

稿）的规定计入预制构件内。对于个别非常规尺寸的剪力墙，当边缘构件尺寸较大时，可视情况将部分边缘构件区域划入预制构件范围内采用工厂预制，现场施工区段控制在《装评》（征求稿）要求内。应注意的是，在这种情况下，被纳入预制构件内的边缘构件，因其受力特点，所需配置钢筋可能较多。为方便上下层剪力墙连接时灌浆套筒的钢筋连接操作，设计时该部分钢筋需尽量配置直径较粗、根数较少的钢筋，但仍需满足相关规范的要求，如图6.3-15所示。

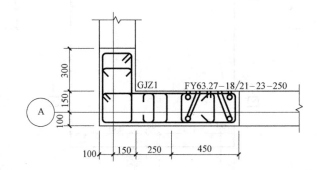

图6.3-15 局部边缘构件区域预制构件钢筋构造示意图

图6.3-16所示为剪力墙较少时剪力墙现浇区域的划分方法。

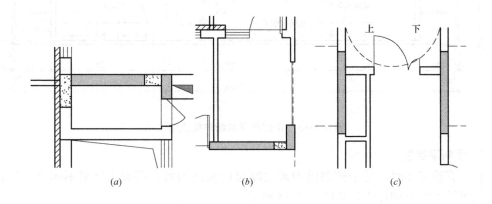

图6.3-16 剪力墙拆分示意图

(a) 双翼缘剪力墙；(b) L形剪力墙；(c) 一字形剪力墙

如图 6.3-16 中带翼缘的剪力墙，翼缘段剪力墙应按照规范要求划入边缘构件区域，图 (a) 中左侧翼缘定为现浇构件，右侧翼缘划为预制构件，而中间墙板尽可能保留较长的预制区段；(b) 图中的剪力墙的划分同样打破了常规，将边缘构件全部并入预制区域，仅在翼缘与腹板交接处保留接缝现浇区域；(c) 图中因同平面没有预制墙相交的情况，所以整片一字形墙均可以作为预制剪力墙构件设计。

3. 构件生产因素

剪力墙拆分除了要满足结构安全外，还要考虑构件生产、运输及安装等因素。对于常规尺寸的构件，厂家有现成的模具进行生产加工，模具的重复使用率越高，生产成本就越低；对个别特殊尺寸的预制构件，厂家需根据构件的尺寸特别定制一套模具进行生产。

国内部分构件生产厂家用于生产墙板的自动生产线模具尺寸相差不大，常用模具的宽度为 3~4m 之间，可生成墙板的宽度比模具宽度小 300mm 左右。目前广东省建工集团旗下广东建远莲花山构件厂的模具尺寸为 3.5m，则该厂生产的墙板最大宽度为 3.2m。与楼板不同，剪力墙板一般采用竖向堆放及运输形式，因此上述模具尺寸对应用于一般住宅项目（层高 3m 左右）中的预制剪力墙构件影响不大，基本可以满足整片墙预制的要求。当建筑层高较大超过模具宽度时，预制墙板需根据模具宽度将墙板进行拆分，中间增设现浇区域段（不得小于 300mm）进行构件连接，以满足生产条件。当采用立模生产时，剪力墙的规格不宜太多，设计应与生产厂家一起商量。

4. 构件运输及吊装的要求

通常构件生产厂距施工现场有一定的距离，距离越近在构件运输上的投入就越少，途中构件破损率也越低，一般情况下构件生产厂距工地 150km 以内比较合理。国家道路交通运输相关的规定，对重型、中型载货汽车，半挂车载物，高度从地面起不得超过 4m，载运集装箱的车辆不得超过 4.2m。墙板的运输一般是竖向放置，所以墙板的高度控制应注意不要超高。

现场安装时，用于吊装预制构件的塔吊选择是否合理，关系到整个工程的施工进度及生存安全等问题。通常一栋建筑当中除了预制楼梯构件以外，最重的预制构件即为墙板构件。一般高层建筑工地采用悬臂半径为 45m 的塔吊居多，若最大吊重为 5t，以 200mm 厚的预制剪力墙为例，墙高为楼层高度减去楼板厚度，即 3000-120=2880mm，宽度按 3200mm 计算，一片常规模具生产的最大预制墙体重量为 $25 \times 0.2 \times 2.88 \times 3.2 = 46.08$kN，合计 4.61t<5t，满足塔吊吨位要求。

因此，从吊装角度考虑，将预制剪力墙拆分的最大宽度定为 3.2m 是合理的，当然拆分尺寸太小，吊装效率也较低，深化设计时，设计与安装、制作单位应共同协商确定。

5. 剪力墙竖向钢筋连接构造的因素

《装标》规定剪力墙边缘构件竖向钢筋应逐根连接。由于剪力墙边缘构件是剪力墙受力较集中部位，钢筋配置较多。若将边缘构件划分为预制构件，在上下层剪力墙连接时，对于比较重要的约束边缘构件（如一~三级抗震等级的底部加强部位的约束边缘构件），竖向钢筋采用套筒灌浆连接受力最好。套筒内径比钢筋直径大 12mm 左右，允许误差小，在吊装安装时，下层墙体钢筋与上层墙体内预埋套筒对位困难，施工难度大。对于浆锚搭接同样存在类似问题。这种情况下，在构件拆分时，若能满足装配式建筑预制率和生产厂模具使用要求的前提下，可将配筋较多部分划分为现浇区段，采用现场绑扎钢筋的比较成熟的施工方式来完成。

第四节 水平构件的设计

一、后浇圈梁及墙间水平后浇带的设计

1. 后浇圈梁的设计

对于装配整体式剪力墙结构，封闭连续的现浇钢筋混凝土圈梁是保证结构整体性、连接楼盖结构与预制剪力墙的关键构件，《装规》（行标）中第 8.3.2 条规定应在楼层收进及屋面等刚度不连续处设置。圈梁内配置的纵向钢筋不应少于 4 Φ 12，且按全截面计算的配筋率不应小于 0.5% 和水平分布筋配筋率的较大值，纵向钢筋竖向间距不应大于 200mm；箍筋间距不应大于 200mm，且直径不应小于 8mm，如图 6.4-1 所示。

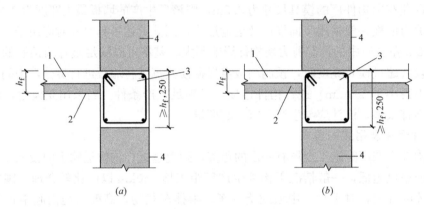

图 6.4-1　现浇钢筋混凝土圈梁构造示意
（a）端部节点；（b）中间节点
1—现浇混凝土叠合层；2—预制板；3—现浇圈梁；4—预制剪力墙

2. 墙间水平现浇带的设计

标准层设置水平混凝土现浇带并在其内设置的纵向钢筋起到保证结构整体性和连接楼盖结构与预制剪力墙的作用。《装规》（行标）第 8.3.3 条规定，各层楼面位置，预制剪力墙顶部无现浇圈梁时，应设置连续的水平现浇带（图 6.4-2）；水平现浇带应符合下列规定：（1）水平现浇带宽度应取剪力墙的厚度，高度不应小于楼板厚度；水平现浇带应与现浇或者叠合楼、屋盖浇筑成整体。（2）水平后浇带内应配置不少于 2 根连续纵向钢筋，其直径不宜小于 12mm。

二、连梁的设计

1. 普通连梁

在剪力墙结构中，两片墙之间常会出现跨度比较小的梁（通常跨高比<5），称为连梁。作为连接剪力墙的梁，其受力特点与连接框架柱的梁的受力特性有所不同。由于连梁跨度通常不大，竖向荷载相对偏小，主要承受剪力墙传来的水平地震作用产生的弯矩和剪力。

为了实现连梁的强剪弱弯、推迟剪切破坏、提高延性，应采用实际抗弯钢筋反算设计

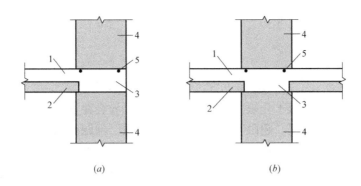

图 6.4-2 水平现浇带构造示意

(a) 端部节点；(b) 中间节点

1—现浇混凝土叠合层；2—预制板；3—水平后浇带；4—预制墙板；5—纵向钢筋

剪力的方法；但是为了程序计算方便，《高规》对于一、二、三级抗震采用了组合剪力乘以增大系数的方法确定连梁剪力设计值。

连梁两端截面的剪力设计值应按下列规定确定：

(1) 非抗震设计以及四级剪力墙的连梁，应分别取考虑水平风荷载、水平地震作用组合的剪力设计值。

(2) 一、二、三级剪力墙的连梁，其梁端截面组合的剪力设计值应按式（6.4-1）确定。

$$V = \eta_{vb} \frac{M_b^l + M_b^r}{l_n} + V_{Gb} \tag{6.4-1}$$

根据清华大学及国内外的有关试验研究可知，连梁截面的平均剪应力大小对连梁破坏性影响较大，尤其在小跨高比条件下，如果平均剪应力过大，在箍筋充分发挥作用之前，连梁就会发生剪切破坏。因此对小跨高比连梁，《高规》对截面平均剪应力及斜截面受剪承载力验算提出更高要求。

连梁截面剪力设计值应符合下列规定：

(1) 永久、短暂设计状况

$$V \leqslant 0.25\beta_c f_c b_b h_{b0} \tag{6.4-2}$$

(2) 地震设计状况

跨高比大于 2.5 的连梁：

$$V \leqslant \frac{1}{\gamma_{RE}}(0.20\beta_c f_c b_b h_{b0}) \tag{6.4-3}$$

跨高比不大于 2.5 的连梁：$\quad V \leqslant \frac{1}{\gamma_{RE}}(0.15\beta_c f_c b_b h_{b0}) \tag{6.4-4}$

连梁的斜截面受剪承载力应符合下列规定：

(1) 永久、短暂设计状况

$$V \leqslant 0.7 f_t b_b h_{b0} + f_{yv} \frac{A_{sv}}{s} h_{b0} \tag{6.4-5}$$

(2) 地震设计状况

跨高比大于 2.5 的连梁

$$V \leqslant \frac{1}{\gamma_{RE}} \left[0.42 f_t b_b h_{b0} + f_{yv} \frac{A_{sv}}{s} h_{b0} \right] \tag{6.4-6}$$

跨高比不大于 2.5 的连梁

$$V \leqslant \frac{1}{\gamma_{RE}} \left[0.38 f_t b_b h_{b0} + 0.9 f_{yv} \frac{A_{sv}}{s} h_{b0} \right] \tag{6.4-7}$$

剪力墙连梁对剪切变形十分敏感，两侧墙肢变形差异会在连梁内产生较大的剪力，在很多情况下连梁设计会出现"超限"情况。解决"超限"问题可从改变构件的刚度大小及改变荷载效应大小两个方面进行解决：（1）减小连梁截面高度或采取其他减小连梁刚度的措施，刚度减小所分配的荷载效应就会减小；（2）对抗震设计中的剪力墙连梁的弯矩进行塑性调幅，减小构件所受荷载作用效应。

连梁的塑性调幅可采用两种方法，一是在内力计算前就将连梁刚度进行折减；二是在内力计算之后，将连梁弯矩和剪力组合值乘以折减系数。两种方法的效果都是减小连梁内力和配筋。无论用什么方法，连梁调幅后的弯矩、剪力设计值不应低于使用状况下的值，也不宜低于比设防烈度低一度的地震作用组合所得的弯矩、剪力设计值，其目的是避免在正常使用条件下或较小的地震作用下在连梁上出现裂缝。因此，建议一般情况下，可掌握调幅后的弯矩不小于调幅前按刚度不折减计算的弯矩（完全弹性）的 80%（6~7 度）和50%（8~9 度），并不小于风荷载作用下的连梁弯矩。

近年来对混凝土剪力墙结构的非线性动力反应分析以及对小跨高比连梁的抗震受剪性能试验表明，较大幅度人为折减连梁刚度的做法将导致地震作用下连梁过早屈服，延性需求增大，并且仍不能避免发生延性不足的剪切破坏。国内外进行的连梁抗震受剪性能试验表明，通过改变小跨高比连梁的配筋方式，可在不降低或有限降低连梁相对作用剪力（即不折减或有限折减连梁刚度）的条件下提高连梁的延性，使该类连梁发生剪切破坏时，其延性能力能够达到地震作用时剪力墙对连梁的延性需求。跨高比小于 2.5 时的连梁抗震受剪试验结果标明，采取不同的配筋方式，连梁达到所需延性时能承受的最大剪应力是不同的。

2. 配置斜向交叉钢筋的连梁

《混规》第 11.7.10 条规定，对于一、二级抗震等级的连梁，当跨高比不大于 2.5 时，除普通箍筋外宜另配置斜向交叉钢筋，其截面限制条件及斜截面受剪承载力可按下列规定计算：

（1）当洞口连梁截面宽度不小于 250mm 时，可采用交叉斜筋配筋（图 6.4-3），其截面限制条件及斜截面受剪承载力应符合下列规定：

1) 受剪截面应符合下式要求：

$$V_{wb} \leqslant \frac{1}{\gamma_{RE}} (0.25 \beta_c f_c b h_0) \tag{6.4-8}$$

2) 斜截面受剪承载力应符合下式要求：

$$V_{wb} \leqslant \frac{1}{\gamma_{RE}} [0.4 f_t b h_0 + (2.0 \sin\alpha + 0.6\eta) f_{yd} A_{sd}] \tag{6.4-9}$$

$$\eta = (f_{sv} A_{sv} h_0)/(s f_{yd} A_{yd}) \tag{6.4-10}$$

（2）当连梁截面宽度不小于 400mm 时，可采用集中对角斜筋配筋（图 6.4-4）或对角暗撑配筋（图 6.4-5），其截面限制条件及斜截面受剪承载力应符合下列规定：

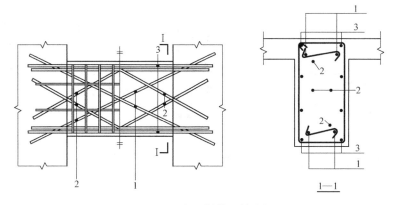

图 6.4-3 交叉斜筋配筋连梁

1—对角斜筋；2—折线筋；3—纵向钢筋

1）受剪截面应符合式（6.4-8）的要求。

2）斜截面受剪承载力应符合下式要求：

$$V_{wb} \leqslant \frac{2}{\gamma_{RE}} f_{yd} A_{sd} \sin\alpha \qquad (6.4\text{-}11)$$

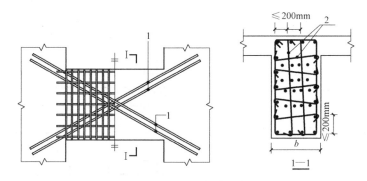

图 6.4-4 集中对角斜筋配筋连梁

1—对角斜筋；2—拉筋

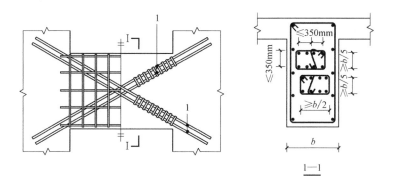

图 6.4-5 对角暗撑配筋连梁

1—对角暗撑

图 6.4-4、图 6.4-5 中配置斜向交叉钢筋的连梁为与两侧剪力墙一体预制时采取的配

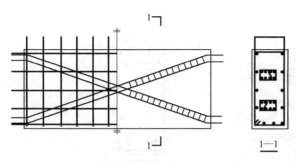

图 6.4-6 带斜向交叉钢筋的叠合连梁构造示意图

筋形式。当该连梁为预制叠合连梁时，其钢筋可采用图 6.4-6 中形式，斜向钢筋在梁端部弯折成水平方向伸出梁外，方便构件生产和现场钢筋连接。

3. 双连梁

跨高比较小的高连梁，可通过设置水平缝形成双梁、多连梁的方法，使一根连梁成为大跨高比的两根或多根连梁，使其破坏形态从剪切破坏变为弯曲破坏。

当剪力墙洞口底边没有延伸到楼面，距楼面有一定距离时，上层墙体洞口下墙体与下层洞口上墙体形成一片"矮墙"，如图 6.4-7 中（a）所示。为了减少墙体内纵向钢筋套筒连接数量，如图 6.4-7 所示，上下层剪力墙在窗洞区域无竖向钢筋相连，且洞口上下均按连梁计算设计，并与墙体一起预制，如图 6.4-7 中的（b）所示。带叠合层的双连梁构造详图如图 6.4-8 所示。

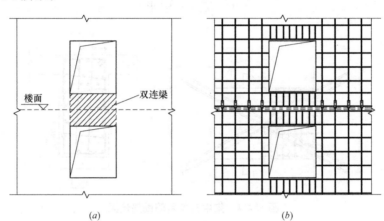

(a)   *(b)*

图 6.4-7 预制剪力墙双连梁竖向钢筋连接示意图
（a）立面图；（b）钢筋布置图

4. 叠合连梁端部竖向接缝受剪承载力计算

《装规》（行标）规定：叠合连梁端部竖向接缝的受剪承载力计算同框架结构叠合梁端竖向承载力计算，详见第五章介绍。

三、预制叠合连梁与预制剪力墙拼接

《装规》（行标）规定：当预制叠合连梁端部与预制剪力墙在平面内拼接时，接缝构造应符合下列规定：

（1）当墙端边缘构件采用后浇混凝土

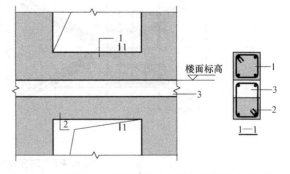

图 6.4-8 预制剪力墙洞口下墙与叠合连梁的关系示意
1—洞口下墙；2—预制连梁；3—现浇圈梁或水平后浇带

时，连梁纵向钢筋应在后浇段中可靠锚固 ［图 6.4-9（a）］或连接 ［图 6.4-9（b）］；

（2）当预制剪力墙端部上角预留局部后浇节点区时，连梁的纵向钢筋应在局部后浇节点区内可靠锚固 ［图 6.4-9（c）］或连接 ［图 6.4-9（d）］。

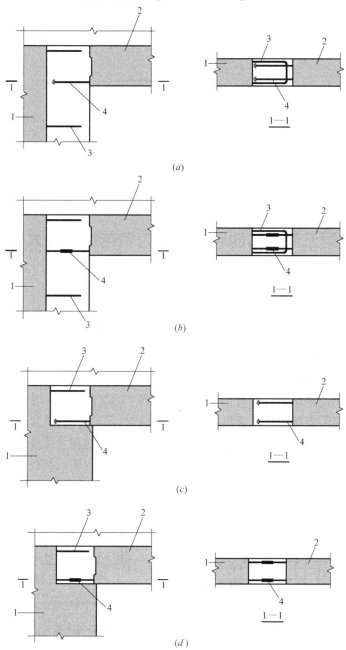

图 6.4-9 同一平面内预制连梁与预制剪力墙连接构造示意

（a）预制连梁钢筋在现浇段内锚固构造示意；（b）预制连梁钢筋在现浇段内与预制剪力墙预留钢筋连接构造示意；（c）预制连梁钢筋在预制剪力墙局部现浇节点区内锚固构造示意；

（d）预制连梁钢筋在预制剪力墙局部现浇节点区内与墙板预留钢筋连接构造示意

1—预制剪力墙；2—预制连梁；3—边缘构件箍筋；

4—连梁下部纵向受力钢筋锚固或连接

《装规》（行标）规定，当采用现浇连梁时，宜在预制剪力墙端伸出预留纵向钢筋，并与现浇连梁的纵向钢筋可靠连接（图 6.4-10）。

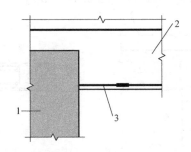

图 6.4-10　现浇连梁与预制剪力墙连接构造示意
1—预制墙板；2—现浇连梁；3—预制剪力墙伸出纵向受力钢筋

第五节　其他装配式剪力墙结构连接大样

一、叠合剪力墙

"三明治"混凝土墙，属于叠合剪力墙的一种，与上述两种有显著的差异。目前这种剪力墙在上海地区普遍应用。这种剪力墙的特点是将剪力墙沿厚度方向分为三层，内、外两层预制，中间现浇，形成"三明治"结构，如图 6.5-1 所示。三层之间通过预埋在预制板内桁架钢筋进行结构连接。剪力墙利用内、外两侧预制部分作为模板，中间层现浇混凝土可与叠合楼板的现浇层同时浇筑。但这种墙也有个明显的缺点，其墙肢预制部分在上下层墙板之间的钢筋不直接连接，通过中间夹层内现浇混凝土插筋连接，边缘构件采用现浇混凝土按现浇混凝土结构连接，在水平接缝处的平面内受剪和平面外受弯有效墙厚大幅减少。因此，这种剪力墙的受剪承载力弱于同厚度的现浇剪力墙或其他形式的装配整体式剪力墙，其最大使用高度也受到相应的限制。

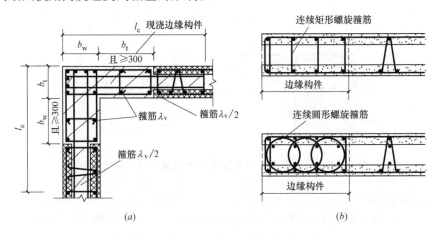

图 6.5-1　"三明治"叠合剪力墙截面构造示意图

对于上述叠合预制剪力墙，在计算墙肢稳定性时，墙肢计算长度系数 β 取 1.0，对于验算是偏于安全的。

二、剪力墙连接形式

装配式建筑中预制构件连接形式在满足结构整体受力要求的前提下，可以采用多种形式。下面针对装配式剪力墙结构介绍相关连接大样（图 6.5-2～图 6.5-10），供大家参考。很多在我国规范和工程尚未得到应用，在应用于我国工程时应加以论证。

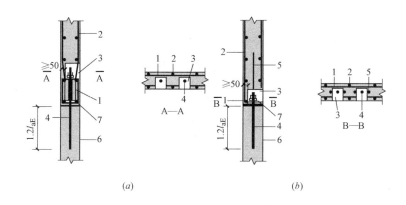

(a) (b)

图 6.5-2　装配式剪力墙竖向连接形式

(a) 设置暗梁形式；(b) 预埋连接器形式

1—暗梁或预埋连接器；2—上层预制剪力墙竖向

分布钢筋；3—手孔（盒）；4—连接螺栓；

5—连接器锚筋（与连接器焊接）；6—下层预制剪力墙；7—坐浆层

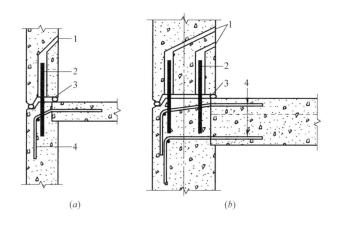

(a) (b)

图 6.5-3　预制剪力墙水平连接剖面示意图

(a) 常规厚度剪力墙连接；(b) 较厚剪力墙连接

1—灌浆导管；2—连接钢筋；3—封浆料；4—梁外伸钢筋

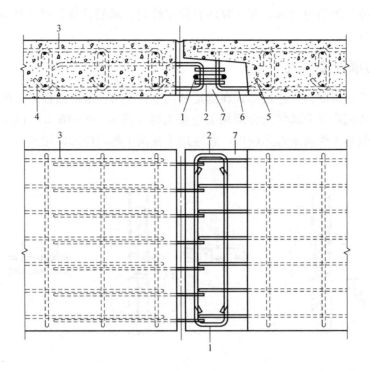

图 6.5-4 预制剪力墙水平连接平面及立面示意图

1—节点钢筋；2—附加钢筋；3—剪力墙钢筋钢；4—拉筋；5—键槽；6—预制墙外伸纵筋；7—后浇混凝土

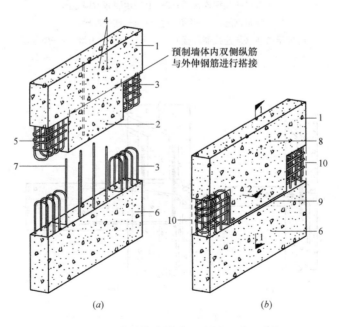

(a)　　　　　　　　　　(b)

图 6.5-5 预制剪力墙水平连接三维示意图

(a) 拼装前；(b) 拼装后

1—上方预制墙体；2—灌浆孔；3—U形箍；4—出浆孔；5—水平分布筋；6—下方预制墙体；

7—下方预制墙外伸钢筋；8—出浆孔；9—坐浆层；10—现浇混凝土

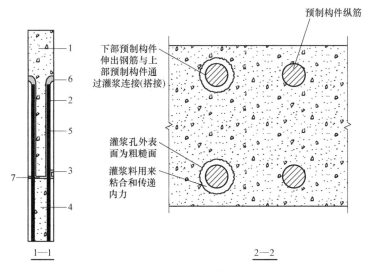

图 6.5-6 预制剪力墙竖向连接大样示意图

1—上方预制墙体；2—灌浆孔；3—注浆孔；4—下方预制墙体；

5—下方预制墙外伸钢筋；6—出浆孔；7—坐浆层

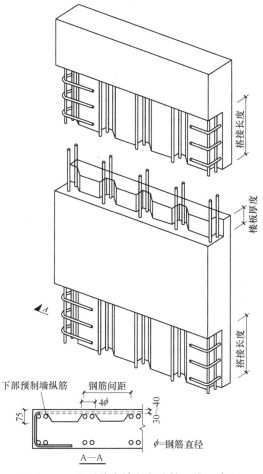

图 6.5-7 预制剪力墙竖向连接三维示意图

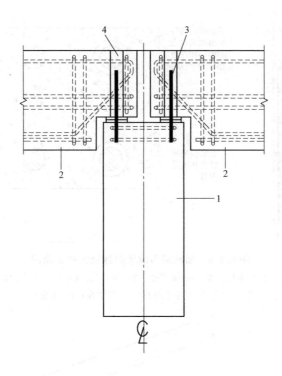

图 6.5-8 预制主次梁连接大样示意图（一）（半铰接）
1—主梁；2—次梁；3—梁外伸连接件；4—灌浆连接

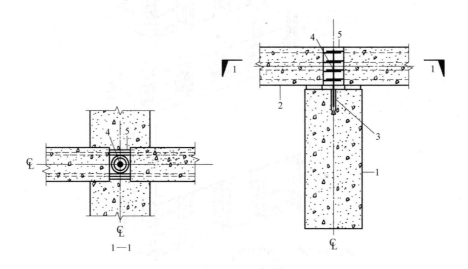

图 6.5-9 预制主次梁连接大样示意图（二）（铰接）
1—主梁（上部内置连接键）；2—次梁或檩条（内置外伸箍筋）；
3—栓钉拧进连接键；4—箍筋连接键结点；5—现浇混凝土

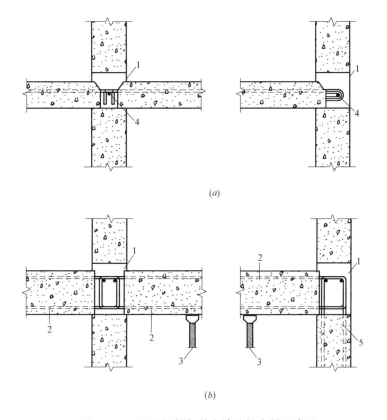

图 6.5-10　预制梁板与剪力墙连接大样示意图

(a) 预留插筋环的楼板；(b) 带外伸钢筋的楼板

1—灌浆料；2—楼板外伸 U 形钢筋；3—临时支撑；4—纵筋；5—剪力墙外伸 U 形钢筋

第六节　剪力墙结构设计深度及图面表达

一、剪力墙结构施工图深度及图面表达

施工图要表达的内容主要是与结构安全性能、耐久性和正常使用功能相关的设计内容，除传统施工图需表达的内容外，对于装配式结构，还应包括预制构件之间的连接要求。

1. 剪力墙平面图图面表达

在施工图中需表达的剪力墙的设计内容有以下几个方面：

(1) 预制剪力墙预制部分：

1) 预制剪力墙的拆分、编号及平面布置；

2) 预制剪力墙的钢筋选取及配筋大样图；

3) 预制剪力墙钢筋连接；

4) 预制剪力墙吊装方向标注；

5) 预埋件在预制剪力墙上定位图；

6) 预留洞口定位及加强配筋图等；

7) 外墙保温层做法。

（2）现浇剪力墙及预制剪力墙现浇段部分：

1）现浇剪力墙及剪力墙现浇段划分、编号及平面布置；

2）剪力墙配筋及大样图。

① 剪力墙平面布置图

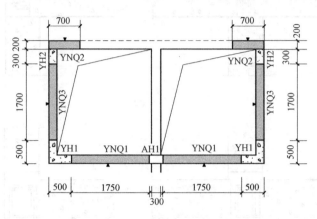

图 6.6-1　剪力墙平面布置图

如图 6.6-1 所示，图中同时表达了剪力墙的平面布置、拆分布置、各部分尺寸以及编号和预制剪力墙吊装方向（图中的实心三角表示方向）几个内容。其中，墙体编号分预制墙体编号和现浇段编号，其编号均由类型代号和序号两部分组成。预制墙体编号可参照表 6.6-1，现浇段墙体编号可参照表 6.6-2。

预制混凝土剪力墙编号　　　　　　　　　　　　表 6.6-1

预制墙板类型	代号	序号
预制外墙	YWQ	××
预制内墙	YNQ	××

混凝土剪力墙现浇段编号　　　　　　　　　　　表 6.6-2

现浇段类型	代号	序号
约束边缘构件现浇段	YHJ	××
构造边缘构件现浇段	GHJ	××
非边缘构件现浇段	AHJ	××

② 剪力墙大样图

剪力墙配筋大样可参照图 6.6-2，图中需分别表示出现浇段与预制段的配筋及其衔接关系，预制墙体中的竖向钢筋需明确表示出上下墙体间连接与不连接的钢筋，以及加密钢筋及其分布区域。

当剪力墙中需预埋设备管线、装置或预留洞口时，需将其在墙体中的定位表示出来。当选用标准图集时，可根据图集表示方法直接在构件上标注相应的编号及参数，并说明引用图集名称及页码；当不选用标准图集时，其在构件上的具体定位尺寸（包括高度方向和水平方向）都要明确表示出来，如图 6.6-3 所示。图中参数位置所在装配方向为 X、Y，装配方向背面为 X'、Y'，可用下角编号区分不同线盒。当剪力墙体中预留洞口（除门窗

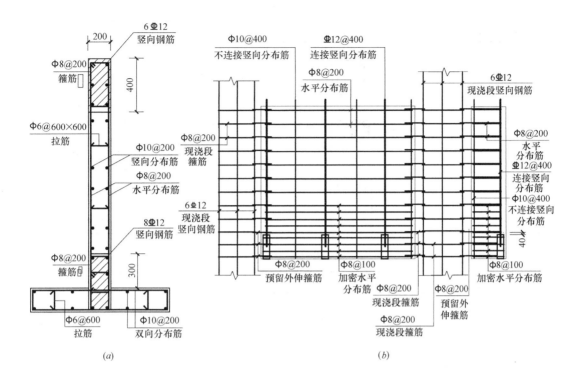

图 6.6-2 剪力墙配筋大样图

（a）截面配筋图；（b）立面配筋图

洞口）尺寸较大时，需补充洞口周边加强筋构造大样图。

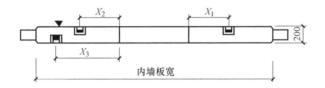

图 6.6-3 预埋线盒参数含义示例

当预制外墙为带门窗洞口墙体时，在墙体编号时（以与预制外挂墙板一体生产的外墙为例，此时剪力墙为内叶墙板）还需表达洞口尺寸，见表 6.6-3 和表 6.6-4。

预制外墙板编号
表 6.6-3

预制内叶墙板类型	示意图	编 号
无洞口外墙		无洞口外墙 —— WQ—XX—XX 标志宽度 层高
一个窗洞 高窗台外墙		一窗洞外墙 （高窗台）—— WQC1—XX—XX—XX—XX 标志宽度 层高 窗宽 窗高

139

预制内叶墙板类型	示意图	编号
一个窗洞矮窗台外墙		一窗洞外墙（矮窗台） WQCA—XX—XX—XX—XX 标志宽度　层高　窗宽　窗高
两窗洞外墙		两窗洞外墙 WQCC2—XX—XX—XX—XX—XX—XX 标志宽度　层高　左窗宽　右窗宽　左窗高　右窗高
一个门洞外墙	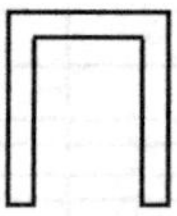	一门洞外墙 WQM—XX—XX—XX—XX 标志宽度　层高　门宽　门高

预制外墙板编号示例　　　　表 6.6-4

预制墙板类型	示意图	墙板编号	标志宽度	层高	门/窗宽	门/窗高	门/窗宽	门/窗高
无洞外墙		WQ-1828	1800	2800	—	—	—	—
带一窗洞高窗台		WQC1-3028-1514	3000	2800	1500	1400	—	—
带一窗洞矮窗台		WQCA-3028-1518	3000	2800	1500	1800	—	—
带两窗洞外墙		WQC2-4828-0614-1514	4800	2800	600	1400	1500	1400
带一门洞外墙	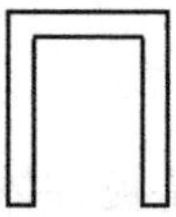	WQM-3628-1823	3600	2800	1800	2300	—	—

剪力墙的外叶墙板应对应内叶墙板选用，并结合俯视图、主视图及右视图一起表示。标叶墙板编号可用 WYXX（a、b、C_L 或 C_R、d_L 或 d_R）表示，按外叶墙板实际情况标注 a、b、C_L 或 C_R 或 d_L 或 d_R。如图 6.6-4 所示。

2. 预制混凝土叠合连梁及梁的施工图图面表达

剪力墙结构中预制叠合梁分为预制叠合连梁和预制叠合梁两种。部分叠合连梁（多数为建筑外围门窗洞口上连梁）与预制剪力墙在工厂一体预制，此时的连梁配筋可以在墙体配筋大样中一同表示，也可以列表配图例统一说明。

在施工图中需表达的叠合梁的设计内容有以下几个方面：（1）叠合梁的模板图；（2）梁编号及截面尺寸；（3）叠合梁的配筋（连梁配筋可以用连梁配筋表的形式表达）；（4）

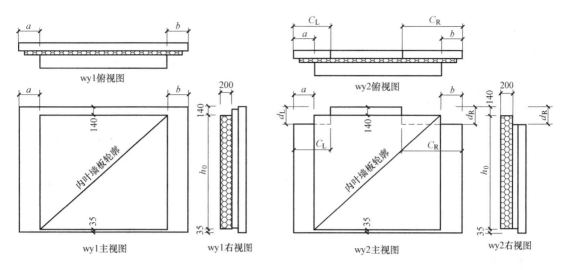

图 6.6-4　外叶墙板类型图（内表面视图）

叠合梁的连接部分及选用连接形式说明；（5）梁上预留洞口定位及洞口加强措施说明及大样；（6）叠合梁吊装方向等。

预制叠合梁的编号可参考表 6.6-5。

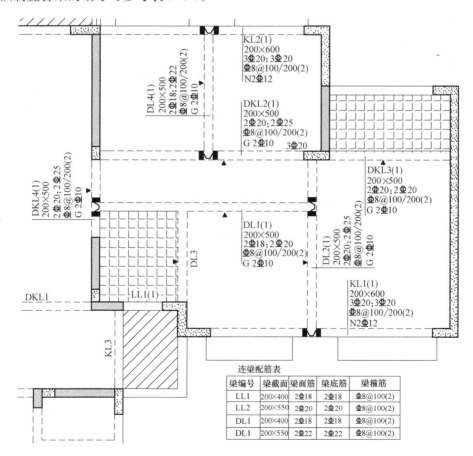

连梁配筋表

梁编号	梁截面	梁面筋	梁底筋	梁箍筋
LL1	200×400	2Φ18	2Φ18	Φ8@100(2)
LL2	200×550	2Φ20	2Φ20	Φ8@100(2)
DL1	200×400	2Φ18	2Φ18	Φ8@100(2)
DL1	200×550	2Φ22	2Φ22	Φ8@100(2)

图 6.6-5　梁配筋示意图

预制混凝土叠合梁编号　　　　　　　　　　　表 6.6-5

名　称	代　号	序　号
预制叠合梁	DL/DKL	××
预制叠合连梁	DLL	××

如图 6.6-5 所示，图中外围梁和墙均为现浇形式，其编号与传统现浇结构一致；内部叠合梁（分叠合框架梁 DKLxx 和叠合次梁 DLxx）按表 6.6-5 形式进行编号。图中同时表达了梁的模板和配筋以及吊装方向等信息。在梁配筋图中需说明预制梁的连接部位及采取的连接方式（图 6.6-6），并明确钢筋连接方法。采取特殊连接方式的梁需单独绘制其连接大样。

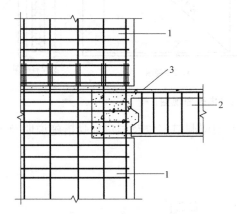

图 6.6-6　预制梁与剪力墙连接大样
1—预制剪力墙；2—预制叠合梁；3—现浇区域

3. 水平现浇带或现浇圈梁的图面表达

装配整体式剪力墙结构在墙板相接的部位根据不同情况设有水平现浇圈梁或水平现浇带，施工图中需对这部分从下面几个方面进行表达：（1）标注水平现浇带或圈梁的分布位置；（2）标注水平现浇带或圈梁的编号；（3）表达水平现浇带或圈梁的配筋；（4）所用材料说明；（5）特殊部位（如变截面梁等）特殊表达，如单独绘制大样图等。通常水平现浇带或现浇圈梁与板配筋在同一张图中表示（注意现浇剪力墙不需要设置）。

水平现浇带或现浇圈梁可采用"SHJDxx"的形式进行编号，如图 6.6-7 所示。

二、装配式剪力墙结构制作详图要表达的内容

预制构件制作详图设计应根据结构施工图的内容和要求进行编制，设计深度应满足预制构件制作、工程量统计的需求和安装施工的要求，包括如下内容：

1. 施工图的进一步细化

（1）预制墙板钢筋布置、钢筋长度、规格、数量、等级；

（2）墙板水平、竖向钢筋驳接位置、长度、套筒、浆锚搭接的大样及材料、保护层的定位；

（3）墙板放样高度、长度、重量；

（4）预制墙之间及与现浇部分的连接细部要求，如粗糙面、键槽数量的分布、尺寸等；

（5）连梁的尺寸、钢筋布置，与剪力墙的连接大样详图；

（6）现浇部分的详图。

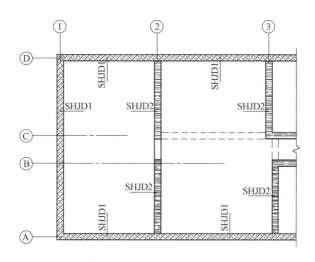

水平现浇带平面布置图

▨▨▨ 表示外墙部分水平现浇带,编号为SHJD1
━━━ 表示内墙部分水平现浇带,编号为SHJD2

水平现浇带表

平面中编号	平面所在位置	所在楼层	配筋	箍筋/拉筋
SHJD1	外墙	3—21	2Φ14	1Φ8
SHJD2	内墙	3—21	2Φ12	1Φ8

图 6.6-7　水平现浇带（圈梁）图面表达

2. 与其他产品的关系

（1）建筑、设备、装饰等专业在墙板预留孔洞、预埋管线、吊挂用的预埋件、螺母、螺杆等；

（2）保温层材料、厚度，与承重墙板的连接材料分布、长度、规格（图 6.6-8）；

（3）预埋门窗边框做法，与填充墙连接方式。

3. 制作的要求在详图中的反映

（1）模具图；

（2）脱模用的预埋件及脱模受力状态验算，脱模剂的选用，粗糙面的做法；

（3）养护的要求；

（4）堆放的要求（图 6.6-9）。

4. 墙板在运输、吊装、施工过程的要求

（1）现浇部分支模在预制墙板上预留孔、预埋件安装过程验算及安装预埋件、吊件；

（2）运输、吊装一般要求（图 6.6-10）。

5. 临时阶段的计算书

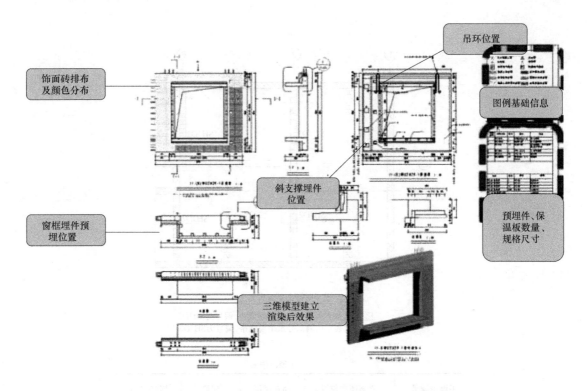

图 6.6-8　剪力墙构件制作详图示意图

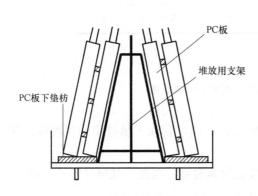

图 6.6-9　预制剪力墙堆放示意图

图 6.6-10　预制剪力墙吊装图片

第七节　案例分析

一、项目介绍

1. 项目概况

　　某地区的装配整体式剪力墙结构住宅项目，16 层，无地下室，层高 3m，建筑总高度为 49.650m，如图 6.7-1 所示。

2. 设计主要依据

建筑抗震设防类别为丙类，所在地抗震设防烈度 7 度，设计基本加速度值 0.10g，设计地震分组第二组，场地类别Ⅳ类，特征周期为 0.75s，修正后基本风压 0.55kN/m²，结构阻尼比 0.05，多遇地震影响系数 0.08，周期折减系数 0.9，连梁刚度折减系数 0.6。主要使用荷载标准值见表 6.7-1。

3. 结构选型设计

本项目采用装配整体式剪力墙结构体系，剪力墙抗震等级为三级。1～2 层为剪力墙底部加强部位区段，1～3 层设置剪力墙约束边缘构件，剪力墙采用现浇混凝土构件，4～16 层设置构造边缘构件，剪力墙采用预制混凝土构件。屋面层为现浇层，其余层除现浇圈梁（或水平现浇带）外，均采用预制叠合梁、叠合板构件，楼梯为预制楼梯，阳台为预制阳台，如图 6.7-2 所示。

图 6.7-1　全楼结构模型

荷载标准值　　　　　　　　　　表 6.7-1

位置	功能	活载(kN/m²)	附加恒载(kN/m²)	备　　注
塔楼标准层	房、厅	2.0	1.5	
	卫生间	2.5	6.5	卫生间附加恒载按回填容重不大于 8.0kN/m³ 的陶粒混凝土
	阳台	2.5	1.5	
	走道	3.5	1.5	
	消防楼梯	3.5	1.5	附加恒载中未计入梯板自重
屋面	上人屋面	2.0	3.5	包括防水、找坡及保温层

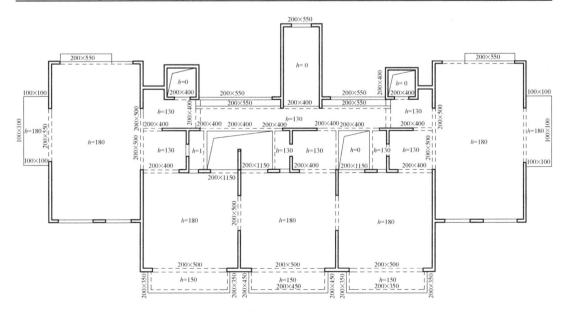

图 6.7-2　标准层结构模板图

本项目采用将采用 PKPM 中的 PM 模块建立好的模型导入到 PKPM-PC 程序中进行设计分析以及拆分深化结构模型。

4. 主要结构材料

剪力墙混凝土强度等级，1～4 层为 C40，4 层以上及屋面为 C30；楼板及梁的混凝土等级为 C30；所有构件钢筋采用 HPB300 和 HRB400 级钢筋。

外墙采用预制外挂墙板，内隔墙采用轻质预制隔墙条板。

二、预制构件的拆分

如图 6.7-3 所示，为 5 层中一片剪力墙的拆分图。

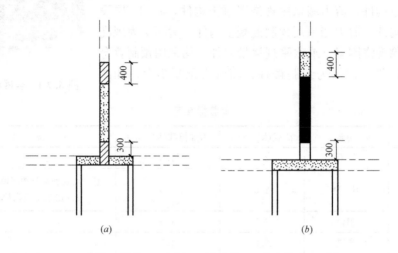

(a)　　　　　　　　　　　(b)

图 6.7-3　剪力墙拆分示意图

（a）构造边缘构件划分图；（b）剪力墙拆分图

本项目 4～16 层内剪力墙设置构造边缘构件，剪力墙拆分时综合考虑边缘构件的尺寸外围剪力墙外挂内浇的要求，现浇区段的划分与边缘构件区域不完全一致，为减少套筒连接数量，墙端边缘构件采用了现浇形式。

三、整体分析计算

1. 整体分析计算

在整体分析计算时需注意两个与现浇结构不同的参数，总信息栏中的"结构体系"选择装配整体式剪力墙结构（图 6.7-4），"调整信息 1"栏中的"装配式结构中的现浇部分地震内力放大系数"取值 1.1（图 6.7-5）。第二个参数设置来源于《装规》（行标）第 8.1.1 条：对同一层内既有现浇墙肢也有预置墙肢的装配整体式剪力墙结构，现浇墙肢水平地震作用弯矩、剪力宜乘以不小于 1.1 的增大系数。

在整体指标方面，装配式建筑的结构设计除满足周期比、位移比、刚度比等常规技术指标外，还需要注意《装标》第 6.1.1-2 条的规定，在规定水平力作用下控制现浇与预制构件承担的底部总剪力比例，图 6.7-6 为本项目预制剪力墙与现浇剪力墙承担的底部地震剪力百分比。

图 6.7-4　设计参数设置（一）

图 6.7-5　设计参数设置（二）

层号	塔号		预制柱	现浇柱	预制墙	现浇墙
17	1	X	0.00%	0.00%	0.00%	100.00%
		Y	0.00%	0.00%	0.00%	100.00%
16	1	X	0.00%	0.00%	0.00%	100.00%
		Y	0.00%	0.00%	0.00%	100.00%
15	1	X	0.00%	0.00%	21.08%	78.92%
		Y	0.00%	0.00%	74.57%	25.43%
14	1	X	0.00%	0.00%	26.84%	73.16%
		Y	0.00%	0.00%	77.05%	22.95%
13	1	X	0.00%	0.00%	29.80%	70.20%
		Y	0.00%	0.00%	78.17%	21.83%
12	1	X	0.00%	0.00%	32.98%	67.02%
		Y	0.00%	0.00%	78.72%	21.28%
11	1	X	0.00%	0.00%	34.57%	65.43%
		Y	0.00%	0.00%	78.83%	21.17%
10	1	X	0.00%	0.00%	36.77%	63.23%
		Y	0.00%	0.00%	79.08%	20.92%
9	1	X	0.00%	0.00%	37.78%	62.22%
		Y	0.00%	0.00%	79.17%	20.83%
8	1	X	0.00%	0.00%	39.66%	60.34%
		Y	0.00%	0.00%	79.38%	20.62%
7	1	X	0.00%	0.00%	40.55%	59.45%
		Y	0.00%	0.00%	79.60%	20.40%
6	1	X	0.00%	0.00%	42.35%	57.65%
		Y	0.00%	0.00%	80.03%	19.97%
5	1	X	0.00%	0.00%	43.73%	56.27%
		Y	0.00%	0.00%	80.71%	19.29%
4	1	X	0.00%	0.00%	44.13%	55.87%
		Y	0.00%	0.00%	82.08%	17.92%
3	1	X	0.00%	0.00%	0.00%	100.00%
		Y	0.00%	0.00%	0.00%	100.00%
2	1	X	0.00%	0.32%	0.00%	99.68%
		Y	0.00%	0.28%	0.00%	99.72%
1	1	X	0.00%	0.31%	0.00%	99.69%
		Y	0.00%	0.28%	0.00%	99.72%

图 6.7-6　剪力墙地震剪力百分比

此外，PKPM 结构设计软件在计算分析过程中，可以分别实现预制梁端竖向接缝受剪承载力的计算，预制柱底、预制墙体水平接缝受剪承载力的计算，在后处理结果中的配筋简图以及单构件信息查询中可以查看（图 6.7-7、图 6.7-8）。

上面两张图中框选部分钢筋表示程序进行构件竖向接缝抗剪承载力计算所需配置的钢筋面积。

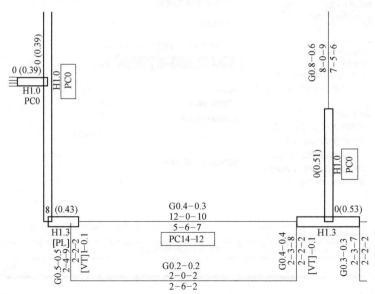

图 6.7-7　部分预制构件计算配筋简图

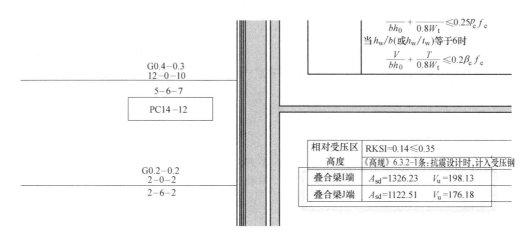

图 6.7-8　叠合梁构件计算书

2. 装配式结构计算与传统现浇结构差别

装配式结构用 PKPM 等软件进行计算时，周期折减系数、梁刚度放大系数、扭矩折减系数等系数选取及个别部位的验算与传统设计有细微的差别，具体如下：

（1）周期折减系数的选取。装配式建筑中大多采用非砌体预制轻质墙板或空心条板与主体结构柔性连接，其对整体结构的刚度贡献不大。对于采用外浇内挂形式的外围现浇剪力墙体系，由于外墙板作为剪力墙的外模板，同时又是外保温板，与外剪力墙浇筑成一体。这种情况中外墙板对结构刚度的贡献不容忽视。建议周期折减系数选小值。综合上述两种因素，周期折减系数的最终取值与传统现浇结构相近。

（2）梁刚度放大系数的选取。装配式建筑中大都采用叠合板和叠合梁，梁板的上部现浇层厚度与传统现浇板厚度相比较小，即计算梁刚度可考虑的翼缘厚度小，对梁刚度贡献减小，因此梁刚度放大系数宜比传统现浇结构要小。

（3）梁扭矩折减系数的选取。与"梁刚度放大系数的选取"原理相似，梁扭矩折减系数同样是考虑楼板的刚度贡献。针对叠合板现浇层厚度不同，该系数应有所差别。

（4）《广东省装标》中规定装配式结构中的现浇部分地震内力宜乘以不小于 1.1 的增大系数。预制剪力墙的接缝对墙抗侧刚度有一定的削弱作用，为调整弹性计算的内力分布，对现浇墙肢在地震作用下的弯矩和剪力进行放大，而不降低预制剪力墙的内力，对结构偏于安全。

（5）装配式建筑增加了预制构件连接之间的接缝受剪承载力验算。装配整体式建筑特征之一是预制构件之间采用湿连接，接缝的强度是结构整体性能的关键，因此，对接缝的承载力验算很有必要。相关验算要求详见《广东省装标》。

四、构件配筋设计

1. 剪力墙配筋

图 6.7-9 为图 6.7-3 中剪力墙的计算配筋简图。

本项目预制构件剪力墙均设置构造边缘构件（约束边缘构件所在楼层剪力墙均现浇）。以图 6.7-3 中的剪力墙构件为例，根据《高规》表 7.2.16，该剪力墙符合表中"其他部

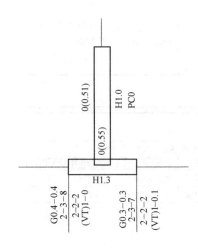

图 6.7-9 剪力墙构件计算配筋简图

位"三级的条件,构造边缘区域内竖向钢筋按 $0.005A_c$ 计算。

根据图 6.7-10(a)中边缘构件区域的划分,墙厚 200mm,下端构造边缘区域 $A_c=200\times(200+300)=1000cm^2$,$0.005\times A_c=500mm^2$,则该区域需配置竖向钢筋 8Φ10($A_s=8\times78.5=628mm^2$),大于 4Φ12($A_s=452.4mm^2$),但根据《高规》表 7.2.16,构造边缘构件竖向钢筋直径最小为 12mm,故配置 8Φ12,箍筋配置Φ8@200。上端构造边缘区域 $A_c=20\times400=800cm^2$,$0.005A_c=400mm^2$,该区域需配置竖向钢筋 6Φ10($A_s=6\times78.5=471mm^2$),实配 6Φ12,箍筋配置Φ8@200。翼缘部分水平分布筋电算要求为 H1.3,即按输入墙水平筋间距 200mm 范围内双侧水平筋面积和为 130mm²,$130\div2=65mm^2$,配置Φ10@200(200mm 内双侧 $A_s=78.5\times2=157mm^2>130mm^2$),配筋率为 $157\div200\div200=0.425\%>0.25\%$,满足《高规》第 7.2.17 条(强条)要求。同样的方法,墙肢腹板段水平分布筋计算结果 H1.0,$100\div2=50mm^2$,配置Φ8@200,竖向分布钢筋均按规范最小配筋率的要求进行配置,实配Φ8@200 即可,但根据《抗规》第 6.4.4 条,竖向分布筋直径不宜小于 10mm,实配Φ10@200。其配筋详图如图 6.7-10(b)所示。

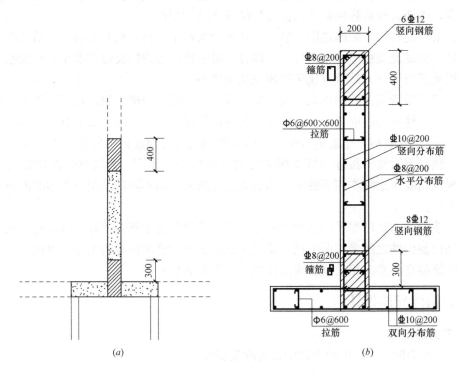

(a)　　　　　　　　　　　　　　(b)

图 6.7-10 计算墙肢构造边缘划分及配筋

(a)边缘构件划分图;(b)剪力墙配筋大样

预制剪力墙竖向钢筋采用套筒灌浆形式连接，考虑施工的方便性，剪力墙竖向分布钢筋采用"梅花形"连接方式。根据《装标》第5.7.10条的规定，连接分布钢筋需满足墙体最小配筋率的要求，且直径不应小于12mm，未连接分布钢筋直径不应小于6mm。套筒选用GT12型号，套筒外径32mm，内径23mm，套筒长度140mm。因此，该剪力墙预制构件内钢筋设计与常规设计有所区别，如图6.7-11（b）所示。根据电算配筋结果，接缝处无须另加抗剪钢筋。

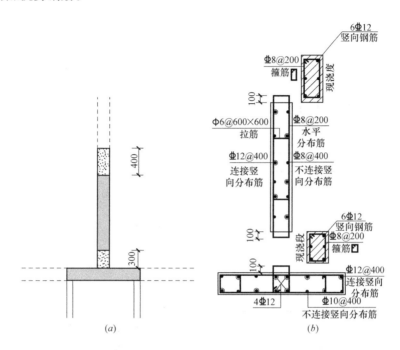

图 6.7-11　预制剪力墙拆分及配筋大样图

（a）剪力墙拆分图；（b）构件配筋大样图

2. 叠合梁配筋

本项目除屋面层及现浇圈梁外，其他梁均采用叠合梁。以图6.7-12（a）中程序输出梁配筋结果为例，此梁截面200×400，梁面拉通筋为$2\Phi22$，梁底拉通筋$3\Phi20$（$A_s=3\times314.2=9.43cm^2>7cm^2$），支座筋设计为$2\Phi22+1\Phi18$（$A_s=10.14cm^2>9cm^2$），箍筋$\Phi8@100/200$（2）（$A_s=2\times50.3=1.006cm^2>0.8cm^2$）。因该梁截面高度小于450mm，无须设置腰筋。该梁底及梁面均为3根钢筋与剪力墙连接，钢筋间净距只有40mm左右，施工吊装安装较困难。因此在进行预制构件钢筋设计时，该梁面筋设计为$2\Phi25$拉通，底筋为$2\Phi22$拉通，既满足计算要求，又方便施工。配筋图详见图6.7-12（b）。

本项目叠合梁连接部位选在梁端，其与剪力墙采用图6.7-13和图6.7-14所示的形式连接。

3. 水平现浇带设计

本项目除图面层外，墙板相接处均设置水平现浇带。其中外墙水平现浇带编号为SHJD1，内墙水平现浇带编号为SHJD2，如图6.7-15所示，其配筋大样详图如图6.7-16所示，水平现浇带配筋见表6.7-2。

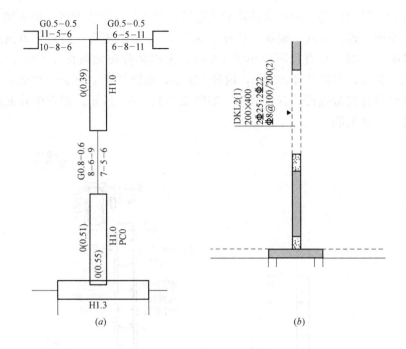

图 6.7-12　预制叠合梁配筋图

（*a*）电算配筋结果；（*b*）叠合梁配筋图

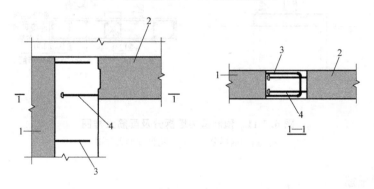

图 6.7-13　预制连梁钢筋在后浇段内锚固构造示意

1—预制剪力墙；2—预制连梁；3—边缘构件箍筋；4—连梁下部纵向受力钢筋锚固或连接

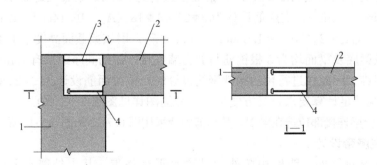

图 6.7-14　预制连梁钢筋在预制剪力墙局部后浇节点区内锚固构造示意

1—预制剪力墙；2—预制连梁；3—边缘构件箍筋；4—连梁下部纵向受力钢筋锚固或连接

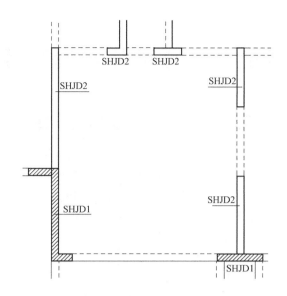

图 6.7-15 水平现浇带平面布置图

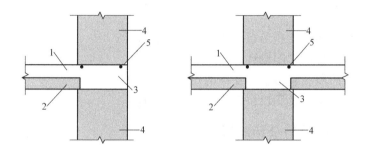

图 6.7-16 水平现浇带配筋示意图

1—后浇混凝土叠合层；2—预制板；3—水平后浇带；4—预制墙板；
5—纵向钢筋

水平现浇带配筋表 表 6.7-2

现浇带部位	现浇带编号	现浇带配筋
外墙	SHJD1	2Φ14
内墙	SHJD2	2Φ12

第七章　楼面板与屋面板

第一节　楼盖的类型与布置

装配式结构可采用叠合楼盖、全预制楼盖，也可采用现浇楼盖。叠合板是在预制混凝土底板上，后续配筋、浇筑而形成整体的构件。叠合层与现浇层可靠连接形成一个整体共同承受外力的楼板，可在不同结构体系中应用。叠合板包括普通叠合板和预应力叠合板，两者在制作上，主要区别在于预制混凝土底板上是否配置有预应力钢丝束等预应力筋。普通叠合板包括未设置桁架钢筋混凝土叠合板和桁架钢筋混凝土叠合板；预应力楼板包括带肋预应力叠合板、空心预应力叠合板和双 T 形预应力叠合板。

叠合板设计的内容主要包括：

（1）划分现浇楼板和叠合板的范围，确定叠合板的类型；

（2）选用单向板或双向板方案，进行楼板拆分设计；

（3）构件受力分析；

（4）连接设计，包括支座节点、接缝及结合面设计；

（5）预制楼板构件制作图设计；

（6）施工安装阶段预制板临时支撑的布置和要求；

（7）设备埋件、留孔及洞口位置补强等细部设计。

一、普通叠合楼盖与全预制楼盖

1. 普通叠合楼盖

采用不同形式和厚度的叠合板其受力性能有所不同。《装规》规定叠合楼板应按现行国家标准《混规》进行设计，并应符合下列规定：①叠合板的预制板厚度不宜小于 60mm；后浇混凝土叠合层厚度不应小于 60mm；②当叠合板的预制板采用空心板时，板端空腔应封堵；③跨度大于 3m 的叠合板，宜采用钢筋混凝土桁架筋叠合板；④跨度大于 6m 的叠合板，宜采用预应力混凝土叠合板；⑤厚度大于 180mm 的叠合板，宜采用混凝土空心板。

普通叠合楼板的预制底板一般厚 60mm，包括有桁架筋预制底板和无桁架筋预制底板。预制底板安装后绑扎叠合层钢筋，浇筑混凝土，形成整体受弯楼盖。

普通叠合楼板按现行《装规》的规定可做到 6m 长，宽度一般不超过运输限宽，如果在工地预制，可以做得更宽。

叠合楼板构件制作的关键质量控制为表面不小于 4mm 的粗糙面，严禁出现浮浆问题。

（1）有桁架钢筋的普通叠合板

桁架钢筋叠合板目前在市场上广泛使用，其构造示意如图 7.1-1 所示。非预应力叠合板用桁架筋主要起增强刚度和抗剪作用，如图 7.1-2 所示。《装规》规定：桁架钢筋混凝土叠合板应满足下列要求：

1）桁架钢筋沿主要受力方向布置。

2）桁架钢筋距离板边不应大于 300mm，间距不宜大于 600mm。

3）桁架钢筋弦杆钢筋直径不宜小于 8mm，腹杆钢筋直径不应小于 4mm。

4）桁架钢筋弦杆混凝土保护层厚度不应小于 15mm。

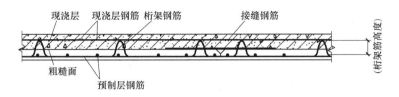

图 7.1-1　桁架钢筋叠合楼盖

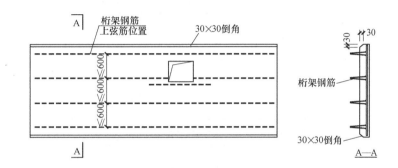

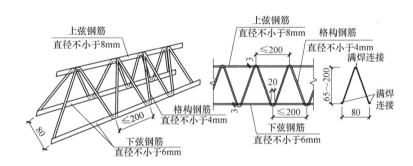

图 7.1-2　叠合板的预制板设置桁架钢筋构造示意

（2）无桁架钢筋的普通叠合板

依据《装规》规定，当未设置桁架钢筋时，在下列情况下叠合板的预制板与后浇混凝土叠合层之间应设置抗剪构造钢筋（图 7.1-3）：

1）单向叠合板跨度大于 4.0m 时，距支座 1/4 跨范围内；

2）双向叠合板短向跨度大于 4.0m 时，距四边支座 1/4 短跨范围内；

3）悬挑叠合板；

4）悬挑叠合板的上部纵向受力钢筋在相邻叠合板的后浇混凝土锚固范围内。

叠合板的预制板与后浇混凝土叠合层之间设置的抗剪构造钢筋应符合下列规定（图 7.1-3）：

1）抗剪构造钢筋宜采用马镫形状，间距不大于 400mm，钢筋直径 d 不应小于 6mm；

2）马镫钢筋宜伸到叠合板上、下部纵向钢筋处，预埋在预制板内的总长度不应小于 15d，水平段长度不应小于 50mm。

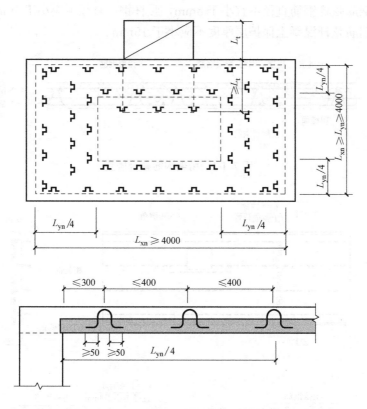

图 7.1-3　叠合板设置马镫示意图

2. 全预制楼盖

全预制楼盖（图 7.1-4）主要用于全装配式建筑。全预制楼盖多用于多层框架结构建筑，可用于跨度较大的住宅、写字楼建筑。全预制楼盖的连接节点拼缝如图 7.1-5、图 7.1-6 所示。

图 7.1-4　全预制楼盖

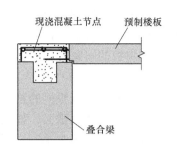

图 7.1-5 全预制楼盖支座节点构造

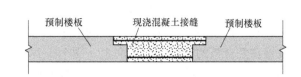

图 7.1-6 全预制楼盖拼缝节点构造

二、叠合楼盖的布置

1. 楼盖现浇与预制范围的确定

装配整体式混凝土结构中，当部分楼层或局部范围设置现浇时，现浇楼板按常规方法设计。《装标》对高层装配整体式混凝土结构楼盖现浇与预制范围做了以下规定：

（1）结构转换层和作为上部结构嵌固部位的楼层宜采用现浇楼盖；

（2）屋面层和平面受力复杂的楼层宜采用现浇楼盖，当采用叠合楼盖时，楼板的后浇混凝土叠合层厚度不应小于 100mm，且后浇层内应采用双向通长配筋，钢筋直径不宜小于 8mm，间距不宜大于 200mm。

通常在通过管线较多且对平面整体性要求较高的剪力墙核心筒区域楼盖采取现浇，当采取叠合楼板时，需采取整体式接缝以加强结构平面整体性，整体式接缝构造要求详见本章第三节。

2. 楼盖的拆分原则

根据接缝构造、支座构造和长宽比，叠合板可按照单向叠合板或者双向叠合板进行设计。当按照双向板设计时，同一板块内，可采用整块的叠合双向板或者几块预制板通过整体式接缝组合成的叠合双向板；当按照单向板设计时，几块叠合板各自作为单向板进行设计，板侧采用分离式接缝即可。

《装规》规定：当预制板之间采用分离式接缝时，宜按单向板设计。对长宽比不大于 3 的四边支承叠合板，当其预制板之间采用整体式接缝或无接缝时，可按双向板计算。叠合板的预制板布置形式如图 7.1-7 所示。

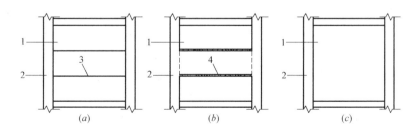

图 7.1-7 叠合板的预制板块布置形式示意

（a）单向叠合板；（b）带接缝的双向叠合板；（c）无接缝双向叠合板

1—预制板；2—梁或墙；3—板侧分离式接缝；4—板侧整体式接缝

叠合板作为结构构件，其拆分设计主要由结构工程师确定。不同的拆分方法、接缝构造决定了叠合板是按单向板设计还是按双向板设计。从结构合理性考虑，拆分原则如下：

（1）当按单向板设计时，应沿板的次要受力方向拆分。将板的短跨方向作为叠合板的支座，沿着长跨方向进行拆分，此时板缝垂直于板的长边 [图 7.1-7（a）]。

（2）当按双向板设计时，在板的最小受力部位拆分。如双向叠合板板侧的整体式接缝宜设置在叠合板的次要受力方向上 [图 7.1-7（b）]，且宜避开最大弯矩截面。如双向板尺寸不大，采用无接缝双向叠合板，仅在板四周与梁或墙交接处拆分 [图 7.1-7（c）]。

（3）叠合板的拆分应注意与柱相交位置预留切角（图 7.1-8）。

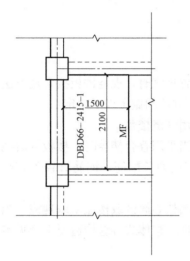

图 7.1-8　板拆分与柱相交
位置预留切角

（4）板的宽度不超过运输超宽的限制和工厂生产线模台宽度的限制。

（5）为降低生产成本，尽可能统一或减少板的规格。预制板宜取相同宽度，可将大板均分，也可按照一个统一的模数，视实际情况而定。如双向叠合板，拆分时可适当通过板缝调节，将预制板宽度调成一致。

（6）有管线穿过的楼板，拆分时须考虑避免与钢筋或桁架筋的冲突。

（7）顶棚无吊顶时，板缝宜避开灯具、接线盒或吊扇位置。

根据交通部《超限运输车辆行驶公路管理规定》，货车总宽度不能超过 2.55m，当预制板尺寸超过运输宽度限制时，应考虑运输是否可行。目前，市场上生产预制楼板的模台包括流转模台和固定模台，常用流转模台的规格有 4m×9m、3.8m×12m、3.5m×12m，常用的固定模台的规格有 4m×9m、3m×12m、3.5m×12m。预制板拆分越宽，接缝越少，标准化程度则越低。

第二节　叠合板分析计算

楼板系统作为重要的水平构件，必须承受竖向荷载，并把它们传给竖向体系；同时还必须承受水平荷载，并把它们分配给竖向抗侧力体系。一般地，近似假定叠合板在其自身平面内无限刚性，减少结构分析的自由度，提高结构分析效率。叠合板设计必须保证整体性及传递水平力的要求，但因结构首层、结构转换层、平面复杂或开洞较大的楼层、作为上部结构嵌固部位的地下室楼层对整体性及传递水平力的要求较高，《装规》规定这些部位宜采用现浇楼板，当然也可采用叠合板，把现浇层适当加厚。

《装规》（行标）未给出叠合楼板计算的具体要求，其平面内抗剪、抗拉和抗弯设计验算可按常规现浇楼板进行。当桁架钢筋布置方向为主受力方向时，预制底板受力钢筋计算方式等同现浇楼板，桁架下弦杆钢筋可作为板底受力钢筋，按照计算结果确定钢筋直径、间距。

安装时需要布置支撑并进行支撑布置计算，应当考虑预制底板上面的施工荷载及堆载。设计人员应当根据支撑布置图进行二次验算，设计预制底板受力钢筋、桁架下弦钢筋

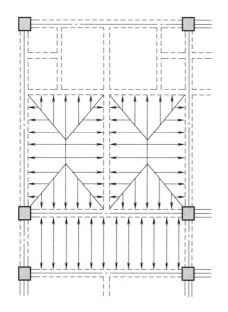

图 7.2-1　楼板导荷示意图

直径、间距。

第一阶段是后浇的叠合层混凝土未达到强度设计值之前的阶段。荷载由预制板承担，预制板根据支撑按简支或多跨连续梁计算；荷载包括预制板自重、叠合层自重以及本阶段的施工活荷载。

第二阶段是叠合层混凝土达到设计规定的强度值之后的阶段。叠合板按整体结构计算。荷载考虑下列两种情况并取较大值：施工阶段：考虑叠合板自重、面层、吊顶等自重以及本阶段的施工活荷载；使用阶段：考虑叠合板自重、面层、吊顶等自重以及使用阶段的可变荷载。

单向板导荷方式按对边传导，双向板按梯形三角形四边传导，如图 7.2-1 所示。

应注意，当拆分前整板为双向板，如果拆分成单向板后，叠合板传递到梁、柱的荷载与整板导荷方式存在一定差异，计算时需人为调整板荷传导方式。

一、叠合板抗弯、抗剪计算

1. 正截面受弯承载力计算

预制板和叠合板的正截面受弯承载力应按《混规》第 6.2 节计算，其中，弯矩设计值应按下列规定取用：

预制板

$$M_1 = M_{1G} + M_{1Q} \tag{7.2-1}$$

叠合板的正弯矩区段

$$M = M_{1G} + M_{2G} + M_{2Q} \tag{7.2-2}$$

叠合板的负弯矩区段

$$M = M_{2G} + M_{2Q} \tag{7.2-3}$$

式中　M_{1G}——预制板自重和叠合层自重在计算截面产生的弯矩设计值；

M_{2G}——第二阶段面层、吊顶等自重在计算截面产生的弯矩设计值；

M_{1Q}——第一阶段施工活荷载在计算截面产生的弯矩设计值；

M_{2Q}——第二阶段可变荷载在计算截面产生的弯矩设计值，取本阶段施工活荷载和使用阶段可变荷载在计算截面产生的弯矩设计值中的较大值。

在计算中，正弯矩区段的混凝土强度等级，按叠合层取用；负弯矩区段的混凝土强度等级，按计算截面受压区的实际情况取用。

2. 斜截面受剪承载力计算

楼板一般不需抗剪计算，当有必要时，预制板和叠合板的斜截面受剪承载力，应按《混规》第 6.3 节的有关规定进行计算。其中，剪力设计值应按下列规定取用：

预制板

$$V_1 = V_{1G} + V_{1Q} \tag{7.2-4}$$

叠合板

$$V = V_{1G} + V_{2G} + V_{2Q} \tag{7.2-5}$$

式中　V_{1G}——预制板自重和叠合层自重在计算截面产生的剪力设计值；

　　　V_{2G}——第二阶段面层、吊顶等自重在计算截面产生的剪力设计值；

　　　V_{1Q}——第一阶段施工活荷载在计算截面产生的剪力设计值；

　　　V_{2Q}——第二阶段可变荷载产生的剪力设计值，取本阶段施工活荷载和使用阶段可变荷载在计算截面产生的剪力设计值中的较大值。

二、正常使用极限状态设计

钢筋混凝土叠合板在荷载准永久组合下，其纵向受拉钢筋的应力 σ_{sq} 应符合下列规定：

$$\sigma_{sq} \leqslant 0.9 f_y \tag{7.2-6}$$

$$\sigma_{sq} = \sigma_{s1k} + \sigma_{s2q} \tag{7.2-7}$$

式中　σ_{s1k}——制板纵向受拉钢筋的应力标准值；

　　　σ_{s2q}——叠合板纵向受拉钢筋中的应力增量。

在弯矩 M_{1Gk} 作用下，预制板纵向受拉钢筋的应力 σ_{s1k} 可按下列公式计算：

$$\sigma_{s1k} = \frac{M_{1Gk}}{0.87 A_s h_{01}} \tag{7.2-8}$$

式中　M_{1Gk}——预制构件自重、预制楼板自重和叠合层自重标准值在计算截面产生的弯矩值；

　　　h_{01}——预制板截面有效高度。

在荷载准永久组合相应的弯矩 M_{2q} 作用下，叠合板纵向受拉钢筋中的应力增量 σ_{s2q} 可按下列公式计算：

$$\sigma_{s2q} = \frac{0.5 \left(1 + \dfrac{h_1}{h}\right) M_{2q}}{0.87 A_s h_0} \tag{7.2-9}$$

当 $M_{1Gk} < 0.35 M_{1u}$ 时，公式（7.2-9）中的 $0.5\left(1+\dfrac{h_1}{h}\right)$ 值应取 1.0；此处，M_{1u} 为预制板正截面受弯承载力设计值，应按《混规》第 6.2 节计算，但式中应取等号，并以 M_{1u} 代替 M。

1. 裂缝控制验算

按荷载准永久组合或标准组合并考虑长期作用影响的最大裂缝宽度 w_{max} 可按下列公式计算：

$$w_{max} = 2 \frac{\psi(\sigma_{s1k} + \sigma_{s2q})}{E_s} \left(1.9c + 0.08 \frac{d_{eq}}{\rho_{te1}}\right) \tag{7.2-10}$$

$$\psi = 1.1 - \frac{0.65 f_{tk1}}{\rho_{te1} \sigma_{s1k} + \rho_{te} \sigma_{s2q}} \tag{7.2-11}$$

式中　C——最外层纵向受接钢筋外边缘至受拉区底边的距离（mm）；当 $C < 20$ 时，取

$C=20$；当 $C>65$ 时，取 $C=65$；

ψ——裂缝间纵向受拉钢筋应变不均匀系数；当 $\psi<0.2$ 时，取 $\psi=0.2$；当 $\psi>1.0$ 时，取 $\psi=1.0$；对直接承受重复荷载的构件，取 $\psi=1.0$；

d_{eq}——受拉区纵向钢筋的等效直径，按《混规》第 7.1.2 条的规定计算；

ρ_{te1}、ρ_{te}——按预制板、叠合板的有效受拉混凝土截面面积计算的纵向受拉钢筋配筋率，按《混规》第 7.1.2 条计算；

f_{tk1}——预制板的混凝土抗拉强度标准值。

最大裂缝宽度 w_{max} 不应超过《混规》第 3.4 节规定的最大裂缝宽度限值。

2. 挠度验算

叠合板应按《混规》第 7.2.1 条的规定进行正常使用极限状态下的挠度验算。其中，叠合板按荷载准永久组合或标准组合并考虑长期作用影响的刚度可按下列公式计算：

钢筋混凝土构件

$$B=\frac{M_q}{\left(\dfrac{B_{s2}}{B_{s1}}-1\right)M_{1Gk}+\theta M_q}B_{s2} \tag{7.2-12}$$

$$M_k=M_{1Gk}+M_{2k} \tag{7.2-13}$$

$$M_q=M_{1Gk}+M_{2Gk}+\psi_q M_{2Qk} \tag{7.2-14}$$

式中 θ——考虑荷载长期作用对挠度增大的影响系数，按《混规》第 7.2.5 条采用；

M_k——叠合板按荷载标准组合计算的弯矩值；

M_q——叠合板按荷载准永久组合计算的弯矩值；

B_{s1}——预制板的短期刚度，按《混规》第 H.0.10 条取用；

B_{s2}——叠合板第二阶段的短期刚度，按《混规》第 H.0.10 条取用；

M_{2k}——第二阶段荷载标准组合下在计算截面产生的弯矩值，取 $M_{2k}=M_{2Gk}+M_{2Qk}$；

ψ_q——第二阶段可变荷载的准永久值系数。

荷载准永久组合或标准组合下叠合板正弯矩区段内的短期刚度，可按下列规定计算：

（1）预制板的短期刚度 B_{s1} 可按《混规》公式（7.2.3-1）计算。

（2）叠合板第二阶段的短期刚度可按下列公式计算：

$$B_{s2}=\frac{E_s A_s h_0^2}{0.7+0.6\dfrac{h_1}{h}+\dfrac{45\alpha_E\rho}{1+3.5\gamma'_f}} \tag{7.2-15}$$

式中 α_E——钢筋弹性模量与叠合层混凝土弹性模量的比值：$\alpha_E=\dfrac{E_s}{E_{c2}}$；

γ'_f——受压翼缘截面面积与腹板有效截面面积的比值。

荷载准永久组合或标准组合下叠合式受弯构件负弯矩区段内第二阶段的短期刚度 B_{s2} 可按《混规》公式（7.2.3-1）计算，其中，弹性模量的比值取 $\alpha_E=\dfrac{E_s}{E_{c1}}$。

三、叠合面及板端连接处接缝计算

未配置抗剪钢筋的叠合板，水平叠合面的粗糙度应符合《装规》（行标）的有关规定，可按下列公式进行水平叠合面的抗剪验算：

$$\frac{V}{bh_0} \leqslant 0.4(\mathrm{N/mm^2}) \tag{7.2-16}$$

式中　V——叠合板验算截面处剪力；

　　　b——叠合板宽度；

　　　h_0——叠合板有效高度。

第三节　构造要求

一、支座节点构造

叠合板现浇层内板负筋按《混规》要求设计，预制部分的钢筋锚入支座，《装规》（行标）规定：

（1）叠合板支座处，预制板内的纵向受力钢筋宜从板端伸出并锚入支承梁或墙的后浇混凝土中，锚固长度不应小于 $5d$（d 为纵向受力钢筋直径），且宜过支座中心线，如图 7.3-1（a）所示。

（2）单向叠合板的板侧支座处，当预制板内的板底分布钢筋伸入支承梁或墙的后浇混凝土中时应符合（1）的要求；当板底分布钢筋不伸入支座时，宜在紧邻预制板顶面的后浇混凝土叠合层中设置附加钢筋，附加钢筋截面面积不宜小于预制板内的同向分布钢筋面积，间距不宜大于 600mm，在板的后浇混凝土叠合层内锚固长度不应小于 $15d$，在支座内锚固长度不应小于 $15d$（d 为附加钢筋直径），且宜过支座中心线，如图 7.3-1（b）所示。

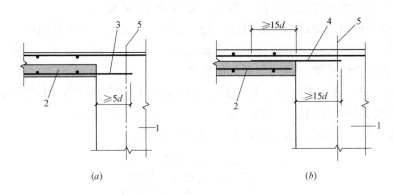

(a)　　　　　　　　　　　　　　　　　(b)

图 7.3-1　叠合板端及板侧支座构造示意

（a）板端支座；（b）板侧支座

1—支承梁或墙；2—预制板；3—纵向受力钢筋；4—附加钢筋；5—支座中心线

《装标》规定，当桁架钢筋混凝土叠合板板端支座构造满足以下条件时，也可采取支座附加钢筋的形式：当桁架钢筋混凝土叠合板的后浇混凝土叠合层厚度不小于 100mm 且不小于预制板厚度的 1.5 倍时，支承端预制板内纵向受力钢筋可采用间接搭接方式锚入支承梁或墙的后浇混凝土中（图 7.3-2），并应符合下列规定：

（1）附加钢筋的面积应通过计算确定，且不应少于受力方向跨中板底钢筋面积的 1/3。

（2）附加钢筋直径不宜小于 8mm，间距不宜大于 250mm。

（3）当附加钢筋为构造钢筋时，伸入楼板的长度不应小于与板底钢筋的受压搭接长度，伸入支座的长度不应小于 15d（d 为附加钢筋直径）且宜伸过支座中心线；当附加钢筋承受拉力时，伸入楼板的长度不应小于与板底钢筋的受拉搭接长度。伸入支座的长度不应小于受拉钢筋锚固长度。

（4）垂直于附加钢筋的方向应布置横向分布钢筋，在搭接范围内不宜少于 3 根，且钢筋直径不宜小于 6mm，间距不宜大于 250mm。

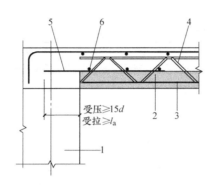

图 7.3-2　桁架钢筋混凝土叠合板板端构造示意
1—支撑梁或墙；2—预制板；3—板底钢筋；4—桁架钢筋；5—附加钢筋；6—横向分布钢筋

二、接缝构造设计

1. 分离式接缝

《装规》规定：单项叠合板板侧的分离式接缝宜配置附加钢筋，并应符合下列规定：

（1）接缝处紧邻预制板顶面宜设置垂直于板缝的附加钢筋，附加钢筋伸入两侧后浇混凝土叠合层的锚固长度不应小于 15d（d 为附加钢筋直径）。

（2）附加钢筋截面面积不宜小于预制板中该方向钢筋面积，钢筋直径不宜小于 6mm，间距不宜大于 250mm，如图 7.3-3 所示。

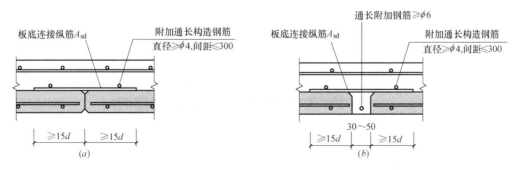

图 7.3-3　单向叠合板板侧拼缝构造
（a）密拼接缝；（b）后浇小接缝

采用密拼接缝形式板底往往会有明显的裂纹，当不处理或不吊顶时，会对美观有一些影响。后浇小接缝拼接形式通过项目实践效果不错。

2. 整体式接缝

国家标准《装标》规定，双向叠合板板侧的整体式接缝宜设置在叠合板的次要受力方向且宜避开最大弯矩截面。接缝可采用后浇带形式（图7.3-4），并应符合下列规定：

（1）后浇带宽度不宜小于200mm。

（2）后浇带两侧板底纵向受力钢筋可在后浇带中焊接、搭接、弯折锚固、机械连接。

（3）当后浇带两侧板底纵向受力钢筋在后浇带中搭接连接时，应符合下列规定：

1）预制板板底外伸钢筋为直线形时［图7.3-4（a）］，钢筋搭接长度应符合现行国家

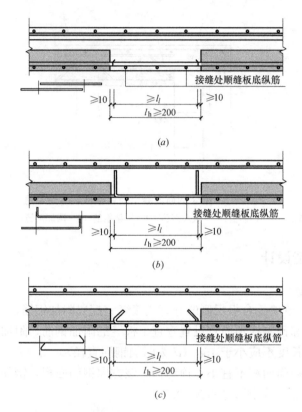

（a）

（b）

（c）

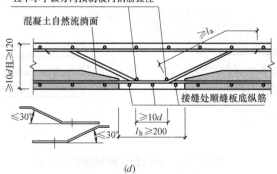

（d）

图7.3-4 整体式拼缝构造大样

（a）板底纵筋直线搭接；（b）板底纵筋末端带90°弯钩搭接；
（c）板底纵筋末端带135°弯钩搭接；（d）板底纵筋弯折锚固

标准《混规》的有关规定；

2）预制板板底外伸钢筋端部为 90°或 135°弯钩时［图 7.3-4（b）、（c）］，钢筋搭接长度应符合现行国家标准《混规》有关钢筋锚固长度的规定，90°和 135°弯钩钢筋弯后直段长度分别为 12d 和 5d（d 为钢筋直径）。

图 7.3-4（d）这种接缝预制、施工都很麻烦，目前已很少有工程使用。

第四节　叠合板施工验算

1. 叠合板吊点位置

叠合板脱模吊点应多点布置，当构件长宽方向尺寸均大时，每个方向吊点应均匀布置，每个吊点之间的距离不应大于 1500mm，吊点距板端长度可按吊点间距的 1/2 计算，当构件较轻时，吊点可直接吊桁架上弦筋，当构件重量超过 1t，应单独设置吊环，且吊环钢筋应置于面筋之下，如图 7.4-1 所示。起吊器具应采用横梁方式起吊，使构件上吊点均匀受力，如图 7.4-2 所示。

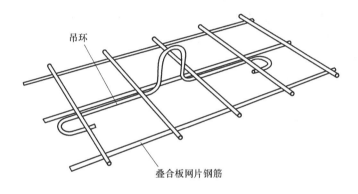

图 7.4-1　吊环埋设示意图

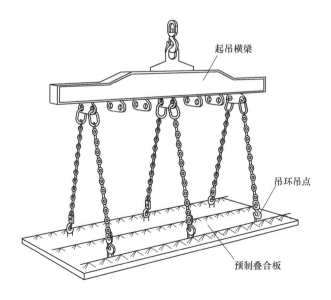

图 7.4-2　叠合板脱模起吊示意图

当叠合板较宽时，宜在宽度方向增加钢筋桁架。

2. 叠合板预埋件

在叠合板埋件的设计中，设计者选择好埋件类型并确定埋件位置后，需对埋件承载力进行验算。叠合板预埋件强度可按下式进行验算：

（1）脱模埋件承载力验算

根据《装规》（行标），单个吊点荷载可按下式计算：

$$Q=\frac{\beta_{d}G_{k}+q_{s}A}{n} \text{且} nQ \geqslant 1.5\text{kN} \tag{7.4-1}$$

根据《混凝土结构工程施工规范》GB 50666—2011，单个吊点荷载可按下式计算：

$$Q=\frac{\gamma_{1}G_{k}}{n} \tag{7.4-2}$$

式中：Q——单个吊点荷载 kN；

β_{d}——动力系数，可参考表7.4-1；

G_{k}——构件重力荷载标准值 kN；

q_{s}——单位面积脱模吸附力 kN/m²，与构件厂生产设备及条件有关，《装规》（行标）规定不得小于1.5kN/m²；

A——构件接触面积 m²；

γ_{1}——脱模吸附系数，可参考表7.4-2取值；

n——埋件个数。

单个埋件设计承载力计算：

$$N_{t}^{b}=\frac{\pi d_{e}^{2}}{4}x f_{t}^{b} \tag{7.4-3}$$

式中　N_{t}^{b}——单个埋件设计承载力；

d_{e}——埋件直径；

f_{t}^{b}——埋件抗拉强度设计值。

比较上述两种计算方法，第一种方法考虑了国内预制混凝土平板的工程应用经验，并参考了日本标准和我国台湾地区的经验进行修正而来，比第二种方法更为全面。

动力系数　　　　　　　　　　　　　　　　表7.4-1

阶段	动力系数
支撑阶段	1.2
运输阶段	1.5
安装阶段	1.2

注：1. 上述系数仅适用于以受弯为主的构件；

2. 上述系数均为参考值，在某些不利条件下需加大荷载系数值；

3. 如果存在相应的活荷载或者风荷载，可以适当考虑荷载组合。

PCI手册的脱模吸附力系数取值　　　　　　表7.4-2

构建类型	模具表面情况	
	外露骨料且涂脱模剂	光滑模具（仅涂油）
带活动侧模且无槽口、槽边的平板	1.2	1.3
带活动侧模且有槽口、槽边的平板	1.3	1.4
有斜槽的板（如T形板）	1.4	1.6
有雕饰面的板及其他情况	1.5	1.7

埋件抗拔计算：

$$P_u = 0.7\beta_h f_t \eta u_m h_0 \qquad (7.4\text{-}4)$$

$$\eta = 0.4 + \frac{1.2}{\beta_h} \qquad (7.4\text{-}5)$$

式中　P_u——单个埋件抗拔力；

$\quad\quad\ \beta_h$——截面高度影响系数，按《混规》第 6.5.1 条取值；

$\quad\quad\ f_t$——混凝土轴心抗拉强度设计值；

$\quad\quad\ \eta$——局部荷载或集中反力作用面积形状的影响系数；

$\quad\quad\ u_m$——临界截面的周长；

$\quad\quad\ h_0$——埋件埋深。

根据《混规》第 9.7.5 条，预制构件宜采用内埋式螺母、内埋式吊杆或预留吊装孔，并采用配套的专用吊具实现吊装，也可采用吊环吊装。《混规》第 9.7.6 条规定，吊环应采用 HPB300 钢筋或 Q235B 圆钢，并应符合下列规定：

1）吊环锚入混凝土中的深度不应小于 $30d$ 并应焊接或绑扎在钢筋骨架上，d 为吊环钢筋或圆钢的直径。

2）应验算在荷载标准值作用下的吊环应力，验算时每个吊环可按两个截面计算。对 HPB300 钢筋，吊环应力不应大于 65N/mm^2；对 Q235B 圆钢，吊环应力不应大于 50N/mm^2。

3）当在一个构件上设有 4 个吊环时，应按 3 个吊环进行计算。

（2）定位埋件承载力验算

单个埋件所承受板面受风最大荷载计算：

$$Q = \frac{n \times w_k \times S}{N} \qquad (7.4\text{-}6)$$

$$w_k = \beta_z \mu_z \mu_s w_0 \qquad (7.4\text{-}7)$$

式中：n——荷载分享系数；

$\quad\quad w_k$——风荷载标准值；

$\quad\quad\ S$——构件面积；

$\quad\quad\ N$——定位埋件数量；

$\quad\quad\ \beta_z$——风振系数；

$\quad\quad\ \mu_z$——风压高度变化系数；

$\quad\quad\ \mu_s$——体型系数；

$\quad\quad\ w_0$——基本风压值。

埋件的承载力设计值及抗拔设计值可根据式（7.4-3）、式（7.4-4）、式（7.4-5）进行计算，需满足 $Q < P_u$、$Q < N_t^b$。

3. 码放和成品保护

为防止构件在堆放时损坏，要求对场地堆放进行平整硬化，场内无积水；构件码放高度不宜超过 6 层，垫木应均匀搁置在混凝土表面，其位置基本与吊点位置一致，每层垫木应上下对齐，防止构件产生负弯矩应力集中而导致开裂、弯曲或翘曲等变形，如图 7.4-3 所示。

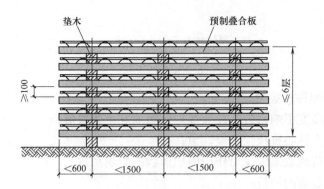

图 7.4-3　叠合板码放示意图

4. 安装

预制叠合板安装主要采用独立支架及轻型工字横梁做临时支撑，临时支撑的布置方向应与预制叠合板桁架钢筋的方向垂直，应进行施工验算得出临时支撑的间距位置。

一般在 $2kN/m^2$ 的施工荷载条件下，临时支撑间距不宜超过 1.5m，叠合板荷载不靠板端支座处搭接在支撑构件或现浇模具上承受，主要由临时支撑承受，板端支座支撑不超过 600mm 布置。

底板混凝土的强度达到设计强度等级的 100% 后方可进行施工安装。底板就位前应在跨内及距离支座 500mm 处设置由竖撑和横梁组成的临时支撑。支撑顶面应可靠抄平，以保证底板平整。多层建筑中各层竖撑宜设置在一条竖线上，临时支撑拆除应符合现行国家相关标准的规定，一般应保持持续两层有支撑。叠合板安装示意如图 7.4-4 所示。

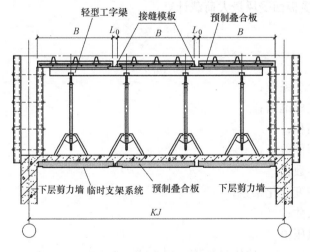

图 7.4-4　叠合板安装示意图

第五节　图面表达及案例分析

一、图面表达

1. 施工图应表达的内容

（1）预制板布置平面图，图中需表达预制板的划分，注明预制板的跨度方向、厚度、板号、数量及板底标高，标出预留洞口大小及位置；

（2）现浇层配筋平面图，与现浇混凝土结构一样，施工图表达的内容包括混凝土等级、现浇层的厚度及钢筋布置、搭接、锚固要求；

（3）预制板大样图，包括模板图和配筋图，需注明预制板的详细尺寸、钢筋分布及规格；

（4）连接节点大样详图，包括叠合板板间拼缝大样详图和与支承梁的连接节点大样详图。

2. 深化设计施工详图应表达的内容

（1）在预制板大样详图中绘制钢筋具体布置图，包括受力钢筋、分布钢筋的布置以及钢筋搭接或者连接方式及长度和根数、下料长度；

（2）在预制板大样详图中标注吊点及吊件的位置，各种预埋管线、孔洞、线盒及各种管线的吊挂预埋螺母等；

（3）给出运输、安装方案需要的吊件、零时安装件；

（4）给出设备需要预埋的管线、线盒，需要预留的孔洞、吊灯预埋件；

（5）给出钢筋下料表，表内包括预制板编号、长度、宽度、混凝土总体积，预制板钢筋种类、数量、尺寸、钢筋总重量；

（6）运输、吊装、安装顺序方案；

（7）临时阶段验算的力学计算书。

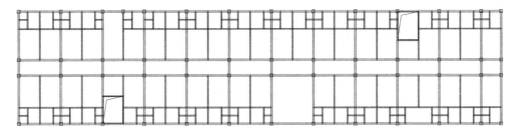

图 7.5-1　标准层平面布置图

应根据具体工程的特别要求来设计。

二、案例分析

某学校宿舍拟采用装配式框架结构，宿舍的标准层结构平面布置如图 7.5-1 所示，宿舍的标准开间建筑平面布置如图 7.5-2 所示。

预制板布置时，应尽量选择标准化程度高的板型，避免不规则板、设备管线复杂部位。对于本项目，预制部位与现浇部位的划分如图 7.5-3所示（图中阴影部分为预制，非阴影部分为现浇）。卫生间与阳台部分根据建筑需求降板，做法较复杂，且此处防水要求高，因而该部分采取现浇楼板。

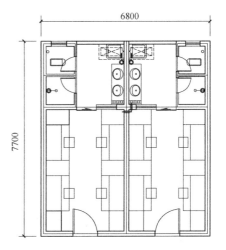

图 7.5-2　标准开间建筑平面布置图

　　在叠合板拆分时，应尽量选择拆分板块一致，并且避免板拼缝位置在弯矩较大处预留。本项目采用的叠合板预制板厚为 60mm，现浇层 60mm，混凝土强度同主体结构。选取具有代表性的局部楼板进行分析，预制板尺寸划分如图 7.5-4 所示，以梁边为边界，长宽比大于 3 为单向板，如图中 DLB1，长宽比小于 2 为双向板，如图中 DLB2、DLB3。

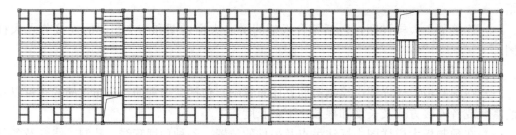

图 7.5-3　板平面布置图

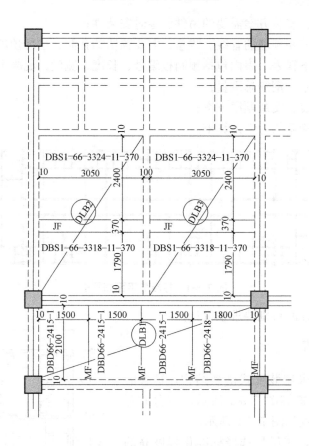

图 7.5-4　预制板平面布置图（局部）

注：预制板布置编号时，部分与柱相交的板块，因要根据柱角尺寸预留缺口，与其他相同尺寸的板在制作时有所不同，要区分编号。

　　叠合板依据国家建筑标准设计图集《桁架钢筋混凝土叠合板》15G366-1 的编号规则进行编号（图 7.5-5、图 7.5-6）：

　　（1）单向叠合板用底板编号

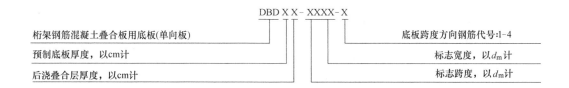

图 7.5-5　单向叠合板用底板编号

（2）双向叠合板用底板编号

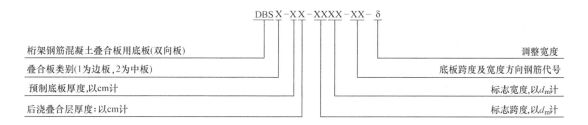

图 7.5-6　双向叠合板用底板编号

取编号 DLB3 整块楼板进行计算，计算过程如下：

（1）基本资料

叠合双向板（四边固接），混凝土强度等级 C30，钢筋强度等级 HRB400，$h=120\text{mm}$，$l_x=3300\text{mm}$，$l_y=4800\text{mm}$，$g=4.50\text{kN/m}^2$，$q=2.00\text{kN/m}^2$

（2）计算结果

1）跨中弯矩及配筋

$M_x=3.74\text{kN}\cdot\text{m}$；$A_{sx}=214.93\text{mm}^2$，实配：$\Phi8@200$（$A_s=251.3\text{mm}^2$）

$M_y=1.95\text{kN}\cdot\text{m}$；$A_{sy}=214.93\text{mm}^2$，实配：$\Phi8@200$（$A_s=251.3\text{mm}^2$）

2）支座弯矩及配筋

$M'_x=6.63\text{kN}\cdot\text{m}$；$A'_{sx}=214.93\text{mm}^2$

实配（左侧）＝实配（右侧）：$\Phi8@200$（$A_s=251.3\text{mm}^2$）

$M'_y=5.09\text{kN}\cdot\text{m}$；$A'_{sy}=214.93\text{mm}^2$

实配（下侧）＝实配（上侧）：$\Phi8@200$（$A_s=251.3\text{mm}^2$）

（3）裂缝宽度验算

1）X 方向板带跨中裂缝

$M_q=2.51\text{kN}\cdot\text{m}$，$F_{tk}=2.01\text{N/mm}^2$，$h_0=96\text{mm}$，$A_s=251\text{mm}^2$

矩形截面，$A_{te}=0.5\times b\times h=60000\text{mm}^2$；$\rho_{te}=0.004$

当 $\rho_{te}<0.01$ 时，取 $\rho_{te}=0.01$

$\sigma_{sq}=M_q/(0.87\times h_0\times A_s)=119.422\text{N/mm}^2$

裂缝间纵向受拉钢筋应变不均匀系数 ψ，按下列公式计算

$\psi=1.1-0.65\times f_{tk}/(\rho_{te}\times\sigma_{sq})=0.008$

当 $\psi<0.2$ 时，取 $\psi=0.2$

$\omega_{max} = \alpha_{cr} \times \psi \times \sigma_{sq}/E_s \times (1.9c + 0.08 \times D_{eq}/\rho_{te}) = 0.023$

$\omega_{max} = 0.023 \leqslant 0.3mm$，满足规范要求。

2）Y 方向板带跨中裂缝，计算方法同上得：

$\omega_{max} = 0.013 \leqslant 0.3mm$，满足规范要求。

3）左端支座跨中裂缝，计算方法同上得：

$\omega_{max} = 0.100 \leqslant 0.3mm$，满足规范要求。

4）下端支座跨中裂缝，计算方法同上得：

$\omega_{max} = 0.047 \leqslant 0.3mm$，满足规范要求。

5）右端支座跨中裂缝，计算方法同上得：

$\omega_{max} = 0.100 \leqslant 0.3mm$，满足规范要求。

6）上端支座跨中裂缝，计算方法同上得：

$\omega_{max} = 0.047 \leqslant 0.3mm$，满足规范要求。

（4）跨中挠度验算

X 方向挠度验算参数：

M_q——按荷载效应的准永久组合计算的弯矩值

$M_q = 2.51kN \cdot m$，$h_0 = 101mm$，$A_s = 251mm^2$

$E_s = 200000N/mm^2$，$E_c = 29791N/mm^2$，$F_y = 360N/mm^2$，$F_{tk} = 2.01N/mm^2$

1）裂缝间纵向受拉钢筋应变不均匀系数 ψ：

矩形截面，$A_{te} = 0.5 \times b \times h = 60000mm^2$；$\rho_{te} = 0.004$

$\sigma_{sq} = M_q/(0.87 \times h_0 \times A_s) = 113.510N/mm^2$

裂缝间纵向受拉钢筋应变不均匀系数 ψ，按下列公式计算：

$\psi = 1.1 - 0.65 \times f_{tk}/(\rho_{te} \times \sigma_{sq}) = -1.642$

当 $\psi < 0.2$ 时，取 $\psi = 0.2$

2）钢筋弹性模量与混凝土模量的比值 α_E：

$\alpha_E = E_s/E_c = 200000/29791 = 6.713$

3）受压翼缘面积与腹板有效面积的比值 γ_f'：

矩形截面，$\gamma_f' = 0$

4）纵向受拉钢筋配筋率：

$\rho = A_s/bh_0 = 0.00249$

5）钢筋混凝土受弯构件的 B_s 按以下公式计算：

$B_s = E_s \times A_s \times h_0^2/[1.15\psi + 0.2 + 6 \times \alpha_E \times \rho/(1 + 3.5\gamma_f')] = 967.04\,62kN \cdot m^2$

6）考虑荷载长期效应组合对挠度影响增大影响系数 θ：

按《混规》第 7.2.5 条，当 $\rho' = 0$ 时，$\theta = 2.0$

7）受弯构件的长期刚度 B，可按下列公式计算：

$B = B_s/\theta = 483.52$

8）跨中挠度可按下列公式计算：

$d_{ef} = \dfrac{k \times Q_l \times L^4}{B} = 2.890mm$；$f/L = 1/1142$，满足规范要求。

Y 方向挠度验算同上：

$d_{ef}=3.464mm$；$f/L=1/953$，满足规范要求。

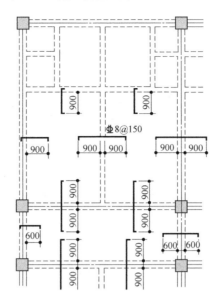

图 7.5-7　叠合板现浇层配筋图

注：图中未注明的支座配筋为⚊8@200。

区别于现浇楼盖，装配式楼盖施工图需要对现浇层和预制板分别进行配筋。现浇层的配筋如图 7.5-7 所示，叠合楼盖预制板的大样图包括模板大样图、配筋大样图和钢筋下料表。取两块代表性的预制板绘制详图及钢筋下料表如下（图 7.5-8、图 7.5-9、表 7.5-1、表 7.5-2）：

DBD66-2415-1 钢筋下料表　　　　　　　　　　　　　　　　　　　表 7.5-1

编号	预制底板长度 L (mm)	预制底板宽度 B (mm)	预制底板钢筋①②④				预制底板桁架筋③			
			编号	直径	根数	尺寸	编号	直径	根数	尺寸
DBD66-2415-1	2120	150	①	8	9	2400	③a	8	3	2020
			②	6	13	1470	③b	8	6	2020
							③c	6	6	间距 200mm

单块预制混凝土体积：0.19m³，钢筋重量：20.35kg

DBS1-66-3324-11-370-A 钢筋下料表　　　　　　　　　　　　　　表 7.5-2

编号	预制底板长度 L (mm)	预制底板宽度 B (mm)	预制底板钢筋①②④				预制底板桁架筋③			
			编号	直径	根数	尺寸	编号	直径	根数	尺寸
DBS1-66-3324-11-370-A（1块）	3070	2400	①	8	14	3300	③a	8	4	2970
			②	8	15	40⌐2815	③b	8	6	2970
			④	8	2	2370	③c	6	8	间距 200mm

单块预制混凝土体积：0.44m³，钢筋重量：49.56kg

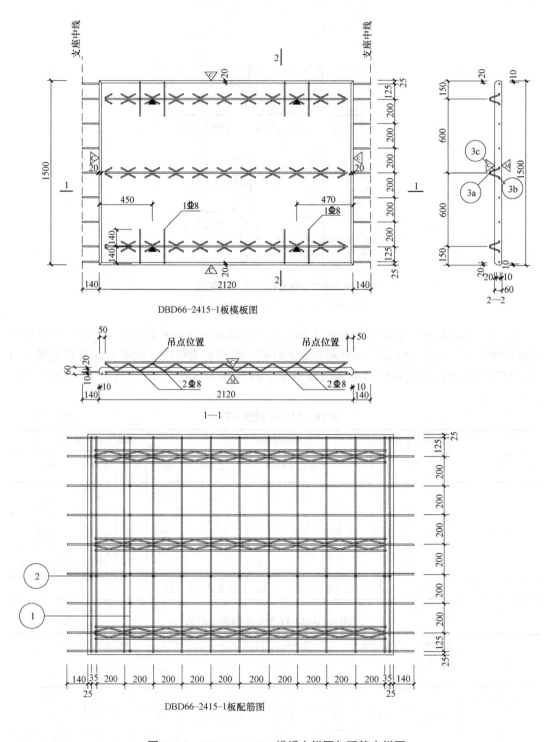

图 7.5-8　DBD66-2415-1 模板大样图与配筋大样图

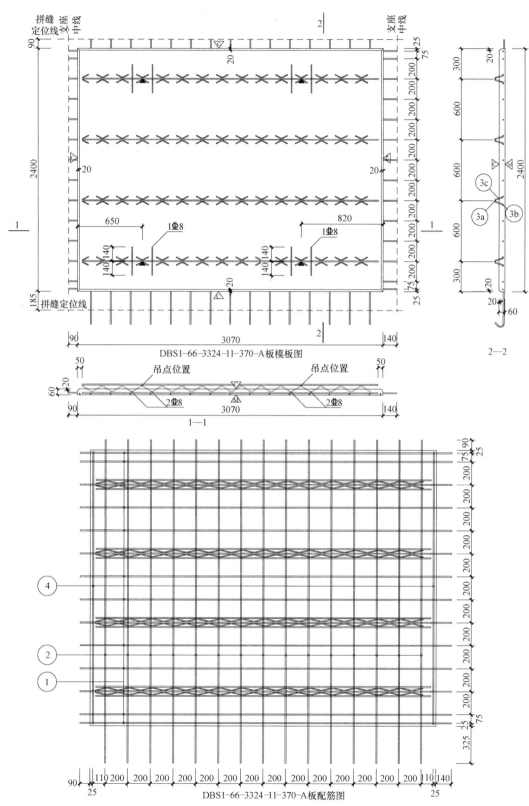

图 7.5-9　DBS1-66-3324-11-370-A 模板大样图与配筋大样图

  DLB1 板间的拼缝采取分离式接缝，构造大样如图 7.5-10 所示。为保证楼板的整体性及传递水平力的要求，预制板内的纵向受力钢筋在板端宜伸入支座，并应符合现浇楼板下部纵向钢筋的构造要求。在预制板侧面，即单向板长边支座，为了加工及施工方便，可不伸出构造钢筋，但应采用附加钢筋的方式，保证楼面的整体性及连续性。

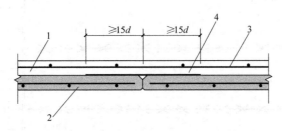

图 7.5-10　单向叠合板侧分离式拼缝构造示意

1—后浇混凝土叠合层；2—预制板；3—后浇层内钢筋取 Φ8@200；4—附加钢筋取 Φ8@200

  DLB2、DLB3 板间的拼缝采取整体式接缝，构造大样如图 7.5-11 所示。

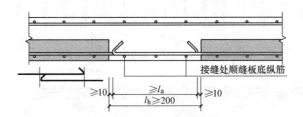

图 7.5-11　叠合板整体式接缝

（板底纵筋末端带 135°弯钩搭接）

第八章　预制混凝土内隔墙与其他非结构构件

第一节　内　隔　墙

一、概述

内隔墙采用轻质墙体好，常用增强水泥条板、石膏条板、轻混凝土条板、植物纤维条板、泡沫水泥条板、硅镁条板和蒸压加气混凝土板。

我国常用蒸压加气混凝土板做内隔墙（图 8.1-1）。蒸压加气混凝土板具有重量轻、强度高、防火、隔声、加工好、施工方便和价格便宜等优点，但布置管线不如轻钢龙骨石膏板墙方便。蒸压加气混凝土板在制造过程中，内部形成了微小的气孔，这些气孔在材料中形成空气层，大大提高了保温隔热效果，使加气混凝土的导热系数仅为 0.11～0.16W/(m·k)，保温效果是普通混凝土的 10 倍，在寒冷地区可以降低取暖费用，在炎热地区可以降低空调电量消耗。同时，加气混凝土的多孔结构使其具备了良好的吸声、隔声性能，可以创造出高气密性的室内空间，提供宁静舒适的生活工作环境。加气混凝土板的耐火性好，耐火度为 700 度，为一级耐火材料，

图 8.1-1　蒸压加气混凝土板内墙示意图

100mm 厚的板材耐火性能达 225min，200mm 厚的板材耐火性能达到 480min。同时，加气混凝土板还具有环保的优点，制造、运输、使用过程中无污染，保护耕地，节能降耗，属于绿色环保建材。由于采用了优质河沙和粉煤灰作为硅质材料，墙体收缩值小，其收缩值仅为 0.1～0.5mm/m，而收缩值偏小的材料可以减小墙体开裂，耐久性好，因此。蒸压加气混凝土板在我国逐步得到应用。

二、设计要求

国家建筑标准设计图集《蒸压加气混凝土砌块、板材构造》13J104 中设计要求如下：

（1）隔声：加气混凝土板墙体的厚度可根据设计要求按表 8.1-1 选用。分户墙的空气声计权隔声量应≥45dB。如采用双层墙体设计，双层墙体的间距一般为 10～50mm，作为空气隔声层或填入吸声材料，如玻璃棉、岩棉等。分室墙空气声计权隔声量应≥35dB。

（2）防火：蒸压加气混凝土板的防火性能可根据设计要求按表 8.1-2 选用。

蒸压加气混凝土板内隔墙隔声性能 表 8.1-1

隔墙做法	构造示意	计权隔声量 R_w(dB)
100mm 厚板材墙体双面刮腻子	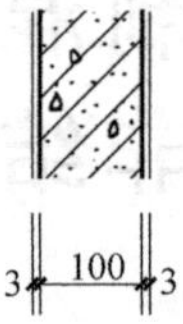 3 100 3	39.0
150mm 厚板材墙体无抹灰层	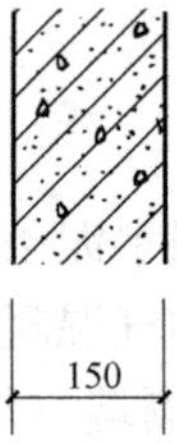 150	46.0
200mm 厚板材墙体双面刮腻子	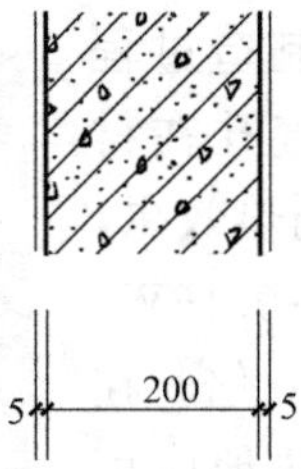 5 200 5	49.0
两道 75mm 厚板材墙体双面薄抹灰	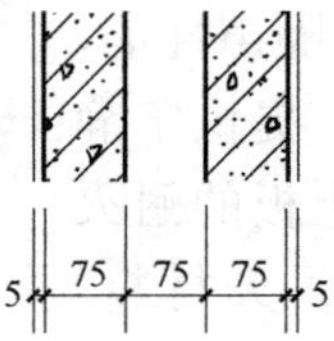 5 75 75 75 5	56.0

蒸压加气混凝土板内隔墙耐火性能 表 8.1-2

用　途	蒸压加气混凝土板厚度(mm)	耐火极限(h)
内隔墙	75	2
	100	3.5
	150	>4
	200	>5

（3）防潮防水：在潮湿环境下安装加气混凝土板内隔墙，墙体设计应有防潮及防水措施。沿隔墙设计水池、水箱、面盆等设备时，墙面应做涂刷防水涂料等防水设计。厨房、卫生间的隔墙不宜采用石膏板等不耐水产品，除采用相应的防水措施，隔墙下部还应做 C20 细石混凝土坎台，如图 8.1-2 所示。

（4）管线开槽：目前在现浇结构中，加气混凝土板内隔墙在需要预埋水电管线时，通常在现场完成。一般是在板材安装完毕后，且板缝内粘结剂达到设计强度后进行，开槽深度不应大于 15mm，宜避开主要受力钢筋，可以直接沿纵向板长方向开槽。因为一般板内配置两层钢筋网，所以也可小距离横向开槽。

单网片配筋加气混凝土墙板开槽深度不得大于板厚的 1/3，且不得破坏钢筋的防锈层。开槽时应先用切割机切出轮廓，不能直接用凿子硬砸，有需要时可用管卡件将管线固定在墙上。敷设完管道后用聚合物砂浆或粘结剂抹平并做防裂处理。因为接线盒或配电箱需要开大型孔洞时板材可以根据需要打穿，安装结束后用聚合物砂浆或粘结剂抹平抹实即可，如图 8.1-3 所示。在装配式建筑中，为减少现场湿作业，可在工厂完成管线开槽。

（5）墙面吊挂：隔墙需要吊挂重物时，应根据使用要求设计埋件（诸如热水器、洗手盆、暖气片、室内外空调等）。墙板上安装轻便吊件、挂钩等可采用

图 8.1-2　卫生间加气混凝土板内隔墙底部混凝土坎台示意图

自攻钉直接固定即可；墙板上安装重物（脸盆、暖气片、热水器、洗手盆、吊柜、室内外空调等）可用≥10 膨胀螺栓或对穿螺栓（将作用力传递到墙上）固定，如图 8.1-4 所示。

图 8.1-3　加气混凝土板内墙开槽示意图

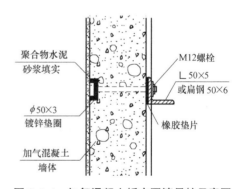

图 8.1-4　加气混凝土板内隔墙吊挂示意图

（6）防锈：当采用金属件作为进入或穿过加气混凝土板的连接构件时，应有防锈保护措施，如涂防锈漆。

（7）保温：根据各地区建筑节能标准的不同，在采暖地区安装分户隔墙、楼梯间隔墙时，应设计保温层。内墙热工指标如图 8.1-5 所示。

（8）防盗：防盗要求标准高的隔墙，不宜设计轻质条板隔墙。

（9）不应采用加气混凝土板的情况：建筑物防潮层以下的外墙、长期处于浸水和化学侵蚀环境的部位和表面温度经常处于 80℃以上环境的部位。

三、蒸压加气混凝土内隔墙板规格

蒸压加气混凝土内隔墙板常用尺寸见表 8.1-3。

内墙构造做法示意图	蒸压加气混凝土板密度(kg/m³)	蒸压加气混凝土板墙体厚度 D(mm)	传热阻 R_0 $[(m^2 \cdot K)/W]$	传热系数 K_{2d} $[W/(m^2 \cdot K)]$
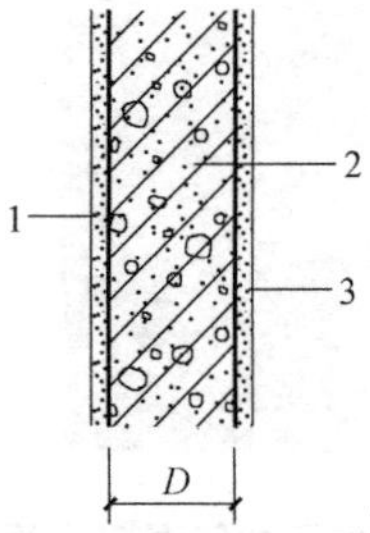	400	100	0.78	1.06
		125	0.97	0.88
		150	1.17	0.76
		175	1.36	0.66
		200	1.55	0.59
	500	100	0.64	1.26
		125	0.79	1.05
		150	0.95	0.90
		175	1.11	0.79
		200	1.26	0.70
	600	100	0.54	1.44
		125	0.67	1.21
		150	0.80	1.04
		175	0.93	0.92
		200	1.06	0.82

表 C25　蒸压加气混凝土板内墙热工指标选用表

1. 饰面层
2. D 厚内墙板
3. 饰面层

注:1. 表 C25 可用于分隔采暖与非采暖空间的隔墙,即有热工性能要求的蒸压加气混凝土板内墙。

2. 蒸压加气混凝土板内墙(灰缝≤3),灰缝影响系数取 1.00。

蒸压加气混凝土板内墙热工指标选用表	图集号	13J104

图 8.1-5　加气混凝土板内墙热工指标选用表

常用规格 (单位: mm)　　　　　　　　　　　　　　　　　表 8.1-3

长度(L)	宽度(B)	厚度(D)
1800~6000(300 模数进位)	600	75、100、125、150、175、200、250、300
		120、180、240

注: 其他非常用规格和单项工程的实际制作尺寸由供需双方协商确定。

四、蒸压加气混凝土内隔墙板与主体结构的连接及墙板之间的连接

在非抗震地区,加气混凝土板内隔墙与主体结构、顶板和地面连接可采用刚性连接方法;在抗震设防烈度 8 度和 8 度以下地区,加气混凝土板内隔墙与顶板或结构梁间应采用镀锌钢板卡件固定,并设柔性材料。如使用非镀锌钢板卡件固定,钢板卡件应做防锈处理。蒸压加气混凝土内隔墙板一般采用竖装,也可以采用横装。竖装多用于多层及高层民用建筑,横装多用于工业厂房及部分大型公共建筑。竖装和横装均应保证板两端和主体结构的可靠连接。国家建筑标准设计图集《蒸压轻质砂加气混凝土(AAC)砌块和板材结

构构造》06CG01 详细给出了 U 形卡法、直接钢件法、钩头螺栓法和管卡法等节点构造做法，如图 8.1-6、图 8.1-7 所示。内墙板常用固定法为 U 形卡法、管卡法及勾头螺栓法。其中，勾头螺栓法因需要焊接故主要用于钢结构。内墙板与梁柱板等结构结合处的做法分为表面处理和板缝处理。表面处理即在表面刮腻子时在结合处加铺一道 200mm 宽的耐碱

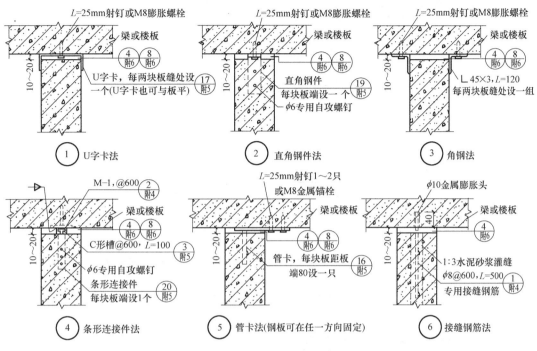

图 8.1-6　混凝土结构蒸压加气混凝土板内隔墙顶与主体连接示意图

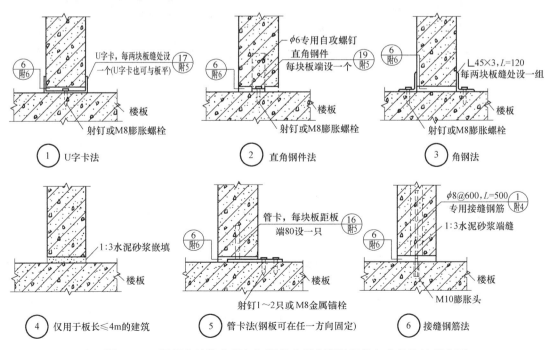

图 8.1-7　混凝土结构蒸压加气混凝土板内隔墙根部与主体连接示意图

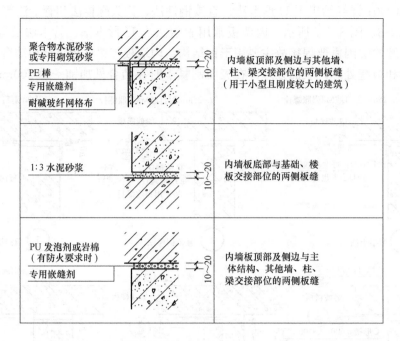

图 8.1-8　混凝土结构蒸压加气混凝土板内隔墙之间板缝连接示意图

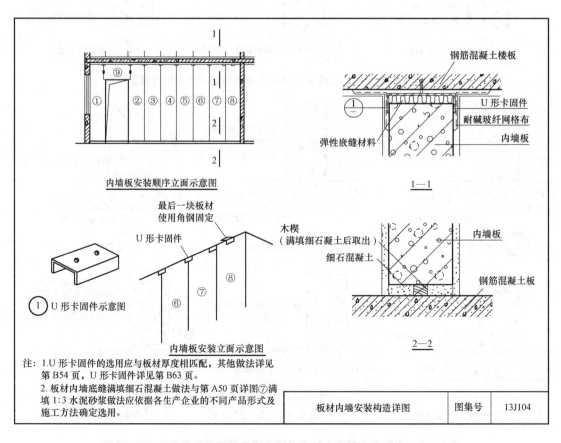

注：1. U 形卡固件的选用应与板材厚度相匹配，其他做法详见
第 B54 页，U 形卡固件详见第 B63 页。
2. 板材内墙底缝满填细石凝土做法与第 A50 页详图⑦满
填 1:3 水泥砂浆做法应依据各生产企业的不同产品形式及
施工方法确定选用。

板材内墙安装构造详图	图集号	13J104

图 8.1-9　混凝土结构蒸压加气混凝土板内隔墙安装示意图（一）

网格布（两侧各 100mm）。板缝处理为连接处留 10～20mm 的缝隙，当跨度较小（≤6m）时缝中用粘结砂浆挤实；当跨度较大（＞6m）时为防止温度等收缩变形，缝中用发泡剂填充（有防火要求时将发泡剂改为岩棉），如图 8.1-8 所示。为了内墙板与主体结构更可靠地连接，墙顶上部的预制梁可以在工厂预制时就埋入预埋件，如图 8.1-11 所示。

钢筋混凝土结构内墙板顶部固定 U 形卡固件示例图　　　内墙竖板顶部连接构造示例图　　　内墙竖板垂直找平示例图

内墙板底部构造示例图　　　钢筋混凝土柱与内墙板侧柔性连接构造示例图

| 板材内墙安装示例图 | 图集号 | 13J104 |

图 8.1-10　混凝土结构蒸压加气混凝土板内隔墙安装示意图（二）

用于内墙的蒸压加气混凝土板常用断面为：（1）平口：靠粘结剂粘合，易开裂，很少使用；（2）企口：即凹凸槽接口，侧面打浆后挤紧相互嵌合，整体性及结构性好，易施工，应用最广。如图 8.1-12 所示。

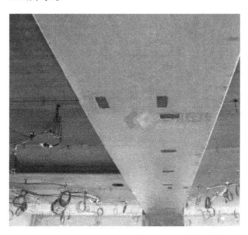

图 8.1-11　混凝土结构梁下预埋件示意图

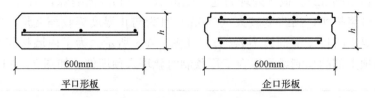

平口形板　　　　　　　　　企口形板

图 8.1-12　内墙加气混凝土板断面示意图

第二节　楼　　梯

一、预制楼梯类型

楼梯是建筑主要的竖向交通通道和重要的逃生通道，是现代产业化建筑的重要组成部分。在工厂预制楼梯远比现浇更方便、精致，安装后马上就可以使用，给工地施工带来了很大的便利，提高了施工安全性。

预制楼梯的设计应在满足建筑使用功能的基础上，符合标准化和模数化的要求。板式楼梯有双跑楼梯和剪刀楼梯。双跑楼梯一层楼两跑，长度较短；剪刀楼梯一层楼一跑，长度较长。如图 8.2-1 所示。对于板式楼梯，可参考国家建筑标准设计图集《预制钢筋混凝土板式楼梯》15G367-1 中大样。

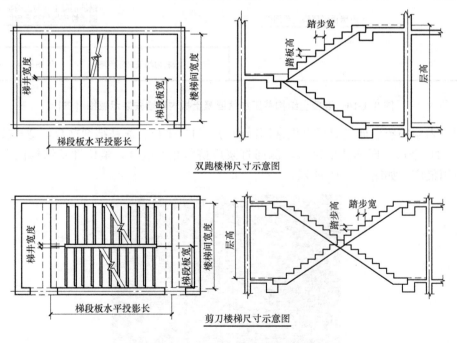

双跑楼梯尺寸示意图

剪刀楼梯尺寸示意图

图 8.2-1　双跑楼梯与剪刀楼梯

二、预制楼梯与支承构件的连接节点

楼梯作为竖向疏散通道，是建筑物中的主要垂直交通空间，是安全疏散的重要通道。

在火灾、地震等危险情况下，楼梯间疏散能力的大小直接影响着人民生命的安全。2008年汶川地震，大量震害资料显示了楼梯的重要性。楼梯不倒塌就能保证人员有疏散通道，更大程度保证了人民生命安全。《抗规》第6.1.15条规定："楼梯构件与主体结构整浇时，应计入楼梯构件对地震作用及其效应的影响，应进行楼梯构件的抗震承载力验算；宜采取构造措施，减少楼梯构件对主体结构刚度的影响"。采取构造措施，减少楼梯对主体结构的影响是目前设计行业最简便、可行、可控的方法。

预制楼梯与支承构件连接有三种方式：一端固定铰接点一端滑动铰接点的简支方式、一端固定支座一端滑动支座的方式和两端都是固定支座的方式。

1. 简支方式

预制楼梯一端设置固定铰如图8.2-2所示，另一端设置滑动铰如图8.2-3所示，其中，预制楼梯设置滑动铰的端部应采取防止滑落的构造措施。其转动及滑动变形能力应满足结构层间位移的要求且预制楼梯端部在支承构件上的最小搁置长度应符合表8.2-1的规定。

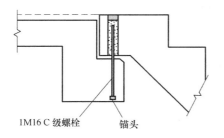

图8.2-2 固定铰节点

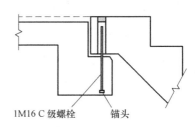

图8.2-3 滑动铰节点

预制楼梯在支承构件上的最小搁置长度 表8.2-1

抗震设防烈度	6度	7度	8度
最小搁置长度(mm)	75	75	100

2. 固定与滑动方式

预制楼梯上端设置固定端，与支承结构现浇混凝土连接（图8.2-4）；下端设置滑动

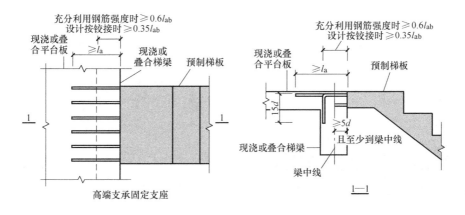

图8.2-4 固定端节点

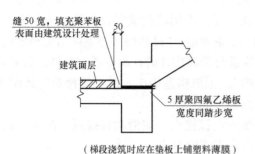

缝50宽,填充聚苯板
表面由建筑设计处理

建筑面层

5厚聚四氟乙烯板
宽度同踏步宽

（梯段浇筑时应在垫板上铺塑料薄膜）

图 8.2-5　滑动支座节点

支承结构现浇混凝土连接。

支座,放置在支撑体系上（图 8.2-5）。滑动支座也可作为耗能支座,根据实际情况选择软钢支座、高阻尼橡胶支座等减隔震支座。地震时滑动支座可限量伸缩变形,既消耗了地震能量,又保证了梯段的安全性。滑动支座能减少楼梯段对主体结构的影响,这种连接形式是减少主体结构的震动对楼梯的损伤最常见的设计方式。

3. 两端固定方式

预制楼梯上下两端都设置固定支座,与支承结构现浇混凝土连接。

日本装配式建筑的楼梯不做两端都固定支座连接,据介绍是因为地震中楼梯是逃生通道,应该避免与主体结构互相作用造成损坏。

三、预制楼梯在生产和施工阶段的验算

1. 预制楼梯的制作和吊装

预制楼梯的浇筑方式主要有卧式和立式两种:卧式浇筑特点是:人工抹平面较大,需要进行脱模验算;立式浇筑特点是:3面光滑,将楼梯从模具移出时不易发生剐蹭,人工抹平面较小,不需进行脱模验算,如图 8.2-6～图 8.2-13 所示。预制楼梯吊装、安装和梯面保护如图 8.2-14～图 8.2-16 所示。

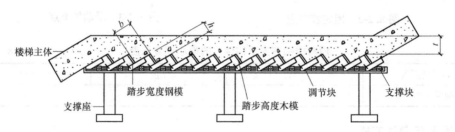

图 8.2-6　卧式浇筑示意图

图 8.2-7　卧式浇筑模具

图 8.2-8　绑扎好的钢筋

图 8.2-9　绑扎好的钢筋放入卧式浇筑模具

图 8.2-10　预埋件放入卧式浇筑模具

图 8.2-11　卧式模具浇筑混凝土

图 8.2-12　卧式模具预制楼梯脱模吊装

图 8.2-13　预制楼梯立式浇筑模具

图 8.2-14　预制楼梯吊装

2. 预制楼梯的运输和堆放

预制楼梯采用低跑平板车平放运输（图 8.2-17）；进场后，应进行逐块到场验收，包括外观质量、几何尺寸、预埋件位置等，发现不合格应予以退场。堆放场地须平整、结实，并做 100mm 厚 C15 混凝土垫层，堆放区应在塔吊工作范围内。梯段应水平分层分型号（左、右）码垛，每垛不超过 5 块，层与层之间用垫木分开，且垫实垫平，各层垫木在一条垂直线上，支点一般为吊装孔位置，最下面一根垫木通长，如图 8.2-18 所示。

图 8.2-15　预制楼梯安装

图 8.2-16　预制楼梯面的保护

图 8.2-17　预制楼梯运输

图 8.2-18　预制楼梯堆放

3. 预制构件吊装验算

由于预制混凝土构件的预制层厚度一般比较小，构件在吊装过程中，容易出现开裂问题。因此，考虑构件在吊装中的开裂问题是不容忽视的工序。对于预制构件，施工时的受力情况可能与最终的受力情况不同，最不利的荷载工况可能出现在吊装阶段，有可能构件的配筋由吊装阶段控制，要保证构件在吊装时的安全性，有必要对预制构件吊装进行验算。吊装验算的内容包括确定吊点位置、抗弯强度的验算、抗裂强度的验算。

（1）脱模起吊

预制构件与模板之间存在吸附力，有两种算法（详见第七章第四节），在脱模起吊时应进行计算。此处以一种算法为例，可以通过引入脱模吸附系数 γ_1 来考虑：

$$F_1 = \gamma_1 G_k \qquad\qquad (8.2\text{-}1)$$

式中：F_1——脱模起吊荷载；

$\qquad\gamma_1$——脱模吸附系数；

$\qquad G_k$——预制构件自重标准值。

脱模吸附系数 γ_1 与构件和模具表面的情况有很大关系。基于一些工程实践经验，《混凝土结构工程施工规范》GB 50666—2011 规定脱模吸附系数取为 1.5，并根据构件和模具表面具体情况进行适当修正。对于较复杂情况，γ_1 可以通过试验来确定。本工程验算

中取 $\gamma_1 = 1.5$。

（2）预制构件的吊运

预制构件的吊运可分为直吊、平吊和翻转吊等。在吊装验算时，对吊运过程中的动荷载和冲击力应予以考虑。《混凝土结构工程施工规范》GB 50666—2011 通过引入动力系数 γ_2 来考虑动力作用：

$$F_2 = \gamma_2 G_k \tag{8.2-2}$$

式中：F_2——构件吊运荷载；

$\qquad \gamma_2$——动力系数。

考虑到吊运过程中的复杂性与重要性，施工规范将 γ_2 取为 1.5。当有可靠经验时，γ_2 也可根据实际受力情况进行修正。本工程亦将动力系数取为 1.5。

由于脱模起吊和构件吊运不会同时发生，所以 γ_1 与 γ_2 不用连乘。若脱模系数 γ_1 与动力系数 γ_2 取相同值，且脱模起吊的吊点与构件吊运时的吊点一致时，考虑到混凝土强度的不断增长，脱模起吊工况为最不利的施工工况，只需验算脱模起吊即可。

（3）吊点选取

预制构件吊装时一般依据最小弯矩原理来选择吊点，即自重产生的正弯矩最大值与负弯矩最大值相等时，整个构件的弯矩绝对值最小。其中，梁和柱构件可以采用等代梁或者连续梁模型；对于预制板，可以采用等代梁模型。应当注意：采用等代梁计算预制板时，应对板的两个方向分别计算。此时，等代梁的宽度可取为吊点两侧半跨之和或吊点到板边缘的距离与一侧半跨之和，且等代梁宽度不宜大于板厚的 15 倍。

对沿长度质量均匀分布的构件，设构件总长为 L，吊点距端部为 x。一点吊装时，吊点位置取为：$x = 0.239L$；两点吊装时，吊点位置取为：$x = 0.207L$；三点吊装时，吊点位置取为：两边点 $x = 0.153L$，第三点为构件中点。

（4）抗弯强度验算

对于钢筋混凝土受弯构件抗弯强度验算，可以采用下列验算公式：

$$K = \frac{f_{yk} A_s h_0}{M_d} > 1.4 \times 0.9 = 1.26 \tag{8.2-3}$$

式中：K——吊装安全系数；

$\qquad f_{yk}$——钢筋标准强度；

$\qquad A_s$——钢筋横截面面积；

$\qquad h_0$——截面有效高度；

$\qquad M_d$——吊装弯矩；

$\qquad$ 1.4——受弯构件基本安全系数；

$\qquad$ 0.9——做吊装验算时，基本安全系数的修正系数。

（5）抗裂强度验算

对于普通混凝土构件，在施工过程中允许出现裂缝的钢筋混凝土构件，其开裂截面处受拉钢筋的应力应满足下式要求：

$$\sigma_s = \frac{M_d}{0.87A_sh_0} = 0.7f_{yk} \tag{8.2-4}$$

式中：σ_s——各施工工况在荷载标准组合作用下产生的受拉钢筋应力。

为满足构件正常使用极限状态要求，应用《混规》中的裂缝宽度计算公式对预制构件的裂缝进行验算，吊装时构件的裂缝宽度应在允许范围内。

但是，对于预制楼梯，施工时的受力情况通常小于使用阶段的受力情况，最不利的荷载工况一般出现在使用阶段，配筋通常由使用阶段控制。

四、预制楼梯结构设计案例

1. 吊装验算

（1）基本资料

选用层高3m，楼梯间宽度2500mm的预制楼梯（图8.2-19）。其基本参数见表8.2-2。

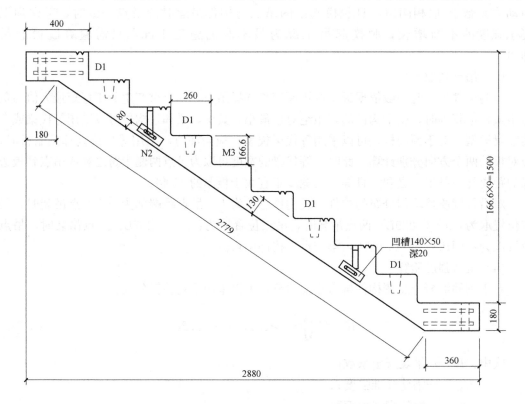

图8.2-19 预制楼梯细部尺寸示意图

楼梯参数　　　　　　　　　　　　　　　　　　　表8.2-2

楼梯样式	层高(m)	楼梯间宽度(净宽mm)	梯井宽度(mm)	楼段板水平投影长(mm)	梯段板宽(mm)	踏步高(mm)	踏步宽(mm)	钢筋重量(kg)	混凝土方量(m³)	梯段板重(t)
双跑楼梯	2.8	2400	110	2620	1125	175	260	72.18	0.6524	1.61
		2500	70	2620	1195	175	260	73.32	0.6931	1.72

续表

楼梯样式	层高（m）	楼梯间宽度（净宽 mm）	梯井宽度（mm）	楼段板水平投影长（mm）	梯段板宽（mm）	踏步高（mm）	踏步宽（mm）	钢筋重量（kg）	混凝土方量（m³）	梯段板重（t）
双跑楼梯	2.9	2400	110	2880	1125	161.1	260	74.15	0.724	1.81
		2500	70	2880	1195	161.1	260	75.29	0.7688	1.92
	3.0	2400	110	2880	1125	166.6	260	74.83	0.7352	1.84
		2500	70	2880	1195	166.6	260	75.97	0.7807	1.95

（2）吊装验算

预制楼梯重力标准值：$0.7807 \times 25 = 19.52$kN；2 个 $\phi12$ 吊环起吊，每个吊环受力：$19.52/2 = 9.76$kN；吊环采用 HPB300 级钢筋制作，每个吊环按 2 个截面计算的钢筋应力不应大于 65N/mm²，其计算如下：

$$\sigma_s = \frac{9.76 \times 10^3}{2 \times 113.1} = 43.15 < 65\text{N/mm}^2$$

2. 广东河源某项目预制楼梯施工图

广东河源某项目预制楼梯施工图如图 8.2-20～图 8.2-24 所示。

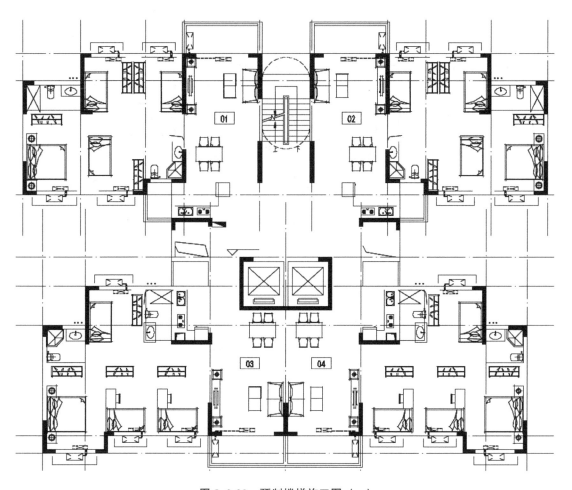

图 8.2-20　预制楼梯施工图（一）

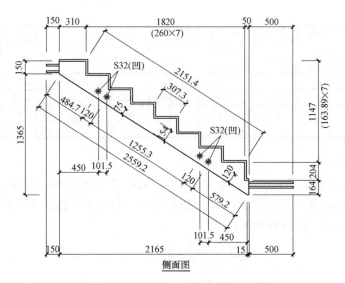

图 8.2-21 预制楼梯施工图（二）

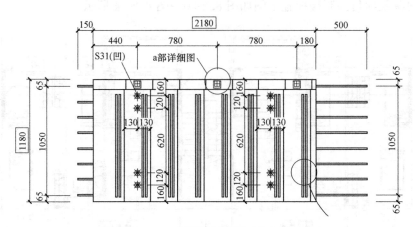

图 8.2-22 预制楼梯施工图（三）

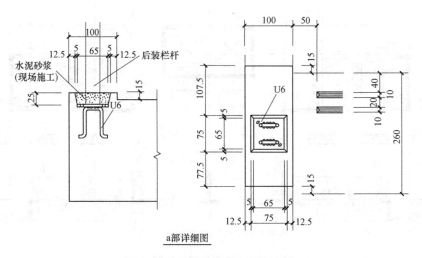

图 8.2-23 预制楼梯施工图（四）

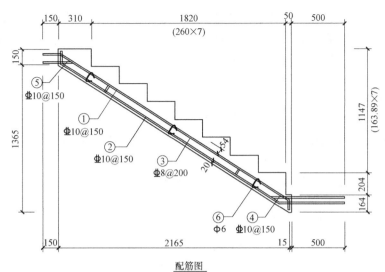

配筋图

图 8.2-24　预制楼梯施工图（五）

第三节　阳　台　板

一、阳台板类型

1. 阳台分类与受力原理

阳台板为悬挑板式构件，有叠合式和全预制式两种类型，全预制式又分为全预制板式和全预制梁式，如图 8.3-1 所示。两者的区别和受力原理如下：

（1）梁式阳台：是指阳台板及其上的荷载，通过挑梁传递到主体结构的梁、墙、柱上。阳台板可与挑梁整体现浇在一块。这种形式的阳台叫梁式阳台，另外，为了承受阳台栏杆及其上的荷载，另设了一根边梁，支撑于挑梁的前端部，边梁一般都与阳台一块现浇。悬挑大于 1.2m 一般用梁式。

（2）板式阳台：一般在现浇楼面或现浇框架结构中采用。阳台板采用现浇悬挑板，其根部与主体结构的梁板整浇在一起，板上荷载通过悬挑板传递到主体结构的梁板上。板式阳台由于受结构形式的约束，一般悬挑小于 1.2m 用板式。

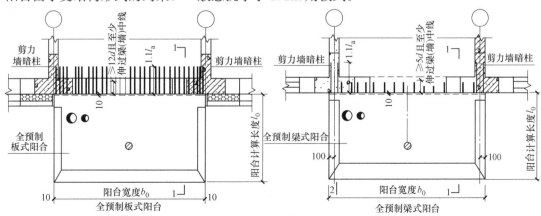

图 8.3-1　阳台板类型

193

根据住宅建筑常用的开间尺寸，可将预制混凝土阳台板的尺寸标准化，以利于工厂制作。预制阳台板沿悬挑长度方向常用模数，叠合板式和全预制板式取 1000mm、1200mm、1400mm；全预制梁式取 1200mm、1400mm、1600mm、1800mm；沿房间方向常用模数取 2400mm、2700mm、3000mm、3300mm、3600mm、3900mm、4200mm、4500mm。

2. 设计规定

国家建筑标准设计图集《预制钢筋混凝土阳台板、空调板及女儿墙》15G368-1 中对设计有相关规定。预制阳台结构安全等级取二级，结构重要性系数 $\gamma_0 = 1.0$，设计使用年限 50 年。钢筋保护层厚度：板取 20mm，梁取 25mm。正常使用阶段裂缝控制等级为三级，最大裂缝宽度允许值为 0.2mm。挠度限制取构件计算跨度的 1/200，计算跨度取悬挑长度 l_0 的 2 倍。施工时应预起拱 $6l_0/1000$（安装阳台时，将板端标高预先调高）。预制阳台板养护的强度达到设计强度等级值的 75% 时，方可脱模，脱模吸附力取 $1.5kN/m^2$。脱模时的动力系数取 1.5，运输、吊装动力系数取 1.5，安装动力系数取 1.2。预制阳台板内埋设管线时，所铺设管线应放在板上层和下层钢筋之间，且避免交叉，管线的混凝土保护层厚度应不小于 30mm。叠合板式阳台内埋设管线时，所铺设管线应放在现浇层内、板上层钢筋之下，在桁架筋空档间穿过。

阳台板宜采用叠合构件或预制构件。预制构件应与主体结构可靠连接；叠合构件的负弯矩钢筋应在相邻叠合板的后浇混凝土中可靠锚固，叠合构件中预制板底钢筋的锚固应符合下列规定：

（1）当板底为构造配筋时，其钢筋应符合以下规定：叠合板支座处，预制板内的纵向受力钢筋宜从板端伸出并锚入支撑梁或墙的后浇混凝土中，锚固长度不应小于 5d（d 为纵向受力钢筋直径），且宜过支座中心线。

（2）当板底为计算要求配筋时，钢筋应满足受拉钢筋的锚固要求。

受拉钢筋基本锚固长度也称为非抗震锚固长度，一般来说，在非抗震构件（或四级抗震条件）中（如基础筏板、基础梁等）用到它，表示为 l_a 或 l_{ab}。

通常说的锚固长度是指抗震锚固长度 l_{ae}，该数值以基本锚固长度乘以相应的系数 ζ_{aE} 得到。ζ_{aE} 在一、二级抗震时取 1.15，三级抗震时取 1.05，四级抗震时取 1.00。

二、预制阳台板连接节点

（1）全预制板式阳台板连接节点如图 8.3-2 所示。

（2）全预制梁式阳台板连接节点如图 8.3-3 所示。

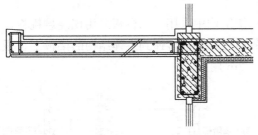

图 8.3-2　全预制板式阳台板连接节点

三、阳台板施工措施和构造要求

阳台板构造要求：

（1）预制阳台板与后浇混凝土结合处应做粗糙面；

（2）阳台设计时应预留安装阳台栏杆的孔洞（如排水孔、设备管道孔等）和预埋件等；

（3）预制阳台板安装时需设置支撑，防止构件倾覆，待预制阳台与连接部位的主体结构混凝土强度达到要求强度 100% 时，并应在装配式结构能达到后续施工承载要求后，方

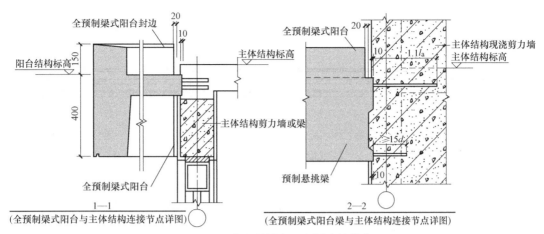

图 8.3-3 全预制梁式阳台板连接节点

可拆除支撑。

四、广东河源某项目阳台板施工图

广东河源某项目全预制板式阳台施工图如图 8.3-4～图 8.3-8 所示。

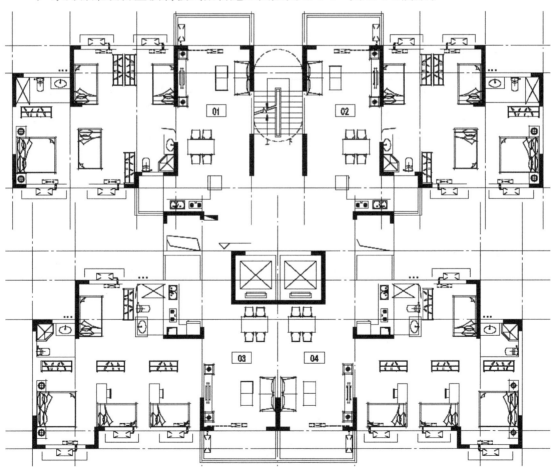

图 8.3-4 全预制板式阳台板施工图（一）

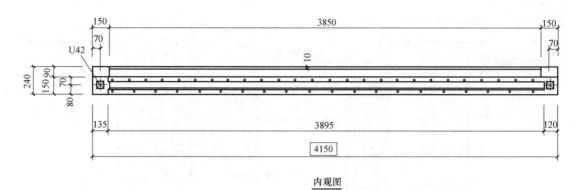

内观图

图 8.3-5　全预制板式阳台板施工图（二）

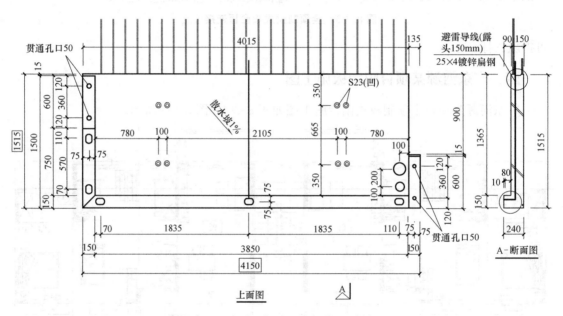

上面图

图 8.3-6　全预制板式阳台板施工图（三）

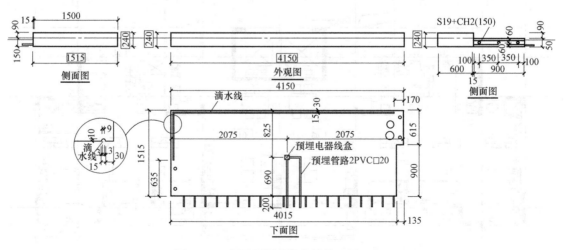

下面图

图 8.3-7　全预制板式阳台板施工图（四）

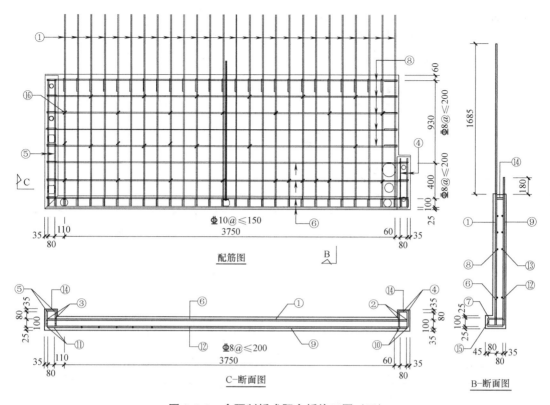

图 8.3-8　全预制板式阳台板施工图（五）

第四节　空调板、遮阳板、挑檐板设计

空调板、遮阳板、挑檐板等与阳台板同属于悬挑式板式构件，计算简图和节点构造与板式阳台一样。

一般住宅家用空调外机荷载小，没必要现浇，现浇的成本大于预制的好几倍，故大都是预制。根据市场上大部分空调外机尺寸及荷载，预制空调板构件长度通常为 630mm、730mm、740mm 和 840mm，宽度通常为 1100mm、1200mm、1300mm，厚度取 80mm。

国家建筑标准设计图集《预制钢筋混凝土阳台板、空调板及女儿墙》15G368-1 中对设计有相关规定。预制空调板结构安全等级为二级，结构重要性系数 $\gamma_0 = 1.0$，设计使用年限 50 年。钢筋保护层厚度取 20mm。正常使用阶段裂缝控制等级为三级，最大裂缝宽度允许值为 0.2mm。预制空调板的永久荷载考虑自重、空调挂机和表面建筑做法，按 4.0kN/m² 设计；铁艺栏杆或百叶的荷载按 1.0kN/m² 设计；预制空调板可变荷载按 2.5kN/m² 设计；施工和检修荷载按 1.0kN/m² 设计。挠度限制取构件计算跨度的 1/200，计算跨度取悬挑长度 l_0 的 2 倍。预制阳台板养护的混凝土强度达到设计强度等级值的 75% 时，方可脱模，脱模吸附力取 1.5kN/m²。脱模时的动力系数取 1.5，运输、吊装动力系数取 1.5，安装动力系数取 1.2。预制阳台板内埋设管线时，所铺设管线应放在板上层和下层钢筋之间，且避免交叉，管线的混凝土保护层厚度应不小于 30mm。叠合板式阳台内埋设管线时，所铺设管线应放在现浇层内、板上层钢筋之下，在桁架筋空档间穿过。

预制空调板按照板顶结构标高与楼板板顶结构标高一致进行设计。预制空调板预留负弯矩筋伸入主体结构后浇层，并与主体结构（梁或板）钢筋可靠绑扎，浇筑成整体，负弯矩筋伸入主体结构水平段长度应不小于 1.1l。预制钢筋混凝土空调板示意图及连接节点构造如图 8.4-1~图 8.4-4 所示，空调板的堆放及建筑外形如图 8.4-5、图 8.4-6 所示。

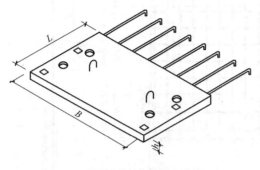

预制钢筋混凝土空调板示意图

图 8.4-1　预制钢筋混凝土空调板示意图（一）

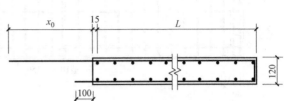

图 8.4-2　预制钢筋混凝土空调板（二）

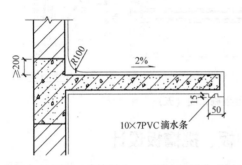

图 8.4-3　预制钢筋混凝土空调板示意图（三）

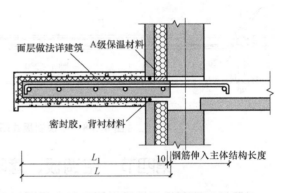

图 8.4-4　预制钢筋混凝土空调板连接节点

图 8.4-5　预制钢筋混凝土空调板堆放

图 8.4-6　预制钢筋混凝土空调板建筑外形图

第九章　预制混凝土外墙板设计

第一节　预制外墙板类型和建筑功能

一、预制外墙板类型

外墙体主要分为三类：内嵌式、外挂式和内叶承重式（图 9.1-1）。对于内嵌式的墙体，多采用轻质砌块砌筑的形式，也有少量内嵌墙板的形式。由于在防水和对主体刚度的影响方面研究较少，本章未作介绍。外挂式的墙体则一般采用外挂整块墙板的形式，它的大小是一个开间的整个尺寸，高度通常为层高，门窗、外饰面可在工厂完成，减少高空作业。另外还有一种类似幕墙一样的外挂条板，本章未做介绍。内叶承重式的墙体是指内叶是剪力墙，外叶墙板和保温隔热板通过连接件连接在内叶承重墙上，在工厂一起预制成，外叶墙板和保温隔热板作为内叶承重墙之间后浇连接段的外模板。

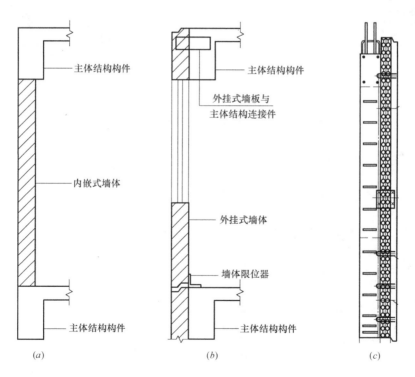

图 9.1-1　外墙板类型
（a）内嵌式；（b）外挂式；（c）内叶承重式

根据外墙体的材料及结构构造可以分为三类：单叶混凝土外挂墙板、夹芯混凝土外挂墙板和内叶墙承重夹芯墙板，其中单叶混凝土外挂墙板和夹芯混凝土外挂墙板称为预制混凝土外挂墙板，本书中简称外挂墙板。

1. 单叶混凝土外挂墙板

单叶墙板是指墙体没有保温材料，只是用作承受外部荷载作用的结构层。例如，南北朝向无须保温隔热的外挂墙板（图 9.1-2）和预制凸窗外挂墙板（图 9.1-3），由于构造复杂，因此一般采用单叶外挂墙板。预制凸窗外挂墙板与现浇混凝土的连接（图 9.1-4）是预制凸窗设计的一个重要组成部分，其作用是将预制凸窗外挂墙板与主体结构连接成整体。

图 9.1-2　预制外挂墙板

图 9.1-3　预制凸窗外挂墙板

设计预制凸窗外挂墙板，首先要考虑将凸窗荷载有效地传递到主体结构上，主体结构计算模型仅将凸窗按荷载考虑，这就要求内浇外挂式预制凸窗不能对结构抗侧力刚度产生影响，所以采用预制凸窗仅上边与梁、柱或剪力墙相连，由于连接处受力较为集中，故钢筋特别加强，锚固长度也加大（图9.1-5）。梁钢筋笼绑扎好以后，梁腰筋从图 9.1-5 中所示①号和②号钢筋开口绕进后固定。外挂墙板三维示意图如图 9.1-6 所示。

图 9.1-4　预制凸窗外挂墙板连接

2. 预制夹芯混凝土外挂墙板

夹芯混凝土外墙板是一种新型墙体结构类型，在近年来发展很快。特点是墙体结构材料和保温材料合二为一，可以充分发挥各层材料的特长，采用高效保温隔热材料，达到重量轻、强度高、保温、隔声、防火等目的。

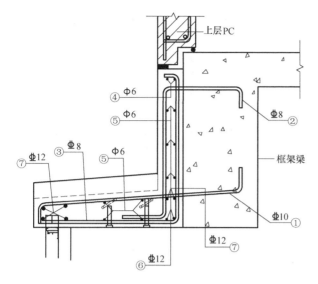

图 9.1-5　预制凸窗外挂墙板与梁连接大样

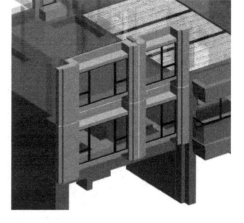

图 9.1-6　外挂墙板三维示意图

　　预制混凝土夹芯保温墙板是由内、外叶墙和保温层组成，通过连接件将三层连接起来。为了使墙板具有足够的承载能力以保证施工和使用阶段的安全，尚须在墙板中设置连接器以增强三层结构的整体连接性能，如图 9.1-7 所示。这种保温系统的好处是由于混凝土具有热惰性，内层的混凝土作为一个恒温的蓄热体，中间的保温层作为一个热的绝缘体，有效地延缓了热量在外墙内外层之间的传递。与传统的内贴保温或外贴保温层墙板构造相比，预制混凝土夹芯保温墙板具有化"热桥"作用、耐久性好等优点，无须进行二次保温层施工，具有良好的经济、社会和环境效益，

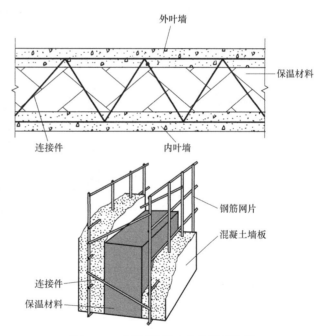

图 9.1-7　预制混凝土夹芯保温墙板

已成为墙体结构的发展方向，但唯一的缺点就是造价相对较高。预制混凝土夹芯保温墙板的内叶墙作为墙板自身的承重构件，连接在主体结构上，保温层和外叶墙通过连接件连接在内叶墙上，如图 9.1-8 所示。预制混凝土夹芯保温墙板与主体结构的连接如图 9.1-9 所示。

3. 预制内叶墙承重夹芯墙板

　　内叶墙承重夹芯板是指内叶墙作为主体结构的剪力墙，为主体结构抗侧力体系的一部分，连接在内叶墙上的保温层和外叶墙，可与剪力墙一起预制（图 9.1-10），也可作为现

浇剪力墙的外模板，此时一般在保温层内侧增加一道内叶墙（图 9.1-11）。

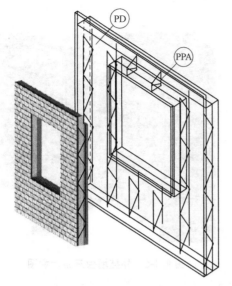

图 9.1-8 预制混凝土夹芯保温墙板示意图

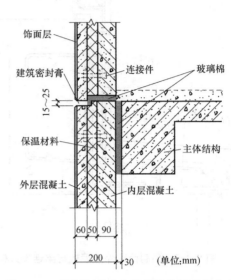

图 9.1-9 预制混凝土夹芯保温外墙挂板方案

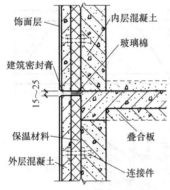

图 9.1-10 预制混凝土内叶墙承重夹芯板

二、建筑功能

图 9.1-11 现浇混凝土内叶墙承重夹芯板

1. 预制外墙板外饰面

外墙饰面宜采用耐久、不易污染的材料，其规格尺寸、材质类别、连接构造等应进行工艺试验验证。预制混凝土外墙饰面通常采用瓷砖、马赛克、石材等多种材料，对于这些材料宜采用一次反打成型工艺制作。在工厂内加工完成，可以保证装饰面的粘贴质量和表观效果，其质量、尺寸误差、耐久性、耐候性均得到保证。

所谓反打一次成型是将面砖先铺放在模

板内，然后直接在面砖上浇筑混凝土，用振动器振捣成型。反打一次成型工艺的主要过程为：模内布砖→钢筋骨架入模→浇筑混凝土→振捣成型→养护→脱模→构件翻转清理，如图 9.1-12 所示。

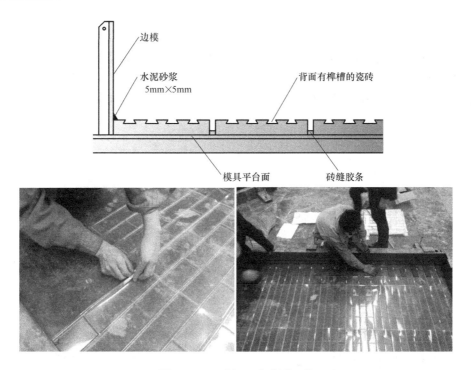

图 9.1-12　反打一次成型工艺

设计时要充分利用工厂化预制的条件，选用合适的建筑表现材料，设计好墙面分格、饰面、质感等细节。国家标准图集《预制混凝土外墙挂板》08SJ110-2、08SG333 提出以下指导方法：

（1）面砖饰面外墙面应采用反打一次成型工艺制作，面砖背面宜设置燕尾槽提高其粘结性能；

（2）石材饰面外墙面应采用反打一次成型工艺制作，石材的厚度应不小于 25mm，石材背面应采用不锈钢卡件与混凝土实现机械锚固。应采取措施防止泛碱泛锈；

（3）涂料饰面外墙面应采用装饰性强、耐久性好的涂料，例如聚氨酯、硅树脂、氟树脂等；

（4）装饰混凝土外挂墙板饰面在设计时应要求厂家制作样品，确认颜色、质感、图案及表面防护要求。

2. 预制外挂墙板接缝防水

外挂墙板采用钢筋混凝土工厂浇筑、养护，自身防水性能较好；薄弱环节是外挂墙板接缝，保证接缝防水的重点在选用合理的防水构造和防水材料。

预制外挂墙板的防水系统有开放式和封闭式两种防水形式。

（1）预制外挂墙板的开放式防水

开放式墙板防水形式与封闭式防水在内侧的两道防水措施即企口型的减压空间以及内

侧的压密式的防水橡胶条是基本相同的，但是在墙板外侧的防水措施上，开放式防水不采用打胶的形式，而是采用一端预埋在墙板内、另一端伸出墙板外的幕帘状橡胶条上下相互搭接来起到防水作用，同时外侧的橡胶条间隔一定距离设置不锈钢导气槽，同时起到平衡内外气压和排水的作用。

开放式防水形式中最外侧的防水采用了预埋的橡胶条，优点是产品质量更容易控制和检验，施工时工人无须在墙板外侧打胶，省去了脚手架或者吊篮等施工措施，更加安全简便，缺点是对产品保护要求较高，预埋橡胶条一旦损坏更换困难，耐候性的橡胶止水条成本也比较高。目前，国内使用这项技术的项目还非常少，节点构造如图 9.1-13 所示。

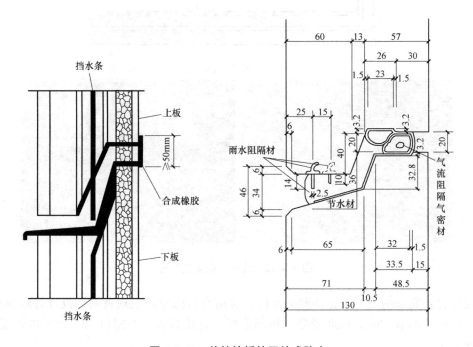

图 9.1-13　外挂墙板的开放式防水

（2）预制外挂墙板的封闭式防水

封闭式墙板防水形式主要有三道防水措施，最外侧采用高弹力的耐候防水硅胶，中间部分为物理空腔形成的减压空间，内侧使用预嵌在混凝土中的防水橡胶条上下互相压紧来起到防水效果，在墙面之间的十字接头处的橡胶止水带之外再增加一道聚氨酯防水，其主要作用是利用聚氨酯良好的弹性封堵橡胶止水带相互错动可能产生的细微缝隙，对于防水要求特别高的房间或建筑，可以在橡胶止水带内侧全面施工聚氨酯防水，以增强防水的可靠性。每隔 3 层左右的距离在外墙防水硅胶上设一处排水管，可有效地将渗入减压空间的雨水引导到室外。封闭式防水的防水构造采用了内外三道防水、疏堵相结合的办法，其防水构造优点是非常完善的，因此防水效果也非常好，缺点是施工时精度要求非常高，墙板错位不能大于 5mm，否则无法压紧止水橡胶条，采用的耐候防水胶的性能要求比较高，不仅要有高弹性耐老化，同时使用寿命要求不低于 20 年，成本比较高，结构胶施工时的质量要求比较高，必须由专业富有经验的施工团队来负责操作，节点构造如图 9.1-14 所示。

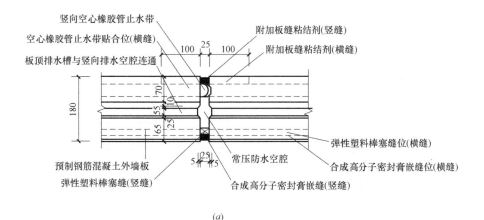

图 9.1-14　预制外挂墙板的封闭式防水

（a）外挂墙板竖向缝构造；（b）外挂墙板水平缝构造

涉及空调板、阳台、女儿墙等部位防水，参照外墙预制板防水，设置企口，如图
9.1-15～图 9.1-17 所示。

205

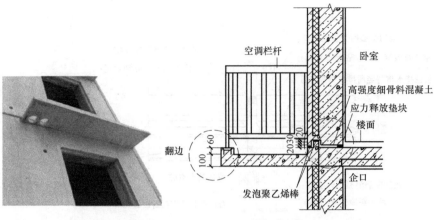

空调板无翻边,与缝交接处有渗水危险

蜀山项目空调板周边做60翻边,横缝处设企口,并做多道防水

图 9.1-15　空调板节点做法

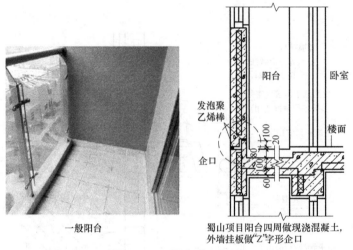

一般阳台

蜀山项目阳台四周做现浇混凝土,外墙挂板做"Z"字形企口

图 9.1-16　阳台节点做法

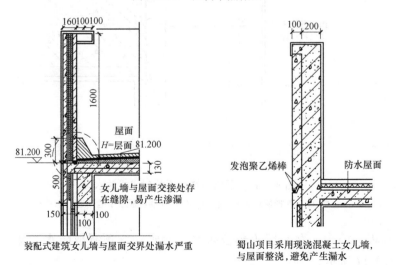

装配式建筑女儿墙与屋面交界处漏水严重

蜀山项目采用现浇混凝土女儿墙,与屋面整浇,避免产生漏水

图 9.1-17　女儿墙节点做法

广东省标准《建筑防水技术规程》DBJ 15-19-2006 第 4.5.1 条内容意见：高度大于 24m 的建筑外墙，外墙防水设防等级为Ⅰ级，设防要求为一到两道防水设防，高度小于 24m 的建筑外墙，外墙防水设防等级为Ⅱ级，设防要求为一道防水设防。考虑外挂墙板接缝不仅受建筑外部风压的作用，同时也受内部气压的影响，故要求采用防水材料与构造结合的防水做法。

外挂墙板的接缝应符合下列规定：

1）板水平接缝宜采用企口缝或高低缝构造，禁止采用平缝；

2）板竖缝宜采用双直槽缝，不应采用单斜槽缝；

3）板十字缝处应合理布置密封胶；

4）板缝空腔需设置导水管排水时，板缝内侧应增设气密条密封构造；

5）挂墙板的接缝宽度不应小于 15mm，建筑密封胶的厚度不应小于缝宽的 1/2 且不小于 8mm（北京规范宽度为 10～35mm、8～15mm）；

6）密封胶应具有与混凝土相容的特性，以及规定的抗剪切和伸缩变形能力，密封胶尚应具备防霉、防火、防水、耐候等性能；

7）外挂墙板接缝处的密封胶背衬材料宜选用直径大于缝宽 1.5 倍的聚乙烯塑料棒或发泡氯丁橡胶；

8）外挂墙板接缝中用于第二道防水的密封胶条，宜采用三元乙丙橡胶、氯丁橡胶或硅橡胶。

3. 预制外墙板保温与隔热

根据我国对预制装配式混凝土建筑的研究，一般预制混凝土外墙板和外墙装饰都会在工厂里完成制作，尽量不在现场二次施工，施工时可以不使用脚手架，减少施工工序，提高施工效率，因此，近些年装配式混凝土结构在住宅建筑、公共建筑及工业建筑领域得到了较为广泛的应用。为节约空调和采暖能耗、降低温室气体排放、减少城市热岛效应，装配整体式建筑的围护结构热工设计应采取保温隔热措施，建筑外墙、屋顶、门窗、楼板、分户墙等围护结构传热系数、窗墙面积比、遮阳系数以及外墙外饰面材料的色彩等技术参数应满足《公共建筑节能设计标准》GB 50189—2015、《民用建筑热工设计规范》GB 50176—2016 及其他现行国家及地方设计节能标准规定的要求。

复合外墙板按照《民用建筑热工设计规范》GB 50176—2016 附录二的规定计算，并按工程项目所在地的气候条件和建筑围护结构热工设计要求确定，并应符合下列要求：

（1）选用轻骨料混凝土可有效提高预制混凝土外墙板的保温隔热性能。

（2）采暖居住建筑采用复合外墙板时，除门窗洞口周边允许有贯通的混凝土肋外，宜采用连续式保温层，保温层厚度应满足建筑围护结构节能设计要求。

（3）宜采用轻质高效的保温材料，安装时保温材料重量含水率不应大于 10％。预制外墙板内采用的高效的保温材料可为：阻燃型容重大于 $16kg/m^3$ 的膨胀聚苯乙烯（EPS）、挤塑聚苯乙烯（XPS）、岩棉、玻璃棉等。

（4）无肋复合板中，穿过保温层的连接件，应采取与结构耐久性相当的防腐蚀措施，如采用铁件连接时宜优先选用不锈钢材料并考虑连接铁件对保温性能的影响。

（5）预制混凝土外墙板有产生结露倾向的部位，应采取提高保温性能或在板内设置排除湿气的孔槽。

（6）装配式混凝土构件的热工参数与其生产和养护过程有关，生产企业应提供不同构件材料的导热系数，带有门窗的装配式混凝土外墙板，应分别提供墙板和玻璃的传热系数。

外墙板的隔热设计，根据不同地区节能规范的要求，通过计算，选用不同的隔热形式。预制外墙的保温构造宜选用夹芯保温、外保温，也可选用自保温和内保温。装配整体式建筑外围护结构的保温系统宜优先选用夹芯保温和内保温叠加的组合保温系统。如果仅采用内保温系统，应进行外围护结构内部冷凝受潮验算，我国北方地区常用此方法达到保温效果。表 9.1-1 列出了我国现有几种预制外墙板的保温方式及热工参数。

预制混凝土外墙挂板墙身的热工性能指标
表 9.1-1

分类	墙身构造简图	板厚 δ_1 (mm)	保温层 δ_2 (mm)	传热阻值 [(m²·K)/W]		传热系数 [W/(m²·K)]	
				EPS	XPS	EPS	XPS
外保温系统	装饰面层 外墙挂板 空气层 保温层 结构墙 内装饰层	60	40	1.39	1.77	0.72	0.56
		80	50	1.64	2.11	0.61	0.47
		120	50	1.66	2.13	0.60	0.47
		140	50	1.67	2.14	0.60	0.47
		160	50	1.68	2.15	0.60	0.47
夹芯保温系统	装饰面层 外层混凝土 内层混凝土 保温层 内装饰层	180	40	1.18	1.56	0.85	0.64
		200	50	1.43	1.90	0.70	0.53
		200	60	1.66	2.23	0.60	0.45
		220	60	1.67	2.24	0.60	0.45
		220	80	2.14	2.90	0.48	0.34
		240	80	2.15	2.91	0.48	0.34
内保温系统	装饰面层 外墙挂板 空气层 保温层 内装饰层	140	40	1.18	1.56	0.85	0.64
		160	50	1.43	1.90	0.70	0.53
		180	50	1.44	1.92	0.70	0.52
		200	60	1.69	2.26	0.59	0.44
		220	60	1.70	2.27	0.59	0.44
		220	80	2.16	2.93	0.46	0.34

注：1. 普通混凝土 $\lambda=1.74W/(m·K)$，发泡聚苯乙烯（EPS）$\lambda=0.041W/(m·K)$，挤塑聚苯乙烯（XPS）$\lambda=0.030W/(m·K)$；

2. δ_1、δ 表示预制混凝土厚度，δ_2 表示保温层厚度，E 为结构墙厚度。

以一位于夏热冬暖区的住宅为例，采用清华斯维尔节能设计软件 BECS2016 版，模拟一南方典型居住小区，建筑设计考虑主要房间朝向应为南北向或南偏东西不超 40°（图9.1-18）。

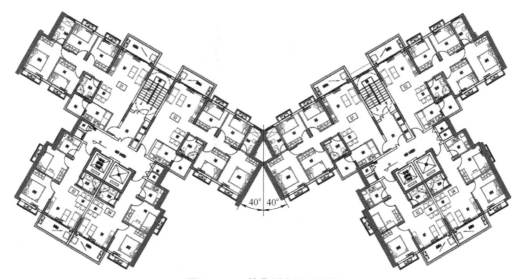

图 9.1-18　某典型小区平面图

当采用钢筋混凝土为主材料时，通过计算，南、北向外墙采用 150mm 的钢筋混凝土预制板即可满足要求，但东、西墙需做保温措施，具体可采用 160mm(50mm＋60mm＋50mm) 夹芯保温混凝土外墙板或 310mm(50mm＋60mm＋200mm) 带外叶夹芯保温混凝土外墙板，如图 9.1-19～图 9.1-21 所示。

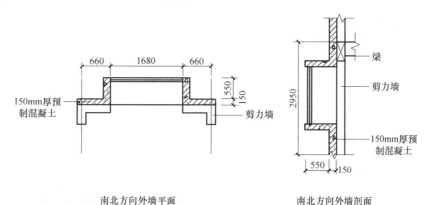

南北方向外墙平面　　　　　　　　南北方向外墙剖面

图 9.1-19　南北墙 150mm 的钢筋混凝土预制板大样

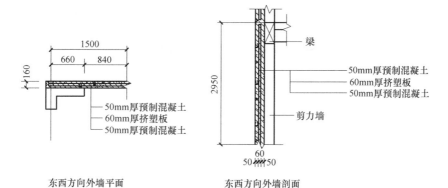

东西方向外墙平面　　　　　　　　东西方向外墙剖面

图 9.1-20　东西墙 160mm(50mm＋60mm＋50mm) 夹芯保温混凝土外墙板大样

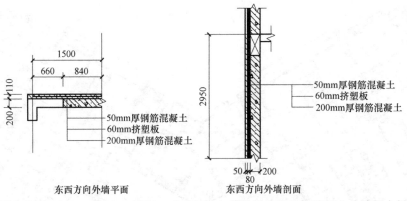

图 9.1-21 310mm(50mm＋60mm＋200mm) 带外叶夹芯保温混凝土外墙板大样

当采用加气混凝土为主材料时，通过计算，南、北向外墙采用 150mm 的加气混凝土预制板即可满足要求，但东、西墙需做保温措施，具体可采用 155mm(50mm＋55mm＋50mm) 夹芯保温混凝土外墙板或 190mm(150mm＋40mm) 内保温混凝土加气混凝土板或 310mm(50mm＋60mm＋200mm) 带外叶夹芯保温混凝土外墙板。

采用陶粒混凝土为主材料时，通过计算，南、北向外墙采用 150mm 的加气混凝土预制板即可满足要求，但东、西墙需做保温措施，具体可采用 155mm(50mm＋55mm＋50mm) 夹芯保温混凝土外墙板或 200mm(150mm＋50mm) 内保温混凝土板或 310mm(50mm＋60mm＋200mm) 带外叶夹芯保温混凝土外墙板。

以上模拟计算均满足节能计算要求和当地标准，见图 9.1-22。从以上模拟分析来看，

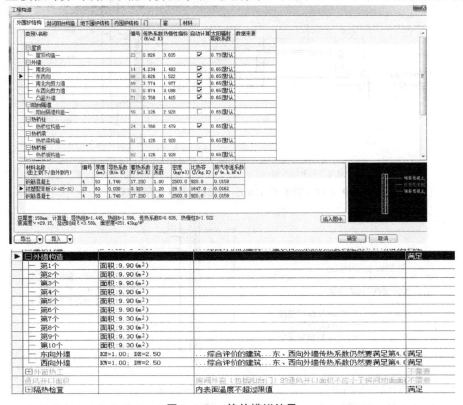

图 9.1-22 软件模拟结果

夹芯保温在预制外墙板的建筑节能中优势最明显。但需注意的是，装配式混凝土结构外墙板保温应防止热桥和冷风渗透，因此，热桥部位也需要加保温材料才能满足节能要求。装配式混凝土外墙板与梁、板、柱相连时，其连接处还宜采取措施保持墙体保温的连续性，连接处的保温材料应选用不燃材料。此外，连接预制混凝土夹心保温外墙内叶和外叶的附加肋应有相应的防结露构造措施。

夹芯外墙板可以作为结构构件承受荷载和作用，又同时具有保温和节能功能，它集承重、保温、防水、防火、装饰等多项功能于一体，因此在美国、欧洲都得到广泛的应用，并称其为三明治墙板，在我国也受到了越来越多的推广。但是，保证夹芯外墙板内外叶墙板的拉结性能是十分重要的。目前，内外叶墙板的拉结件在美国多采用高强玻璃纤维制作，欧洲则采用不锈钢丝制作的金属拉结件。由于我国目前尚缺乏相应的产品标准，本标准仅参照美国和欧洲的相关标准，定性地提出本条的要求。

美国的PCI手册中，对夹芯外墙板（三明治墙板）所采用的保温材料的性能要求见表9.1-2。根据美国的使用经验，由于挤塑聚苯乙烯板（XPS）的抗压强度高，吸水率低，因此XPS在夹芯外墙板中受到最为广泛的应用，使用时还需对其做界面隔离处理，以允许外叶墙板的自由伸缩。当采用改性聚氨酯（PIR）时，美国多采用带有塑料表皮的改性聚氨酯板材。由于夹芯墙板在我国的应用历史还较短，本书借鉴美国PCI手册的要求，综合地、定性地提出基本要求。

保温材料的性能要求 表 9.1-2

	聚苯乙烯						改性聚氨酯(PIR)		酚醛	泡沫玻璃
	EPS			XPS			无表皮	有表皮		
密度(kg/m³)	11.2~14.4	17.6~22.4	28.8	20.8~25.6	28.8~25.2	48.0	32.0~96.1	32.0~96.1	32.0~48	107~147
吸水率(%)体积比	<4.0	<3.0	<2.0	<0.3			<3.0	1.0~2.0	<3.0	<0.5
抗压强度(kPa)	34~69	90~103	172	103~172	276~414	690	110~345	110	68~110	448
抗拉强度(kPa)	124~172			172	345	724	310~965	3448	414	345
线膨胀系数[(1/℃)×10⁻⁶]	45~73			45~73			54~109		18~36	2.9~8.3
剪切强度(kPa)	138~241			—	241	345	138~690		83	345
弯曲强度(kPa)	69~172	207~276	345	276~345	414~517	690	345~1448	276~345	173	414
导热系数[W/(m·K)]	0.046~0.040	0.037~0.036	0.033	0.029			0.026	0.014~0.022	0.023~0.033	0.050
最大可用温度(℃)	74			74			121		149	482

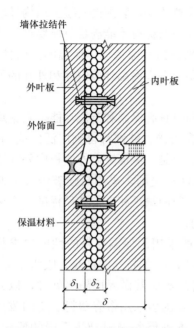

图 9.1-23 夹芯保温板构造示意图

（图左侧标注：墙体拉结件、外叶板、外饰面、保温材料、内叶板、δ_1、δ_2、δ）

三、夹芯保温外墙板拉结件

1. 拉结件类型

夹芯保温板即"三明治"板，是两层钢筋混凝土板中间夹着保温材料的预制 PC 外墙构件。两层钢筋混凝土板（内叶板和外叶板）靠拉结件连接，如图9.1-23所示。

拉结件是涉及建筑安全和正常使用的连接件，须具备以下性能：

① 在内叶板和外叶板中锚固牢固，在荷载的作用下不能被拉出。

② 有足够的强度，在荷载的作用下不能被拉断、剪断。

③ 有足够的刚度，在荷载的作用下不能变形过大，导致外叶板移位。

④ 导热系数尽可能小，减少热桥。

⑤ 具有耐久性、防锈蚀性、防火性能。

拉结件按照材料的不同，预制混凝土复合外挂墙板中的拉结件可分为普通钢筋拉结件、金属合金拉结件及纤维塑料（FRP）拉结件三种。拉结件作为连接预制混凝土夹芯保温墙板内、外叶墙与保温层的关键构件，其主要作用是抵抗内、外叶墙之间产生的层间剪切作用，所以其也称为剪力键。目前市场用得比较多的剪力键如图 9.1-24 所示，其中 F、J 为普通钢筋剪力键，L、K、I、H 为铅合金剪力键，A、B、C、E 为 GFRP 剪力键。

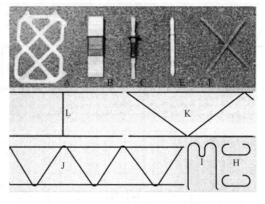

图 9.1-24 拉结件（剪力键）

普通钢筋拉结件造价低、安装方便，但其导热系数高，墙体在拉结件部位易产生热桥，难以满足墙体节能指标要求。此外，钢筋拉结件抗腐蚀性能较差，易造成墙体的安全隐患。金属合金拉结件抗腐蚀性能好、耐久性高，导热系数较低，但拉结件的价格较高。GFRP 拉结件具有导热系数低、耐久性好、造价低、强度高的特点，可有效避免墙体在拉结件部位的冷（热）桥效应，提高墙体的保温效果与安全性，在建筑工程领域具有广阔的工程应用前景。图 9.1-25 为不同拉结件的连接方式。

（1）非金属拉结件

非金属拉结件材质由高强玻璃纤维和树脂制成（FRP），导热系数低，应用方便，在美国应用较多。美国 Thermomass 公司的产品较为著名，国内南京斯贝尔公司也有类似的产品。

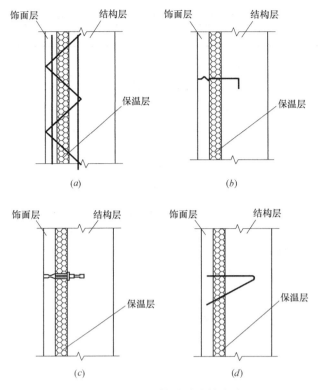

图 9.1-25 不同拉结件连接方式

（a）钢筋桁架式；（b）金属针式；（c）非金属针式；（d）金属三角式

Thermomass 拉结件分为 MS 和 MC 型两种。MS 型有效嵌入混凝土中 38mm；MC 型有效嵌入混凝土中 51mm，如图 9.1-26 所示。Thermomass 拉结件的物理力学性能见表 9.1-3，在混凝土中的承载力见表 9.1-4。

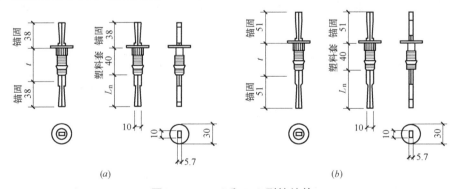

图 9.1-26 MS 和 MC 型拉结件

（a）MS 型号尺寸规格；（b）MC 型号尺寸规格

Thermomass 拉结件的物理力学性能 表 9.1-3

物理指标	实际参数	物理指标	实际参数
平均转动惯量	$243mm^4$	弯曲强度	844MPa
拉伸强度	800MPa	30000MPa	拉伸弹性模量
弯曲弹性模量	40000MPa	剪切强度	57.6MPa

		Thermomass 拉结件在混凝土中的承载力		表 9.1-4
型号	锚固长度	混凝土换算强度	允许剪切力 V_1	允许锚固抗拉力 P_t
MS	38mm	C40	462N	2706N
		C30	323N	1894N
MC	51mm	C40	677N	3146N
		C30	502N	2567N

注：1. 单支拉结件允许剪切力和允许锚固抗拉力已经包括了安全系数 4.0，内外叶墙的混凝土强度均不宜低于 C30，否则允许承载力应按照混凝土强度折减。

2. 设计时应进行验算，单支拉结件的剪切荷载 V_a 不允许超过 V_1，拉力荷载 P_s 不允许超过 P_t，当同时承受拉力和剪力时，要求 $(V_a/V_1)+(P_s/P_t) \leqslant 1$。

南京斯贝尔 FRP 墙体拉结件（图 9.1-27）由 FRP 拉结板（杆）和 ABS 定位套环组成。其中，FRP 拉结板（杆）为拉结件的主要受力部分，采用高性能玻璃纤维（GFRP）无捻粗纱和特种树脂经拉挤工艺成型，并经后期切割形成设计所需的形状；ABS 定位套环主要用于拉结件施工定位，其长度一般与保温层厚度相同，采用热塑工艺成型。

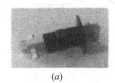 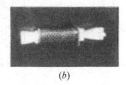 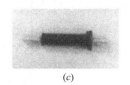

(*a*) (*b*) (*c*)

图 9.1-27　南京斯贝尔公司的 FRP 拉结件

(*a*) Ⅰ型 FRP 拉结件；(*b*) Ⅱ型 FRP 拉结件；(*c*) Ⅲ型 FRP 拉结件

FRP 材料最突出的优点在于它有很高的比强度（极限强度/相对容重），即通常所说的轻质高强。FRP 的比强度是钢材的 $20 \sim 50$ 倍。另外，FRP 还有良好的耐腐蚀性、良好的隔热性能和优良的抗疲劳性能。

南京斯贝尔公司 FRP 拉结件材料力学性能指标见表 9.1-5，物理力学性能指标见表 9.1-6。

南京斯贝尔公司 FRP 拉结件材料力学性能指标	表 9.1-5
FRP 拉结件材料力学性能指标	实际参数
拉伸强度 $\geqslant$700MPa	$\geqslant$845MPa
拉伸模量 $\geqslant$42GPa	$\geqslant$47.4GPa
剪切强度 $\geqslant$30MPa	$\geqslant$41.8MPa

	南京斯贝尔公司 FRP 拉结件物理力学性能指标	表 9.1-6
拉结件类型	拔出承载力(kN)	剪切承载力(kN)
Ⅰ类	$\geqslant$8.96	$\geqslant$9.06
Ⅱ类	$\geqslant$12.24	$\geqslant$5.28
Ⅲ类	$\geqslant$5.92	$\geqslant$2.30

（2）金属拉结件

金属拉结件包括普通钢筋和金属合金拉结件。

欧洲三明治板较多使用金属拉结件，德国"哈芬"公司的产品，材质是不锈钢，包括不锈钢杆、不锈钢板和不锈钢圆筒。

"哈芬"公司的金属拉结件在力学性能、耐久性和确保安全性方面有优势，但导热系数比较高，埋置麻烦，价格也比较贵。

2. 拉结件的作用

复合外挂墙板结构可分为承重和非承重复合墙板。承重复合墙板作为主体结构的一部分，而非承重复合墙板主要承受墙板自身的重量，但是在地震和风荷载（特别是在高层建筑中）作用下也将呈"三维"受力状态，分别为墙板平面内水平和竖向受力、平面外水平受力。

竖向地震作用和构件自重引起的平面内竖向受力归结为拉结件的抗剪问题；水平地震作用、风荷载引起的平面外水平方向受力归结为构件平面外的抗弯以及拉结件抗拔问题。因此剪力拉结件对内、外墙板的约束作用强弱直接决定了该墙板的结构性能的好坏。

3. 拉结件的构造要求

拉结件可以在内部暴露、外部暴露或者潮湿环境下暴露，但不能与防腐处理材料及阻燃处理过的木材接触。

拉结件与预制构件边缘的距离应大于100mm，与门窗洞口边缘距离应大于150mm，拉结件的间距应大于200mm，且间距不宜大于600mm×600mm。

拉结件与预制构件中的钢筋、预埋件等碰撞时，允许在50mm范围内移动拉结件，避开钢筋和预埋件。

如图9.1-28所示，此布置图是取外叶墙板厚度为60mm、保温层为80mm和内叶承重墙板厚度为200mm的情况下的拉结件布置图，拉结件附加钢筋与墙内钢筋网片绑扎。

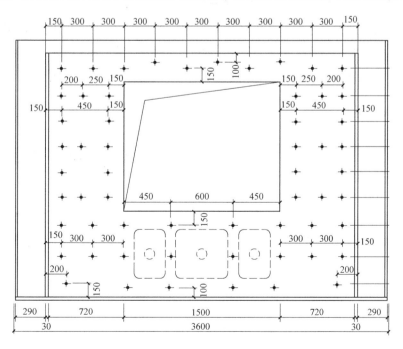

图9.1-28　拉结件布置图

4. 拉结件选用注意事项

技术成熟的拉结件厂家会向使用者提供拉结件抗拉强度、抗剪强度、弹性模量、导热系数、耐久性、防火性等力学物理性能指标，并提供布置原则、锚固方法、力学和热工计算资料等。

由于拉结件成本较高，特别是进口拉结件。为了降低成本，一些 PC 工厂自制或采购价格便宜的拉结件，有的工厂用钢筋作拉结件，还有的工厂用"Z"字形塑料钢筋作拉结件。对此，提出以下注意事项：

（1）鉴于拉结件在建筑安全和正常使用的重要性，宜向专业厂家选购拉结件。

（2）拉结件在混凝土中的锚固方式应当有充分可靠的试验结果支持；外叶板厚度较薄，一般只有 60mm 厚，最薄的板只有 50mm，对锚固的不利影响要充分考虑。

（3）拉结件位于保温层温度变化区，也是水蒸气结露区，用钢筋作拉结件时，表面涂刷防锈漆的防锈蚀方式耐久性不可靠；镀锌方式要保证使用 50 年，也必须保证一定的镀层厚度，应根据当地的环境条件计算，不应小于 $70\mu m$。

（4）塑料钢筋制作的拉结件，应当进行耐碱性能试验和模拟气候条件的耐久性试验。塑料钢筋一般用普通玻璃纤维制作，而不是耐碱玻璃纤维。普通玻璃纤维在混凝土中的耐久性得不到保证，所以，塑料钢筋目前只是作为临时项目使用的钢筋。对此，拉结件使用者应当注意。

第二节　预制外挂墙板结构设计

一、预制外挂墙板与主体结构的连接

目前，预制混凝土夹芯保温墙板（以下简称墙板）与主体结构之间的连接主要有两种连接方式：点支承连接、线支承连接。这两种连接各具优缺点，点支承连接对结构刚度无影响，会产生较大的位移，连接件需进行防火防锈处理，存在耐久性设计问题；线支承连接墙板对主体结构刚度有一定影响。

1. 点支承式连接

点支承式连接是采用预埋在墙板上的钢牛腿、锚栓通过角钢等连接在主体结构的预埋件上，如图 9.2-1 所示。其特点是墙板与骨架以及墙板之间在一定范围内可相对移位，能较好地适应各种变形。

对于柔性节点，其随着主体结构变形而产生相应变位的能力应根据震级的不同有所区别，中震时墙板可以随着主体结构的变形而变位，墙体完好并且不需要修复可继续使用；大震时墙体可随着主体结构的变形而变位，墙体可能发生损坏但不脱落。

根据墙体变位形式的不同，预制夹芯保温墙板与主体结构的连接方式有如下三种：平移式、旋转式和固定式（图 9.2-2）。

平移式节点是在墙板的上部或下部设置水平滑移孔，当主体结构产生相对位移时，墙体发生相应的变位而未对主体结构产生刚性约束。

旋转式节点是在墙体的四个角部设置竖向滑移孔，当主体结构发生相对位移时，墙体

图 9.2-1 点支承式连接

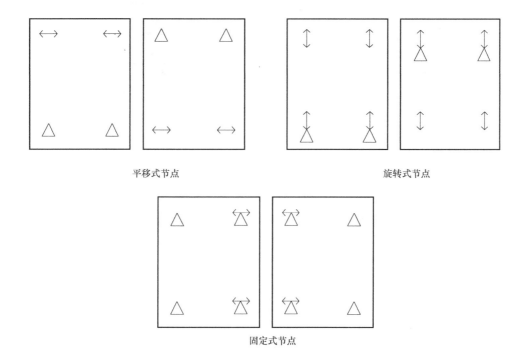

平移式节点 旋转式节点

固定式节点

图 9.2-2 点支承式连接方式

发生旋转而未对主体结构产生刚性约束。

固定式节点是当墙体作为窗间墙时，不需要层间位移的随从功能，在墙体的左侧或右侧设置水平滑移孔，当墙体发生温度变形而未对主体结构产生刚性约束。

目前，工程中常用的点支承连接为四点支承连接，包括上承式和下承式（图 9.2-3）。

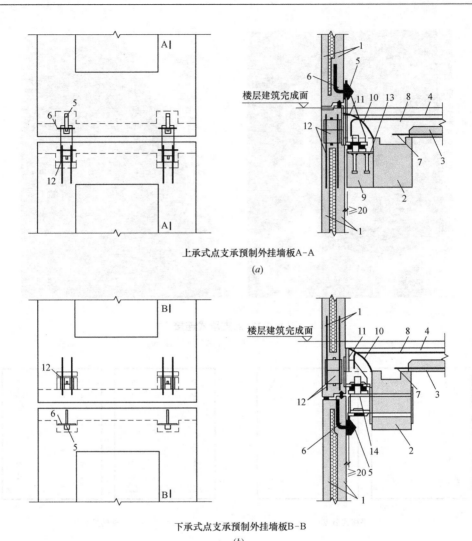

上承式点支承预制外挂墙板A-A

(a)

下承式点支承预制外挂墙板B-B

(b)

图 9.2-3　预制外挂墙板与主体结构点支承式连接构造示意图

(a) 上承式点支承连接；(b) 下承式点支承连接

1—预制外挂墙板；2—叠合梁；3—板叠合层；4—板现浇层；5—限位连接件；6—锚固加强构造钢筋；
7—叠合层受力钢筋；8—现浇层受力钢筋；9—混凝土牛腿；10—弧形罩板；11—层间防火封堵；
12—夹芯墙体端部预埋件；13—牛腿预埋件；14—钢牛腿

2. 线支承式连接

线支承式连接是指在外挂墙板顶部与支承梁通过钢筋及剪力键连接，上边固定线支承下边两处限位件。当外挂墙板与主体结构采用线支承连接时，连接节点的抗震性能应满足：①多遇地震和设防地震作用下连接节点保持弹性；②罕遇地震作用下外挂墙板顶部剪力键不破坏，连接钢筋不屈服。连接节点构造如图 9.2-4 所示。

在香港，由于不考虑抗震，在外墙板两侧预留钢筋与柱或者剪力墙连接（图 9.2-5），对于防水及风荷载和重力荷载作用下较牢固，但对于抗震设防区，由于对结构刚度的影响较难估算，在国内工程中仅有少量使用。

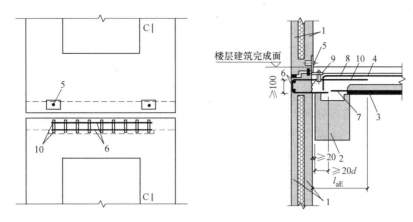

线支承预制外挂墙板C-C

图 9.2-4　预制外挂墙板与主体结构线支承式连接构造示意图

1—预制外挂墙板；2—叠合梁；3—板叠合层；4—板现浇层；5—限位连接件；6—锚固加强构造钢筋；
7—叠合层受力钢筋；8—现浇层受力钢筋；9—粗糙面；10—连接钢筋

二、作用与作用组合

外挂墙板按照围护结构进行设计。在进行结构设计计算时，不考虑分担主体结构所承受的荷载和作用，只考虑直接施加于外墙上的荷载和作用。

竖向外挂墙板承受的作用包括自重、风荷载、地震作用和温度作用。

建筑表面是非线性曲面时，可能会有仰斜的墙板，其荷载应当参照屋面板考虑，还有雪荷载、施工维修时的集中荷载。

1. 荷载组合效应

（1）持久设计状况

当风荷载效应起控制作用时：

$$S_d = \gamma_G S_{Gk} + \gamma_w S_{wk} \qquad (9.2\text{-}1)$$

当永久荷载效应起控制作用时：

$$S_d = \gamma_G S_{Gk} + \psi_w \gamma_w S_{wk} \qquad (9.2\text{-}2)$$

（2）地震设计状况

在水平地震作用下：

$$S_{Eh} = \gamma_G S_{Gk} + \gamma_{Eh} S_{Ehk} + \psi_w \gamma_w S_{wk} \qquad (9.2\text{-}3)$$

在竖向地震作用下：

$$S_{Ev} = \gamma_G S_{Gk} + \gamma_{Ev} S_{Evk} \qquad (9.2\text{-}4)$$

式中：S_d——基本组合设计值的效应；

S_{Eh}——水平地震作用设计值的效应；

S_{Ev}——竖向地震作用设计值的效应；

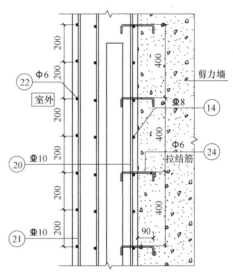

图 9.2-5　预制凸窗外挂墙板与墙、柱拉结筋

S_{Gk}——永久荷载标准值的效应；

S_{wk}——风荷载标准值的效应；

S_{Ehk}——水平地震作用标准值的效应；

S_{Evk}——竖向地震作用标准值的效应；

γ_G——永久荷载分项系数；

γ_w——风荷载分项系数，取 1.4；

γ_{Eh}——水平地震作用分项系数，取 1.3；

γ_{Ev}——竖向地震作用分项系数，取 1.3；

ψ_w——风荷载组合系数。在持久设计状况下取 0.6，地震设计状况下取 0.2。

（3）在持久设计状况、地震设计状况下，进行外挂墙板和连接节点的承载力设计时，永久荷载分项系数 γ_G 应按下列规定取值：

1）对外挂墙板和连接节点进行承载力验算时，其结构重要性系数 γ_0 应取不小于 1.0，连接节点承载力抗震调整系数 γ_{RE} 应取 1.0。

2）进行连接节点承载力设计时，在持久设计状况下，当风荷载效应起控制作用时，γ_G 应取为 1.2，当永久荷载效应起控制作用时，γ_G 应取为 1.35；在地震设计状况下，γ_G 应取为 1.2；在永久荷载效应对连接节点承载力有利时，γ_G 应取为 1.0。

（4）对外挂墙板进行持久设计状况下的承载力验算时，应计算外挂墙板在平面外的风荷载效应；当进行地震设计状况下的承载力验算时，除应计算外挂墙板平面外水平地震作用效应外，尚应分别计算平面内水平和竖向地震作用效应，特别是对开有洞口的外挂墙板，更不能忽略后者。

（5）点支承式外挂墙板的承重节点应能承受重力荷载、外挂墙板平面外风荷载和地震作用、平面内的水平和竖向地震作用；非承重节点仅承受上述各种荷载与作用中除重力荷载外的各项荷载与作用；在一定的条件下，点支承式外挂墙板可能产生重力荷载仅由一个承重节点承担的工况，应特别注意分析。

（6）计算外挂墙板及其连接在风荷载作用下平面外的承载能力时，风荷载的体型系数不应小于 2。计算风荷载效应标准值时，应分别计算风吸力和风压力在外挂墙板及其连接节点中引起的效应。

（7）对重力荷载、风荷载和地震作用，均不应忽略由于各种荷载和作用对连接节点的偏心在外挂墙板中产生的效应；外挂墙板和连接节点的截面和配筋设计应根据各种荷载和作用组合效应设计值中的最不利组合进行。

2. 地震作用

计算水平地震作用标准值时，可采用等效侧力法，并应按下式计算：

$$F_{Ehk} = \beta_E \alpha_{max} G_k \tag{9.2-5}$$

式中：F_{Ehk}——施加于外挂墙板重心处的水平地震作用标准值；

β_E——动力放大系数，可取 5.0；

α_{max}——水平地震影响系数最大值，按表 9.2-1 采用；

G_k——外挂墙板的重力荷载标准值。

计算竖向地震作用标准值，可取水平地震作用标准值的 0.65 倍。

水平地震影响系数最大值 $\alpha_{\max}$				表 9.2-1
抗震设防烈度	6 度	7 度	7 度(0.15g)	8 度	8 度(0.2g)
$\alpha_{\max}$	0.04	0.08	0.12	0.16	0.24

外挂墙板的地震作用计算方法须注意：

（1）外挂墙板的地震作用应施加于其重心，水平地震作用应沿任一水平方向；

（2）一般情况下，外挂墙板自身重力产生的地震作用可采用等效侧力法计算；除自身重力产生的地震作用外，尚应同时计及地震时支承点之间相对位移产生的作用效应。

三、墙板结构设计

外挂墙板必须满足构件在制作、堆放、运输、施工各个阶段和整个使用寿命期的承载能力的要求，保证强度和稳定性，还要控制裂缝和挠度。

1. 点支承式外挂墙板

根据外挂墙板悬挂方式的不同，外挂墙板节点一般可分为上承式节点及下承式节点两种类型，如图 9.2-6 所示。一般情况下，外挂墙板与主体结构的连接可设置 4 个支承点：当下部两个为承重节点时，上部两个宜为非承重节点；相反，当上部两个为承重节点时，下部两个宜为非承重节点。当承重节点多于两个时，按两个考虑。

通常预制混凝土外挂墙板不参与主体结构受力，而只承受包括自重、风荷载以及地震作用在内的仅作用于墙板本身的荷载。因此，其节点应具有足够的承载力来抵抗由外挂墙板传来的所有荷载。

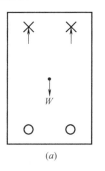
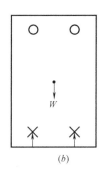

图 9.2-6 点支承式
（a）上承式；（b）下承式

（1）自重作用荷载分析

为了保证外挂墙板可以自由运动，作用于墙板上的竖向荷载均仅由两个节点承受，设计重力荷载时应考虑相应支撑合力点与板面形心不重合（产生偏心）时所造成的附加荷载。同时，还需考虑在外挂墙板面层铺装及预埋铁件对混凝土所产生的附加重量。节点在自重作用下的受力简图如图 9.2-7 所示，图 9.2-8 中各参数含义见表 9.2-2。

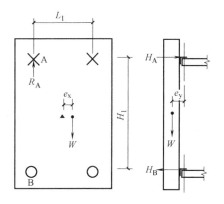

图 9.2-7 自重作用下节点受力简图

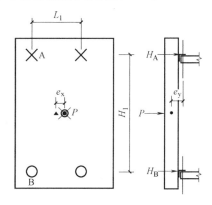

图 9.2-8 风荷载作用下节点受力简图

重力荷载作用下节点受荷计算公式　　　　表 9.2-2

荷载	承重节点 A	限位节点 B
竖向荷载	$R_A = \dfrac{W}{2} + \dfrac{W \cdot e_x}{L_1}$	—
面外水平荷载	$H_A = \dfrac{R_A \cdot e_y}{H_1}$	$H_B = \dfrac{R_B \cdot e_y}{H_1}$

注：W 为墙板自重；e_x 与 e_y 分别为板面形心与合力作用点间的平行于外挂墙板（面内）水平方向及垂直外挂墙板（面外）水平方向的偏心距；L_1 与 H_1 分别为外接墙板支撑节点的水平和铅锤距离。

（2）节点所受风荷载标准值

风荷载标准值 P 为：

$$P = \beta_{gz} \mu_{s1} \mu_z \omega_0 A_0 \tag{9.2-6}$$

式中：β_{gz}——高度 z 处的风振系数；

　　　μ_{s1}——风荷载局部体型系数；

　　　μ_z——风压高度变化系数；

　　　ω_0——基本风压，kN/m^2；

　　　A_0——墙板迎风向面积，mm^2。

预制外挂墙板的面外风荷载将由全部节点共同承担，在节点计算中，需计及由外挂墙板所承受风荷载合力作用点与支撑合力点不重合所产生的偏心效应。根据风荷载作用下节点受力简图（图 9.2-8），节点在风荷载 P 作用下所承受的荷载计算公式见表 9.2-3。

风荷载作用下节点受荷计算公式　　　　表 9.2-3

荷载	承重节点 A	限位节点 B
面外水平荷载	$H_A = \dfrac{P}{4} \pm \dfrac{P \cdot e_x}{2L_1}$	$H_B = \dfrac{P}{4} \pm \dfrac{P \cdot e_x}{2L_1}$

（3）节点所受地震作用标准值

地震作用应分别考虑预制外挂墙板面外水平地震作用、面内水平地震作用以及面内垂直地震作用三种情况，并应考虑其相应偏心作用。在面内地震作用下，外挂墙板可能发生回转，导致短时间内不能由其四点同时承受面内水平地震作用，因此，对于承重节点而言，将其所承受的荷载作用放大 2 倍，以保证节点的安全。

根据地震作用下节点受力简图（图 9.2-9～图 9.2-11），水平、竖向地震标准值为 F_p、F_v，节点在地震作用下所承受的荷载计算公式见表 9.2-4。

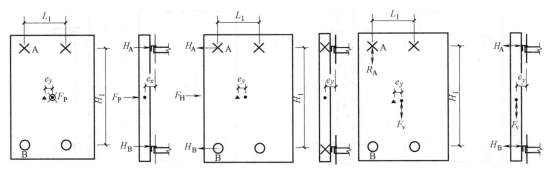

图 9.2-9　面外水平地震作用下　　图 9.2-10　面内水平地震作用下　　图 9.2-11　面内垂直地震作用下

地震作用下节点受荷计算公式　　　　　　表 9.2-4

荷载		承重节点 A	限位节点 B
面外水平地震作用	面外水平荷载	$H_A=\dfrac{F_P}{4}+\dfrac{F_P \cdot e_x}{2L_1}$	$H_B=\dfrac{F_P}{4}+\dfrac{F_P \cdot e_x}{2L_1}$
面内水平地震作用	面内水平荷载	$H_A=\dfrac{F_H}{2}$	$H_B=\dfrac{F_H}{4}$
面内垂直地震作用	竖向荷载	$R_A=\dfrac{F_V}{2}+\dfrac{F_V \cdot e_x}{L_1}$	—
	面外水平荷载	$H_A=\dfrac{F_V \cdot e_y}{H_1}$	$H_B=\dfrac{F_V \cdot e_y}{H_1}$

（4）墙板内力分析

墙板在平面外的风荷载和地震荷载作用下的内力分析，可简化四点支撑的简支板力学模型分析。在平面内的力学分析较复杂，建议使用有限元分析，但平面内的工况一般不起控制作用。

2. 线支承式外挂墙板

线支承式外挂墙板不仅要对外挂墙板及节点进行承载力验算，还要对连接部位进行罕遇地震作用下的验算。

在罕遇地震作用下，连接部位的验算公式为：

$$S_{Gk}+S_{Ehk}+S_{Evk} \leqslant R_k \qquad (9.2-7)$$

式中：R_k——构件或连接的承载力标准值；

$\quad\quad\quad S_{Gk}$——永久荷载标准值的效应；

$\quad\quad\quad S_{Ehk}$——水平地震作用标准值的效应；

$\quad\quad\quad S_{Evk}$——竖向地震作用标准值的效应。

当线支承式外挂墙板与梁连接考虑为固定时，连接钢筋面积应满足下式要求：

$$M \leqslant f_y A_s d \qquad (9.2-8)$$

式中：M——按顶端固端支承、底端实际支承、侧边自由的边界条件为计算模型计算的单位长度的弯矩设计值；

$\quad\quad\quad f_y$——钢筋抗拉强度设计值；

$\quad\quad\quad A_s$——单位长度内连接钢筋的单肢面积；

$\quad\quad\quad d$——上下连接钢筋的间距。

线支承式外挂墙板可采用悬挂式的连接构造形式，其底部应设置限位件（图9.2-12）。线支承式预制混凝土外挂墙板的风荷载和地震荷载作用下的荷载分析与点支承式一样，但对于墙板的配筋设计和连接节点设计，其计算模型有差异。设计包括两部分：墙板的配筋设计和连接节点设计，由于受力复杂，较难简化，建议采用有限元分析，上端线支承可简化为固端支座，下端限位点在平面外受力可简化为点支承，

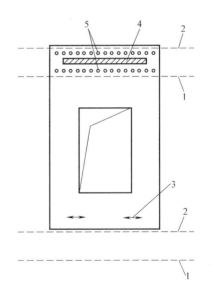

图 9.2-12　线支承式外挂墙板
及其连接形式示意图

1—梁底线；2—梁顶线；3—底部限位件；

4—剪力键槽；5—连接钢筋

必要时要考虑支座的弹性刚度，平面内受力不作为支座。

对于连接节点的验算，上端线支承连接钢筋在多遇地震和设防地震作用下保持弹性，在罕遇地震作用下不屈服。

对于线支承连接钢筋，其所承受的水平和竖向剪力 V 应满足下式要求：

$$V < V_{uE} \tag{9.2-9}$$

多遇地震和设防地震作用下，墙板上部线支承竖向接缝的受剪承载力设计值 V_{uE} 为：

$$V_{uE} = 1.65 A_{sd} \sqrt{f_c f_y} \tag{9.2-10}$$

罕遇地震作用下，V_{uE} 为：

$$V_{uE} = 1.65 A_{sd} \sqrt{f_{ck} f_{yk}} \tag{9.2-11}$$

式中：A_{sd}——线支承连接钢筋面积，其他参数按混凝土规范确定。

下部限位件按钢结构规范有关规定设计。

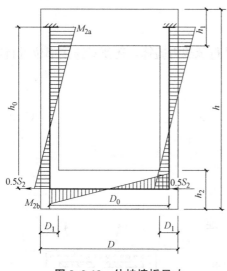

图 9.2-13　外挂墙板尺寸

3. 算例

以一个实际工程的一块典型大开洞线支承式预制混凝土外挂墙板为例，说明其设计过程。

如图 9.2-13 所示，墙板高度 $h = 3880\text{mm}$，宽度 $D = 2780\text{mm}$，窗洞面积占墙板面积的 45%，窗两侧墙板厚度为 160mm，窗上下墙板厚度为 160mm。$D_1 = 390\text{mm}$，$h_1 = 700\text{mm}$，$h_2 = 780\text{mm}$，$h_0 = 3140\text{mm}$，$D_0 = 2390\text{mm}$。

墙板保护层厚度取 25mm，混凝土强度等级为 C30，窗两侧 D_1 区域按梁配筋，主受力纵向分布钢筋为双层 $\Phi12@140$，封闭箍筋为 $\Phi10@200$，窗上下墙板 h_1、h_2 区域主受力分布钢筋采用双层双向 $\Phi10@200$。线支承连接钢筋采用 $\Phi12@200$，墙板开洞四角及底部限位连接件处补强钢筋配置如图 9.2-14 所示。

该墙板自重标准值 $G_k = 40.6\text{kN}$，风荷载标准值 $S_{wk} = 32.4\text{kN}$，水平地震作用标准值 $S_{Ehk} = 16.2\text{kN}$，竖向地震作用标准值 $S_{Evk} = 11.0\text{kN}$，$S_1 = 45.4\text{kN}$，$S_{1k} = 32.4\text{kN}$，$C = 45.0\text{kN}$，$S_2 = 21.1\text{kN}$，$S_{2k} = 16.2\text{kN}$。以窗两侧墙板为例，根据受荷面积把荷载转化为等代梁上的线荷载，可求出：$M_1 = 11\text{kN} \cdot \text{m}$，$M_{1k} = 8\text{kN} \cdot \text{m}$，$M_2 = 16.8\text{kN} \cdot \text{m}$，$M_{2k} = 12.9\text{kN} \cdot \text{m}$，计算截面（160mm×390mm）的截面刚度为 3993.6kN · m²。

计算结果如下：

（1）墙板平面外受力验算：

受弯承载力验算：$A_s = 300\text{mm}^2 > A_{s,min} = 125\text{mm}^2$

实配 $3\Phi12(339\text{mm}^2)$，满足计算要求。

裂缝验算：$\omega'_{max} = 0.134\text{mm} \leqslant 0.2\text{mm}$，满足要求。

挠度验算：$\delta_1 = 1.2\text{mm} < 19.4\text{mm}$，满足要求。

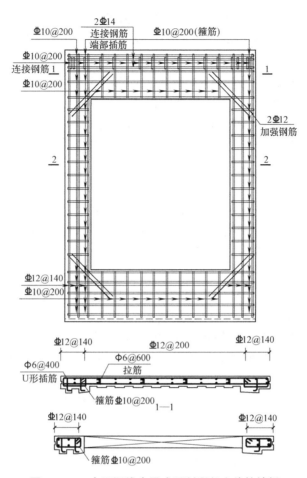

图 9.2-14　大开洞线支承式预制混凝土外挂墙板

（2）墙板平面内受力验算：

受弯承载力验算：$A_s = 138\text{mm}^2 > A_{s,\min} = 125\text{mm}^2$

实配 $2\Phi12$（226mm^2），满足计算要求。

裂缝验算：$\omega'_{\max} = 0.119\text{mm} \leqslant 0.2\text{mm}$，满足要求。

（3）板上部线支承连接钢筋验算

1）中震弹性

中震作用下，水平、竖向地震作用标准值 S_{Ehk}、S_{Evk} 分别为：

$$S_{Ehk} = \beta_E \alpha_{\max} G_k = 5 \times 0.23 \times 40.6 = 46.7\text{kN}; \quad S_{Evk} = 0.65 \times 46.7 = 31\text{kN}$$

水平、竖向地震作用设计值 S_{Eh}、S_{Ev} 分别为：

$$S_{Eh} = 1.3 \times 46.7 = 61\text{kN}; \quad S_{Ev} = 1.2 \times 40.6 + 1.3 \times 31 = 89\text{kN}$$

按照中震作用下计算的抗剪钢筋面积 A_{sd} 为：

$$A_{sd} = \frac{\sqrt{S_{Eh}^2 + S_{Ev}^2}}{1.65\sqrt{f_c f_y}} = \frac{10700}{1.65\sqrt{16.72 \times 360}} = 842\text{mm}^2$$

实配 1572mm^2（$\Phi12@200$），满足设计要求。

2）罕遇地震不屈服

罕遇地震作用下，水平、竖向地震作用标准值 S_{Eh}、S_{Ev} 分别为：

$$S_{Ehk}=\beta_E\alpha_{max}G_k=5\times0.45\times40.6=91.4kN;\quad S_{Evk}=0.65\times91.4=125.9kN$$

水平和竖向地震作用设计值 S_{Eh}，S_{Ev} 分别为：

$$S_{Eh}=1.0\times91.4=91.4kN;\quad S_{Ev}=1.0\times40.6+1.0\times59.4=100kN$$

按照罕遇地震作用下计算的抗剪钢筋面积 A_{sd} 为：

$$A_{sd}=\frac{\sqrt{S_{Eh}^2+S_{Ev}^2}}{1.65\sqrt{f_{ck}f_{yk}}}=\frac{135500}{1.65\sqrt{23.4\times400}}=848mm^2$$

实配 $1572mm^2$（$\Phi 12@200$），满足设计要求。

4. 墙板构造设计

根据我国国情，主要是我国吊车的起重能力、卡车的运输能力、施工单位的施工水平以及连接节点构造的成熟程度，目前还不宜将构件做得过大。构件尺度过长或过高，如跨越两个层高后，主体结构层间位移对外挂墙板内力的影响较大，有时甚至需要考虑构件的 P-Δ 效应。

预制墙板最小厚度考虑了预制外墙的防水构造做法以及侧面的排水导流槽、施工制作、吊装、运输、安装等因素，所以外挂墙板的高度不宜大于一个层高，厚度不宜小于100mm。对于夹芯墙板，其内、外叶墙板的厚度都不应小于50mm。

由于外挂墙板受到平面外风荷载和地震作用的双向作用，因此应双层、双向配筋，且内外层、竖向与水平向配筋均应满足最小配筋率的要求。因此，混凝土外挂墙板宜采用双层、双向配筋，配筋率不应小于 0.15%，且钢筋直径不宜小于 5mm，间距不宜大于200mm。

外挂墙板门窗洞口边由于应力集中，应采取防止开裂的加强措施。对开有洞口的外挂墙板，应根据外挂墙板平面内水平和竖向地震作用效应设计值，对洞口边加强配钢筋并进行配筋计算。混凝土外挂墙板开洞口处应在角部配置斜向加强筋，在外墙两侧各配不少于 2 根直径12mm 的钢筋，加强筋伸入洞口角部两侧长度应满足钢筋锚固长度的要求（图 9.2-15）。

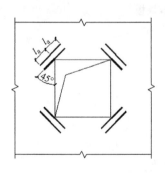

**图 9.2-15　外墙洞口加强
钢筋构造示意图**

外挂墙板的饰面可以有多种做法，应根据外挂墙板饰面的不同做法，确定其钢筋混凝土保护层的厚度。当外挂墙板的饰面采用表面露出不同深度的骨料时，其最外层钢筋的保护层厚度，应从最凹处混凝土表面计起。外挂墙板最外层钢筋的混凝土保护层厚度除有特殊要求外，应符合下列规定：

（1）对石材或面砖饰面，不应小于 15mm；

（2）对清水混凝土，不应小于 20mm；

（3）对露骨料装饰面，应从最凹处混凝土表面计起，且不应小于 20mm。

第十章 性能设计

第一节 概　　述

一、传统设计方法

我国的《抗规》以"小震不坏、中震可修、大震不倒"作为抗震设计思想。为实现上述三水准抗震设防要求，采用二阶段抗震设计方法来保障对大量的一般工业和民用建筑实现其三水准的抗震设防要求，同时通过对建筑物进行抗震重要性分类（甲、乙、丙、丁四类）来区别不同类别的建筑抗震设防要求。

"三个水准"为：50年内超越概率约63%的地震烈度对应于统计"众值"的烈度，比基本烈度约低一度半，规范取为第一水准烈度，称为"多遇地震"；50年超越概率约10%的地震烈度，即1990年中国地震区划图规定的"地震基本烈度"或中国地震动参数区划图规定的峰值加速度所对应的烈度，规范取为第二水准烈度，称为"偶遇地震"；50年超越概率2%～3%的地震烈度，规范取为第三水准烈度，称为"罕遇地震"。

与三个地震烈度水准相应的抗震设防目标是：一般情况下（最低要求），遭遇第一水准烈度——众值烈度（多遇地震）影响时，可以视为弹性体系，采用弹性反应谱进行弹性分析；遭遇第二水准烈度——基本烈度（设防地震）影响时，结构进入非弹性工作阶段，但非弹性变形或结构体系的损坏控制在可修复的范围；遭遇第三水准烈度——最大预估烈度（罕遇地震）影响时，结构有较大的非弹性变形，但应控制在规定的范围内，以免倒塌。

采用二阶段设计实现上述三个水准的设防目标：

第一阶段，取第一水准的地震动参数计算结构的弹性地震作用标准值和相应的地震作用效应，取《建筑结构可靠度设计统一标准》GB 50068—2001规定的分项系数设计表达式进行结构构件的截面承载力抗震验算，而通过概念设计和抗震构造措施来满足第三水准的设计要求。第一阶段设计，变形验算以弹性层间位移角表示。不同结构类型给出弹性层间位移角限值范围，对大多数的结构，可只进行第一阶段设计。

第二阶段设计是弹塑性变形验算，对地震时易倒塌的结构、有明显薄弱层的不规则结构以及有专门要求的建筑，除进行第一阶段设计外，还要进行结构薄弱部位的弹塑性层间变形验算并采取相应的抗震构造措施，实现第三水准的设防要求。

三水准抗震设计思想对结构的功能要求规定过于泛化，因而无法满足投资者、业主或环境对其功能上的"个性"要求。20世纪90年代初，美国学者提出了基于性能的抗震设计概念，并立即引起了世界范围同行的极大兴趣和广泛研究。它的思想内核是：通过多目标、多层次的抗震设计来最大限度保障人民生命安全和实现"效益－投资"的优化平衡以及满足对结构"个性"的要求。显然，这一思想是在总结传统设计思想的基础上以概念化的形式加以发展的，而并非是对传统设计思想的革命。事实上，传统的三水准抗震设计思想也具有基于性能的抗震设计思想的因素，只不过是处于初级的、低水平的、目标不明确的层面上而已。

二、性能设计

为了更好地满足社会和公众对结构抗震性能的多种需求，美国联邦紧急救援署（FE-MA）和国家自然科学基金会（NSF）资助开展了一项为期 6 年的行动计划，对未来的抗震设计进行了多方面的基础性研究，提出了基于性能的抗震设计理论，包括设计理论的框架、性能水准的定性与定量描述、结构非线性分析方法。日本、新西兰、欧共体、加拿大、澳大利亚相继开展了基于性能的结构抗震设计理论的研究。2000 年 11 月 15 日，这些国家的地震工程研究人员汇聚日本国土交通省建筑研究所，就基于性能的结构抗震设计理论主要内容进行了学术交流。可以肯定地说，基于性能的结构抗震设计理论已成为这些国家地震工程研究的热门课题。我国在该领域的研究近几年主要集中在如何消化国外研究成果，这在新《抗规》中得到了一定程度的体现。

基于性能的抗震设计，从本质上来讲并不是一个全新的概念，早在 20 世纪 20 年代，基于性能的结构就作为设计目标之一在美国第一本建筑规范 UBC 中有所体现。目标最开始只要求结构在地震中不倒塌或不危及生命安全。到 20 世纪 70 年代，结构震后修复、地震损伤控制等领域也开始应用基于性能的目标。而后到 90 年代，基于性能抗震设计的确切概念首先被 Bertero R 和 Bertero V.V. 等学者提出，在对其进行持续深入的系统研究后，美、日等国学者把它作为新一代的抗震设计方法。

基于性能的抗震设计内容包括三个方面：抗震设防水准、性能水准和性能目标。抗震设防水准是指以后可能施加在建筑结构上的地震作用大小，性能水准是指建筑结构在抗震设防水准下的最大破坏程度，应对其进行定性和定量描述，而性能目标是指地震设防水准与建筑结构性能水准的不同组合。

基于性能抗震设计的主旨是在预定的使用年限内，工程结构在受到不同强度水准的地震作用下，达到不同的性能目标，结构及构件发生一定程度的变形和破坏，从而达到既安全可靠又合理经济的最优平衡状态。这里的性能目标不是只涉及结构的狭义的性能目标，而是综合结构、设备、建筑、装修、安全、社会经济影响等多方面因素的广义的性能目标。基于性能抗震设计的特点在于使抗震设计从宏观定性的目标过渡到具体量化的目标，业主可根据自身需要，综合其他方面考虑选择合适的性能目标，是对抗震设防思想的全面深化、细化、具体化和个性化。

性能设计有如下特点：（1）对不同的建筑结构可以确定不同的性能目标，业主可综合考虑建筑费用、震后修复费用、停业损失甚至企业社会形象的影响等因素，与设计人员共同商讨并确定具体的性能目标；（2）可以对不同强度地震作用下结构的实际响应做出预期估计，并与具体量化的接受准则进行比对，对采用传统设计方法的结构性能进行验证，进一步完善传统设计方法；（3）运用到我国超限高层建筑工程的抗震设计中去，超限高层采用基于性能的抗震设计方法，可以有针对性地采取有效措施，使设计的建筑结构更加安全。

目前，我国的性能设计主要针对现浇结构，装配式结构的性能设计规范规定按现浇结构的方法，但由于预制构件的连接与现浇结构不同使得其不能完全照搬。本书结合装配结构的特点，对性能设计进行阐述，供广大设计人员参考。

第二节　装配整体式结构连接形式及效应划分

一、钢筋混凝土构件变形描述

弦转角是基本的构件变形描述模型，弦转角基本模型如图 10.2-1 所示，采用弦转角模型可以描述梁、柱构件的变形（图 10.2-2）。

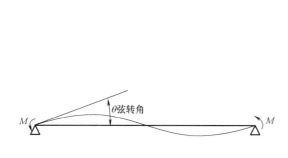

图 10.2-1　弦转角基本模型

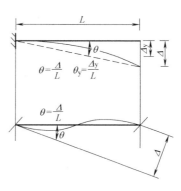

图 10.2-2　梁弦转角

图 10.2-3 用以描述非线性分析时受弯曲控制剪力墙的变形，其意义为剪力墙塑性铰区域的转角；图 10.2-4 用以描述受剪切控制剪力墙的变形。

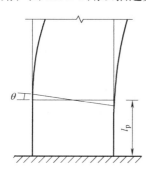

图 10.2-3　剪力墙转角

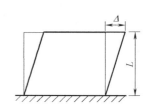

图 10.2-4　剪力墙剪切位移角

FEMA-356、ASCE41-06 中仅有两种标准化曲线对构件的力-变形进行描述，如图 10.2-5（a）、（b）所示；而在 ASCE41-13 中则增加了一种标准化曲线［图 10.2-5（c）］，旨在更好地描述剪力墙受剪切控制时的受力性能状态。

图 10.2-5（a）用以表示非线性分析时柱、梁、受弯曲控制的剪力墙以及此剪力墙所含连梁的模型参数和接受准则；图 10.2-5（b）用以表示非线性分析时受剪切控制剪力墙以及此剪力墙内所含连梁的模型参数和接受准则；图 10.2-5（c）为一种标准化曲线图，用以表示非线性分析时受剪切控制剪力墙以及此剪力墙内所含连梁的模型参数和接受准则。图 10.2-5（a）曲线特征点对应构件的宏观状态有如下叙述：A 点为构件的受力起始点，B 点对应受拉钢筋屈服，C 构件达到极限承载能力，C 点过后可能出现钢筋拉断、屈曲、混凝土剥落等现象，DE 为构件的残余强度；ASCE41-13 认为图 10.2-5（c）F 点钢筋混凝土剪力墙出现斜裂缝，计算时简化混凝土的抗拉强度为 $4\sqrt{f_c'}$（psi），相当于混

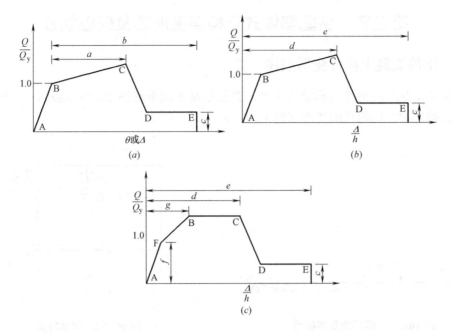

图 10.2-5　标准化力-变形曲线

凝土轴心抗拉强度的 $2/3$，B 点、C 点分别表示钢筋屈服和剪力墙抗侧刚度下降的起始点。

二、装配式结构承载力控制和变形控制区域和效应

　　和现浇结构一样，装配整体式混凝土结构应将所有的效应划分为承载力控制或变形控制。变形控制的效应（力、弯矩、应变、位移或其他变形）指延性的、可以实现可靠的塑性变形且没有显著的强度下降的效应。力控制的效应是指较为脆性的、无法实现可靠的塑性变形的效应。在我国规范中，没有力控制、位移控制的具体提法，但通过不同的表达方式给予划分。如钢筋混凝土梁，在弯矩作用下变形是延性的，可以形成塑性铰，通过塑性铰的变形耗散能量，当塑性铰变形（塑性转角）超过最大限值时，可认为塑性铰发生破坏，实际上就是"变形控制"；剪切变形是脆性的，通过强剪弱弯，确保不先发生剪切破坏，实际上就是"力控制"。"力控制"或"变形控制"不仅与受力、材料有关，还同截面形式有关，对于钢结构构件，当壁厚较薄（如工字钢翼缘宽厚比较大）时，材料未达到屈服即已发生局部屈曲，承载力急剧下降；或材料虽达到屈服但很快发生局部屈曲，承载力急剧下降（不能保持屈服弯矩）也应划分为"力控制"，当然对变形控制的效应，当控制其在大震下不进入塑性变形阶段，也可采用"力控制"。

　　明确装配整体式钢筋混凝土结构中允许和不允许出现塑性变形的区域，在此有两方面的含义：保证可能出现塑性变形部位具有足够变形能力、避免变形能力不足引起不可预期的破坏；避免过大的塑性变形出现在未按延性设计的部位。明确哪些构件或部位需要保证足够强度不出现塑性铰、哪些构件或部位需要保证足够变形能力，有针对性地解决问题，不仅可以确保结构具有良好的变形耗能能力，实现大震下不倒塌，同时也没必要对整个结构所用的全部钢筋、混凝土以及构造都提出过高的要求，造成不必要的浪费，而且在装配整体式结构中节点区钢筋过多会加大施工、安装难度。

FEMA-356 中"力控制"或"变形控制"的分类及定义如下：

应采用图 10.2-6 所示的力-变形曲线将构件的效应划分为力控制和变形控制：

（1）构件的力-变形曲线满足第 1 型曲线：

$e \geqslant 2g$——主要构件、次要构件均为变形控制；

$e < 2g$——主要构件为力控制，次要构件为变形控制。

（2）构件的力-变形曲线满足第 2 型曲线：

$e \geqslant 2g$——主要构件、次要构件均为变形控制；

$e < 2g$——主要构件、次要构件均为力控制。

（3）构件的力-变形曲线满足第 3 型曲线：主要构件、次要构件均为力控制。

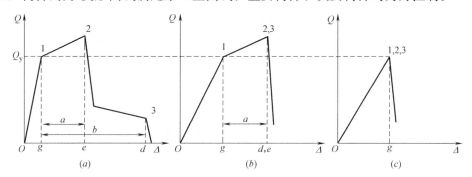

图 10.2-6　力-变形曲线

（a）第 1 型曲线；（b）第 2 型曲线；（c）第 3 型曲线

为方便我国设计人员，本书将"力控制"称作"承载力控制"

《广东省装规》给出了装配整体式钢筋混凝土结构允许出现塑性变形的区域、效应，见表 10.2-1；承载力控制的区域、效应，见表 10.2-2。

装配整体式钢筋混凝土结构中允许出现塑性变形的区域和效应　　　　表 10.2-1

结构体系	区域	效应
装配整体式钢筋混凝土框架	现浇或延性连接梁端	弯曲塑性铰
	现浇柱	P-M-M 铰
	预制柱柱顶	P-M-M 铰
装配整体式钢筋混凝土剪力墙	墙肢	P-M 铰
	连梁	弯曲塑性铰

装配整体式钢筋混凝土结构中承载力控制的区域和效应　　　　表 10.2-2

结构体系	区域	效应
装配整体式钢筋混凝土框架	梁柱节点	剪切、弯曲、轴压
	柱	剪切
	柱轴压比大于 0.9	剪切、弯曲、轴压
	预制框架梁强连接	剪切、弯曲
	预制柱结合部	剪切、弯曲、轴压
装配整体式钢筋混凝土剪力墙	轴压比大于 0.25 的墙肢	剪切
	预制剪力墙水平接缝	剪切、弯曲、轴压

231

表 10.2-2 明确了柱轴压比大于 0.9 时其剪切、弯曲、轴压均为力控制,源于 FEMA-356 中提出当柱 $\frac{P}{f_c'A} \geqslant 0.6$ 时,柱延性较差不具备足够的变形能力用以耗能,则归为承载力控制,而 FEMA 中限值为 0.6 对应我国钢筋混凝土柱轴压比超过 0.9;同理也对应于墙肢轴压比大于 0.25 的剪切行为;钢筋混凝土柱受剪切控制时,其变形能力也十分有限,所以将其明确划分为承载力控制。需要明确的是装配整体式结构的连接形式发生变化时,上述两个表的划分也可相应调整。

装配整体式结构中延性连接指的是结构在地震作用下,连接部位可以进入塑性状态的连接,接头两侧纵向受力钢筋面积相等,两侧截面抗弯承载力相同,而接头材料强度高于被连接钢筋,接头处截面受弯承载力大于两侧截面,所以当结构发生较大变形时,接头靠近节点区一侧截面会先形成塑性铰,则需要预留塑性铰发生长度(图 10.2-7)。所以当采用延性连接时,由于塑性铰出现部位与现浇结构一致,则性能设计时,参数取值与现浇结构保持等同。

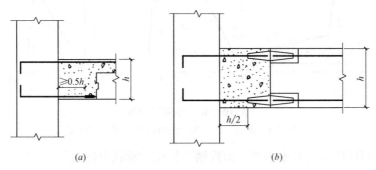

图 10.2-7　延性连接形式

(a) 延性连接形式 1;(b) 延性连接形式 2

强连接指的是结构在地震作用下达到最大侧向位移时,构件进入塑性状态,而连接部位仍保持弹性状态的连接。与延性连接相比,强连接处纵向钢筋连接接头(一般为灌浆套筒)位置与节点区无距离限制,如图 10.2-8 所示,且靠近节点区一侧纵向钢筋面积大于远离节点区一侧纵向钢筋面积,也即靠近节点区一侧截面抗弯强度大于远离节点区一侧截面抗弯强度;同时由于接头材料强度高于被连接钢筋,当结构发生较大变形时,接头远离节点区一侧截面会形成塑性铰,而接头靠近节点区一侧截面仍处于弹性状态。由于构件中部分处于弹性状态,塑性铰会往构件中部推移,此时梁变形的弦转角为预设计塑性铰间的

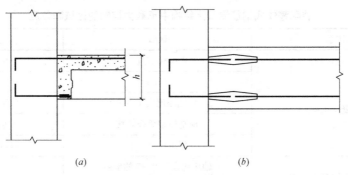

图 10.2-8　强连接形式

(a) 强连接形式 1;(b) 强连接形式 2

弦转角，而非梁两端间的弦转角。强连接不允许产生塑性变形，就是力控制。

图10.2-9为柱预制预留梁钢筋，再以套筒连接预制梁与预制柱钢筋，连接区域后浇混凝土。从照片中可以明显看出是延性连接构造。图10.2-10是上下预制柱在节点区域的连接，上层预制柱柱底预埋套筒，下层预制柱柱顶预留钢筋，通过套筒连接钢筋并在节点区域后浇混凝土，对于上层柱底，不是延性连接。

连接位于柱中或梁中，如图10.2-11、图10.2-12所示，这种连接不影响塑性铰发生，塑性铰位于柱端或者梁端，并未往节点外推移。

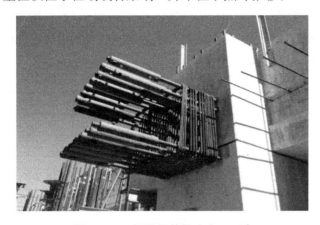

图 10.2-9　梁端钢筋接头率100%

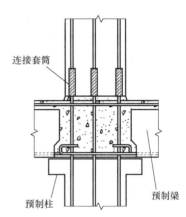

图 10.2-10　柱端钢筋接头率100%

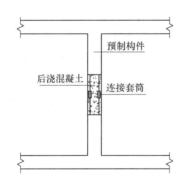

图 10.2-11　柱连接位于中部1/3跨

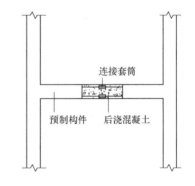

图 10.2-12　梁连接位于中部1/3跨

装配整体式结构的连接方式区分为延性连接与强连接使得连接部位受力、变形性能更加清晰。

三、材料强度取值

力-变形曲线（图10.2-6）中的Q_y表示构件的屈服承载力，即为进入塑性变形的分界点。ASCE41-13表明当评价变形控制效应构件的力-变形关系时，计算Q_y时材料强度采用期望值f_{CE}；当评价承载力控制效应构件的力-变形关系时，计算Q_y时材料强度采用下边界值f_{CL}，其中，期望值f_{CE}与下边界值f_{CL}的关系为下式

$$f_{CL} = f_{CE} - \sigma \tag{10.2-1}$$

式中，σ为材料强度的标准差。

对于装配整体式钢筋混凝土结构，f_{CL} 类似于我国钢筋、混凝土材料强度的标准值，但其保证率较标准值低，若采用我国材料强度标准值核算承载力控制效应，判断构件是否满足承载力要求，可以确保构件具有更高的安全可靠度；但变形控制效应却不宜采用材料强度标准值或下界值核算其是否进入塑性状态，原因在于当采用此类材料强度代表值时，计算构件相关效应已经进入了塑性状态，但由于材料强度取值保证率较高而导致实际上仅少数构件进入塑性状态，大部分构件并未进入预期的耗能状态，那么结构实际承受的地震力可能大于计算的地震力，结构在地震状态下可能处于更加危险的状态。

混凝土结构性能设计时，对于变形控制效应，判断构件进入塑性变形的材料强度指标应取强度的平均值，承载力控制时判断构件是否满足承载力要求的材料强度指标应取强度的标准值或设计值；部分混凝土、钢筋强度标准值、平均值见表 10.2-3～10.2-5。

混凝土抗压强度标准值、平均值（N/mm²）　　　　　　　表 10.2-3

强度等级	C15	C20	C25	C30	C35	C40	C45	C50	C60
f_{ck}	10.0	13.4	16.7	20.1	23.4	26.8	29.6	32.4	38.5
f_{cm}	16.2	20.3	24.2	28.0	32.0	36.1	39.8	42.9	50.1

混凝土抗拉强度标准值、平均值（N/mm²）　　　　　　　表 10.2-4

强度等级	C15	C20	C25	C30	C35	C40	C45	C50	C60
f_{tk}	1.27	1.54	1.78	2.01	2.20	2.39	2.51	2.64	2.85
f_{tm}	2.06	2.33	2.58	2.80	3.01	3.22	3.37	3.50	3.71

钢筋抗拉、抗压屈服强度标准值、平均值（N/mm²）　　　　表 10.2-5

强度等级	HPB235	HRB335	HRB400
f_{yk}	235	335	400
f_{ym}	276.4	383.6	453.7

《高规》中有关性能设计的条文说明提到，材料代表值的选定与结构的抗震性能密切相关，应按照实际情况合理取为设计值、标准值或平均值等；《混规》中有关钢筋、混凝土材料单轴拉伸本构条文说明中也提到，钢筋、混凝土强度的平均值本构关系主要用于结构弹塑性分析，宜实测确定。

第三节　性能水准和性能目标

一、性能目标

对特定的建筑结构采用性能设计时，第一步就是确定性能水准与性能目标。

在给定的地震设防水准下，建筑物的性能用性能水准表示。性能水准表示建筑结构在特定设防地震作用下所达到的最大破坏程度。

性能目标是在不同设防地震水准下，建筑物所应达到的性能水准。性能目标是地震设防水准（小震、中震、大震）和性能水准的组合，从"小震不坏"至"大震不倒"有多种选择，即建筑物在不同地震设防水准（小震、中震、大震）下的抗震性能表现可以由业主与结构工程师商议决定，但具体的组合方式应满足最低安全要求。性能目标的制定应考虑建筑物的抗震设防类别、设防烈度、场地条件、结构类型和不规则性，建筑使用功能和附属设施功能的要求、投资大小、震后损失和修复难易程度等；对于装配整体式结构抗震性能目标可以分为 A、B、C、D，各性能目标在各地震动（小震、中震、大震）作用下的性能从 1、2、3、4、5 性能水准中选取，具体参照表 10.3-1。

装配整体式结构抗震性能目标　　　　　　　　表 10.3-1

性能目标 地震水准　性能水准	A	B	C	D
多遇地震	1	1	1	1
设防烈度地震	1	2	3	4
预估的罕遇地震	2	3	4	5

对整体结构指定性能目标（表 10.3-1），然后在此性能目标的基础上根据构件的重要性指定关键构件、普通竖向构件及耗能构件（表 10.3-2）。

各性能水准结构预期的震后性能状况　　　　　　表 10.3-2

结构抗震性能水准	宏观损坏程度	损坏部位			继续使用的可能性
		关键构件	普通竖向构件	耗能构件	
1	完好、无损坏	无损坏	无损坏	无损坏	不需修理即可继续使用
2	基本完好、轻微损坏	无损坏	无损坏	轻微损坏	稍加修理即可继续使用
3	轻度损坏	轻微损坏	轻微损坏	轻度损坏、部分中度损坏	一般修理即可继续使用
4	中度损坏	轻度损坏	部分构件中度损坏	中度损坏、部分构件比较严重损坏	修复或加固后可继续使用
5	比较严重损坏	中度损坏	部分构件比较严重损坏	比较严重损坏	需排险大修

A、B、C、D 四级性能目标的结构，在小震作用下均应满足第 1 抗震性能水准，即满足弹性设计要求；在中震或大震作用下，四种性能目标所要求的结构抗震性能水准有较大的区别。A 级性能目标是最高等级，中震作用下要求结构达到第 1 抗震性能水准，大震作用下要求结构达到第 2 抗震性能水准，即结构仍处于基本弹性状态；B 级性能目标，要求结构在中震作用下满足第 2 抗震性能水准，大震作用下满足第 3 抗震性能水准，结构仅有轻度损坏；C 级性能目标，要求结构在中震作用下满足第 3 抗震性能水准，大震作用下满足第 4 抗震性能水准，结构中度损坏；D 级性能目标是最低等级，要求结构在中震作用下满足第 4 抗震性能水准，大震作用下满足第 5 性能水准，结构有比较严重的损坏，但不致倒塌或发生危及生命的严重破坏。选用性能目标时，需综合考虑抗震设防类别、设防烈度、场地条件、结构的特殊性、建造费用、震后损失和修复难易程度等因素。鉴于地震地面运动的不确定性以及对结构在强烈地震下非线性分析方法（计算模型及参数的选用等）存在不少经验因素，缺少从强震记录、设计施工资料到实际震害的验证，对结构抗震性能

的判断难以十分准确。上述 A、B、C、D 性能目标也可大致表述如下：

目标 A：小震、中震完好，大震基本完好；

目标 B：小震完好，中震基本完好，大震轻度损坏；

目标 C：小震完好，中震轻度损坏，大震中度损坏、可修；

目标 D：小震完好，中震中度损坏、可修，大震比较严重损坏、不倒。

抗震设防类别为特殊设防类（甲类）及重点设防类（乙类）的工程，在《抗规》《建筑工程抗震设防分类标准》GB 50223—2008 中，其性能目标如何确定均无明确规定，通过《建筑工程抗震设防分类标准》中对特殊设防类（甲类）及重点设防类（乙类）的工程在震后受损程度的限制或对震后功能的要求与表 10.3-2 中各性能水准的宏观描述对比，甲类工程因使用上有特殊设施，涉及国家或公共安全，或可能发生重大次生灾害等，应根据具体工程性质，进行专项研究，以确定性能目标，一般应选 A 级，最低不应低于 B 级，按批准的地震安全性评价的结果确定地震作用。乙类建筑，若使用功能不能中断的生命线工程，则可选取 A 级；若要求尽快恢复功能的生命线工程，则可选取 B 级；若由于建筑人员较多，为了防止可能导致大量人员伤亡，需提高设防标准的建筑，则可选取 C 级。超限高层建筑由于人员较多或建造成本较高，一般可选取不低于 C 级的性能目标。

结构抗震性能分析论证的重点是深入的计算分析和工程判断，找出结构有可能出现的薄弱部位，提出有针对性的抗震加强措施，进行必要的试验验证，分析论证结构可达到预期的抗震性能目标。一般需要进行如下工作：

（1）分析确定结构超过规程适用范围及不规则性的情况和程度；

（2）认定场地条件、抗震设防类别和地震动参数；

（3）进行弹性和弹塑性计算分析（静力分析及时程分析）并判断计算结果的合理性；

（4）找出结构有可能出现的薄弱部位以及需要加强的关键部位，提出有针对性的抗震加强措施；

（5）必要时还需进行构件、节点或整体模型的抗震试验，补充提供论证依据，例如，对于规程未列入的新型结构方案，无震害和试验依据或对计算分析难以判断、抗震概念难以理解的复杂结构方案；

（6）论证结构能满足所选用的抗震性能目标的要求。

二、各性能水准层间位移角限值

确定建筑物的抗震性能目标、划分控制效应后，需对各地震动下结构的性能水准进行具体描述，对于装配整体式结构可以从两个维度出发——结构整体与结构构件。

整个体系应该包含抗侧力部分与抗重力部分，其中，抗重力部分设计是不考虑抗侧能力，但必须能够承受竖向荷载，同时在地震作用下可产生协调变形的部分。其中抵抗侧力的预制混凝土框架部分，预制构件连接时应采用后浇混凝土或者干连接（包括焊接、螺栓连接）等形式，使得这部分结构能抵抗巨大的地震力；而抗重力部分预制构件之间一般采用干连接方式，使该部分在遭受地震力时不会产生较大的抵抗力。

ASCE41-13 对于装配整体式框架抵抗侧力的部分，其抗震性能设计取值参数与现浇结构完全一致，而我国现阶段主要推行装配整体式结构，构件之间的连接多采用后浇混凝土，且国内外诸多的试验也表明装配整体式框架结构与现浇框架结构有类似的刚度、延性以及耗能性能等。所以认为现浇框架结构的性能设计取值参数适用于装配整体式框架结构，但对于端部采用套筒或浆锚搭接连接的柱，则不相同。

ASCE41-13 装配整体式剪力墙性能设计时，如剪力墙结构体系的连接处强度大于其余部分使得塑性变形不发生于连接处，墙系的设计参数可以按照现浇剪力墙取值。

结构整体对应的性能水准描述方式可以采用层间位移角，由于大震下结构可能进入塑性状态，则层间位移角分为弹性层间位移角与塑性层间位移角；装配整体式结构各性能水准下结构层间位移角限值可以参照表 10.3-3。

装配整体式结构各性能水准层间位移角限值 表 10.3-3

性能水准	1	2	3	4	5
层间位移角	θ_e	$1.5\theta_e$	$2\theta_e$	$\text{Min}(4\theta_e, 0.9\theta_p)$	θ_p

注：θ_e——弹性层间位移角的限值，按表 10.3-4 取值；
　　θ_p——弹塑性层间位移角的限值，按表 10.3-5 取值。

楼层层间最大位移与层高之比限值 表 10.3-4

结构类型	$\Delta u/h$ 限值
装配整体式框架结构、装配整体式框架—斜撑结构	1/500
装配整体式框架—现浇剪力墙结构、装配整体式框架—现浇核心筒结构	1/650
装配整体式剪力墙结构、装配整体式部分框支剪力墙结构	1/800
多层装配式剪力墙结构	1/1000

层间弹塑性位移角限值 表 10.3-5

结构类别	θ_P
装配整体式框架、装配整体式框架—斜撑结构	1/50
装配整体式框架—现浇剪力墙、装配整体式框架—现浇核心筒	1/100
装配整体式剪力墙结构、装配整体式部分框支剪力墙结构	1/120

三、承载力控制的效应设计

由于连接区域的存在，使得进行性能设计时要考虑构件及连接的受力情况，即要验算构件、连接承载力是否满足要求，装配整体式钢筋混凝土结构抗震承载力设计可以按如下进行：

第 1 性能水准的结构，应满足弹性设计要求。在多遇地震作用下，按常规设计，其承载力和变形应符合《抗规》及《高规》的有关规定；在设防烈度地震作用下，结构构件的抗震承载力应符合式（10.3-1）的规定：

$$\gamma_G S_{GE} + \gamma_{Eh} S_{Ehk}^* + \gamma_{Ev} S_{Evk}^* \leqslant R_d / \gamma_{RE} \qquad (10.3-1)$$

式中：R_d、γ_{RE}——分别为构件承载力设计值和承载力抗震调整系数；

　　　　S_{GE}——重力荷载代表值的效应；

　　　　S_{Ehk}^*——水平地震作用标准值的构件内力，不需要考虑与抗震等级有关的增大系数；

　　　　S_{Evk}^*——竖向地震作用标准值的构件内力，不需要考虑与抗震等级有关的增大系数；

第 2 性能水准的结构，基本处于弹性状态，耗能构件的变形可少量超过弹性变形。在设防烈度地震或预估的罕遇地震作用下，关键构件、普通竖向构件的抗震承载力、耗能构件的受剪承载力、预制构件连接承载力应满足式（10.3-1）。

第 3 性能水准的结构应进行弹塑性计算分析。在设防烈度或预估的罕遇地震作用下，关键构件承载力控制效应的承载力应符合式（10.3-1）；关键构件的变形控制效应、普通竖向构件及耗能构件的承载力控制效应应符合式（10.3-2）、（10.3-3）；部分普通竖向构件及耗能构件的变形控制效应可进入屈服阶段。

$$S_{GE}+S_{Ehk}^*+0.4S_{Evk}^*\leqslant R_k \tag{10.3-2}$$

$$S_{GE}+0.4S_{Ehk}^*+S_{Evk}^*\leqslant R_k \tag{10.3-3}$$

式中：R_k——截面承载力标准值，按材料强度标准值计算。

第 4 性能水准的结构应进行弹塑性计算分析。在设防烈度或预估的罕遇地震作用下，关键构件的承载力控制效应的承载力宜符合式（10.3-1）；关键构件的变形控制效应、普通竖向构件及耗能构件承载力控制效应的承载力宜符合式（10.3-2）、（10.3-3）；部分普通竖向构件及耗能构件的变形控制效应进入屈服阶段，允许小部分耗能构件发生比较严重的破坏。

第 5 性能水准的结构应进行弹塑性计算分析。在预估的罕遇地震作用下，承载力控制效应的承载力宜符合式（10.3-2）、（10.3-3）；较多的竖向构件进入屈服阶段，允许部分耗能构件发生比较严重的破坏。

四、变形控制效应设计

当构件的变形能力采用图 10.2-5（c）所示的标准化力-变形曲线表达时，装配整体式钢筋混凝土结构构件不同性能水准下各构件塑性变形不宜超过表 10.3-6 的限值。

各性能水准构件变形控制效应塑性变形限值　　　　表 10.3-6

性能水准	1	2	3	4	5
关键构件	/	/	0.25a	0.50a	0.75a
普通竖向构件	/	/	0.25a	0.75a	a
耗能构件	/	0.25a	0.75a	a	b

注：表中"/"表示不允许出现塑性变形，"a"、"b"值分别表示图 10.2-5（c）标准化力-变形曲线中 BC、DE 段塑性变形。

五、构件性能设计参数取值

标准化的力-变形曲线的相关参数可以通过试验确定，也可以根据构件截面、材料本构关系通过计算分析得到。由于目前我国的试验资料尚不系统，通过对比美国混凝土和钢筋力学性能指标，并转化为国际单位，将 ASCE41-13 的相关资料给出，供结构设计人员参考，见表 10.3-7～表 10.3-11。

ASCE41-13 将结构性能划分为立即使用（Immediate Occupancy，S-1）、损伤控制范围（Damage Control Range，S-2）、生命安全（Life Safety，S-3）、有限的安全范围（Limited Safety Range，S-4）、防止倒塌（Collapse Prevention，S-5）以及不考虑（Not Considered，S-6）六个性能水平。相比 S-2、S-4 而言，S-1（IO）、S-3（LS）、S-5（CP）、S-6 更为常用，且对这三种性能目标给出了详细的参数取值与接受准则。

1. 钢筋混凝土梁参数取值

ASCE41-13 指出通过处理钢筋混凝土梁的拟静力试验数据，可以得到梁的骨架曲线。与我国《建筑抗震试验规程》JGJ 101—2015 相同，ASCE41-13 的骨架曲线是指低周往复荷载试验得力-变形曲线后取各加载级第一循环的峰值点连接而成的包络线，进而可以处理成标准化的力-变形曲线，得出梁的模型参数，再结合构件在不同性能水准下的要求得出钢筋混凝土梁的接受准则，见表 10.3-7。

钢筋混凝土梁非线性分析性能目标参数取值　　　　　　　表 10.3-7

条件状态		模型参数			接受准则		
		塑性转角(rad)		残余强度比	塑性转角(rad)		
					性能水准		
		a	b	c	IO	LS	CP
弯曲控制							
$\dfrac{\rho-\rho'}{\rho_b}$	$\dfrac{\alpha V}{bh_0 f_{tk}}$	—		—			
$\leqslant 0$	$\leqslant 3$	0.025	0.05	0.2	0.010	0.025	0.05
$\leqslant 0$	$\geqslant 6$	0.02	0.04	0.2	0.005	0.02	0.04
$\geqslant 0.5$	$\leqslant 3$	0.02	0.03	0.2	0.005	0.02	0.03
$\geqslant 0.5$	$\geqslant 6$	0.015	0.02	0.2	0.005	0.015	0.02
剪切控制							
箍筋间距$\leqslant \dfrac{d}{2}$		0.003	0.02	0.2	0.0015	0.01	0.02
箍筋间距$> \dfrac{d}{2}$		0.003	0.01	0.2	0.0015	0.005	0.01

梁受弯曲控制时表中条件式 $\dfrac{\rho-\rho'}{\rho_b}$ 表征的是受拉、受压钢筋配筋率与平衡配筋率的比值对模型参数的影响，界限配筋率仅与混凝土强度等级、钢筋类别有关，对于 HRB400 级抗震钢筋，界限配筋率见表 10.3-8。

HRB400 级抗震钢筋对应界限配筋率　　　　　　表 10.3-8

混凝土	C20	C25	C30	C35	C40	C45	C50	C55	C60	C70	C80
ρ_b	0.017	0.021	0.026	0.030	0.033	0.036	0.038	0.041	0.043	0.048	0.057

ACI318-99 认为受拉钢筋面积或者净受拉钢筋面积（受拉钢筋面积减去受压钢筋面积）对梁的变形能力有很大的影响，其值越大梁的变形能力越差，从表中数值 a 的变化趋势也可验证，其理念与我国《抗规》对抗震框架梁端的受压钢筋数量要求一致；条件式 $\dfrac{\alpha V}{bh_0 f_{tk}}$ 中的剪力 V 经非线性分析后得出；当钢筋混凝土梁受剪切控制时，无论箍筋间距为多少，其变形能力均十分有限，若用于我国设计分析时可以考虑将其划分为力控制。

2. 钢筋混凝土柱参数取值

钢筋混凝土柱的骨架曲线、标准化的力-变形曲线也是通过处理拟静力试验数据得出。对于性能设计参数取值（表 10.3-9），国外基本以悬臂柱作为试验对象，对于柱的参数取值、变形指标研究较为完整，理论也比较成熟；甚至部分梁构件的变形指标、理论也由悬臂柱推算而得。

钢筋混凝土柱非线性分析性能目标参数取值　　表 10.3-9

条件状态			模型参数				接受准则		
			塑性转角（rad）			残余强度比	塑性转角（rad）		
							性能水准		
$\dfrac{0.844P}{Af_{ck}}$	$\rho=\dfrac{A_v}{bs}$		—	a	b	c	IO	LS	CP
弯曲控制									
$\dfrac{0.844P}{Af_{ck}}$	$\rho=\dfrac{A_v}{bs}$		—	—	—	—	—	—	—
≤0.1	≥0.006		—	0.035	0.060	0.2	0.005	0.045	0.060
≥0.6	≥0.006		—	0.010	0.010	0.0	0.003	0.009	0.010
≤0.1	=0.002		—	0.027	0.034	0.2	0.005	0.027	0.034
≥0.6	=0.002		—	0.005	0.005	0.0	0.002	0.004	0.005
弯剪控制									
$\dfrac{0.844P}{Af_{ck}}$	$\rho=\dfrac{A_v}{bs}$	$\dfrac{\alpha V}{bh_0 f_{tk}}$	—	—	—	—	—	—	—
≤0.1	≥0.006	≤3	—	0.032	0.060	0.2	0.005	0.045	0.060
≤0.1	≥0.006	≥6	—	0.025	0.060	0.2	0.005	0.045	0.060
≥0.6	≥0.006	≤3	—	0.010	0.010	0.0	0.003	0.009	0.010
≥0.6	≥0.006	≥6	—	0.008	0.008	0.0	0.003	0.007	0.008
≤0.1	≤0.0005	≤3	—	0.012	0.012	0.2	0.005	0.010	0.012
≤0.1	≤0.0005	≥6	—	0.006	0.006	0.2	0.004	0.005	0.006
≥0.6	≤0.0005	≤3	—	0.004	0.004	0.0	0.002	0.003	0.004
≥0.6	≤0.0005	≥6	—	0.0	0.0	0.0	0.0	0.0	0.0
剪切控制									
$\dfrac{0.844P}{Af_{ck}}$	$\rho=\dfrac{A_v}{bs}$		—	—	—	—	—	—	—
≤0.1	≥0.006		—	0.0	0.06	0.0	0.0	0.045	0.060
≥0.6	≥0.006		—	0.0	0.008	0.0	0.0	0.007	0.008
≤0.1	≤0.0005		—	0.0	0.006	0.0	0.0	0.005	0.006
≥0.6	≤0.0005		—	0.0	0.0	0.0	0.0	0.0	0.0

　　弯剪控制钢筋混凝土柱变形能力较弯曲控制柱已经下降，而剪切控制钢筋混凝土柱几乎没有变形能力，建议在设计时定为力控制。

3. 钢筋混凝土剪力墙与连梁参数取值

　　FEMA-356 将剪力墙分为三类：高长比大于 3 时受弯曲控制；高长比小于 1.5 时受剪切控制；高长比介于 1.5 与 3 之间时兼受弯曲与剪切共同影响。在美国剪力墙使用比较普遍，多层、低层建筑中也常采用，非线性分析模型参数及接受准则见表 10.3-10、表 10.3-11。

表中条件式$\dfrac{(A_s-A'_s)f_{yk}+P}{1.185t_wl_wf_{ck}}$为 0.85 倍剪力墙截面的相对受压区高度，力平衡（P 经由弹塑性计算得出）计算时仅考虑边缘构件钢筋的参与，式中，f_{yk} 在 ACI 中称为"屈服强度特征值"，其意义与我国钢筋抗拉屈服强度标准含义一致。相对受压区高度会影响墙的变形能力，受压区高度越高，其变形能力越差；反之，则可以提高墙的变形能力。

连梁变形能力基本与普通梁一致，比墙肢塑性变形能力好，也可以证明其在地震下具有良好的耗能能力。此外在 ASCE41-13 中提到，若连梁配置了满足 ACI 要求的交叉斜筋则可以视为弯曲控制，具有比一般连梁更强的变形能力，与普通钢筋混凝土梁的变形能力相当，对比表 10.3-7 与表 10.3-10 相关参数也能发现类似规律。

弯曲控制钢筋混凝土剪力墙性能目标参数取值　　表 10.3-10

条件状态		模型参数			接受准则		
		塑性转角(rad)		残余强度比	塑性转角(rad)		
					性能水准		
		a	b	c	IO	LS	CP
墙肢							
$\dfrac{(A_s-A'_s)f_{yk}+P}{1.185t_wl_wf_{ck}}$	$\dfrac{\alpha V}{t_wl_wf_{tk}}$	—	—	—	—	—	—
$\leqslant 0.1$	$\leqslant 4$	0.015	0.020	0.75	0.005	0.015	0.020
$\leqslant 0.1$	$\geqslant 6$	0.010	0.015	0.40	0.004	0.010	0.015
$\geqslant 0.25$	$\leqslant 4$	0.009	0.012	0.60	0.003	0.009	0.012
$\geqslant 0.25$	$\geqslant 6$	0.005	0.010	0.30	0.0015	0.005	0.010
连梁	$\dfrac{\alpha V}{t_wl_wf_{tk}}$	—					
箍筋满足规范要求	$\leqslant 3$	0.025	0.050	0.75	0.010	0.025	0.050
	$\geqslant 6$	0.02	0.040	0.50	0.005	0.020	0.040
交叉斜筋		—	0.030	0.050	0.80	0.006	0.030	0.050

剪切控制钢筋混凝土剪力墙性能目标参数取值　　表 10.3-11

条件状态		模型参数					接受准则		
		剪切应变(%)/塑性转角(rad)			强度比		剪切应变(%)/塑性转角(rad)		
							性能水准		
		d	e	g	c	f	IO	LS	CP
墙肢									
$\dfrac{(A_s-A'_s)f_{yk}+P}{1.185t_wl_wf_{ck}}\leqslant 0.05$		1.0	2.0	0.4	0.2	0.6	0.40	1.5	2.0
$\dfrac{(A_s-A'_s)f_{yk}+P}{1.185t_wl_wf_{ck}}> 0.05$		0.75	1.0	0.4	0	0.6	0.40	0.75	1.0
连梁	$\dfrac{\alpha V}{t_wl_wf_{tk}}$	—							
箍筋满足规范要求	$\leqslant 3$	0.02	0.03	—	0.6	—	0.006	0.020	0.030
	$\geqslant 6$	0.016	0.024	—	0.3	—	0.005	0.016	0.024

第四节　性能设计步骤

装配整体式混凝土结构性能设计流程如图 10.4-1 所示。

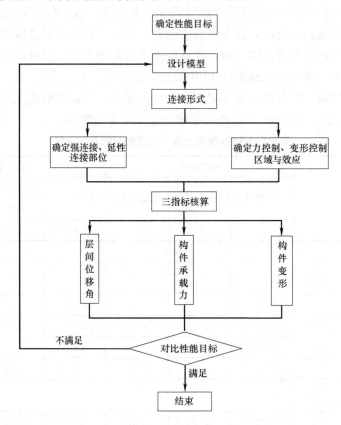

图 10.4-1　装配整体式混凝土结构性能设计流程图

第十一章　BIM 在装配式结构中的应用

第一节　BIM 简介

BIM（Building Information Modeling），即建筑信息模型，是指在建设工程及设施全生命期内，对其物理和功能特性进行数字化表达，并依此进行设计、施工、运营的过程和结果的总称。

BIM 具有可视化、协调性、模拟性、优化性和可出图性五大特点。BIM 的可视化不只对应三维模型，而重点指前后信息的一致性。假如建筑模型从方案阶段一直延续到施工图阶段，并由设计师全程跟踪把控，那方案设计的效果就能被有效地控制和传递。

装配式结构可借助 BIM 技术，在实际开始制造以前，统筹考虑设计、制造和安装的各种要求，设计方利用 BIM 建模软件（如 Revit）将参数化设计的构件建成 3D 可视化模型，在同一数字化模型信息平台上使建筑、结构、设备协同工作，并对此设计进行构件制造模拟和施工安装模拟，有效进行碰撞检测，再次对参数化构件协调设计以满足工厂生产制造和现场施工的需求，使施工方案得到优化与调整并确定最佳施工方案。同时，在制造安装开始以后结合二维码、RFID、智能手机、互联网、数控机床等技术和设备对制造安装过程进行信息跟踪和自动化生产。

第二节　装配式框架结构 BIM 应用实例

一、装配式框架结构模型

在整个设计以及后期配合和服务的过程中，需要保证项目数据有效的传递，因此在软件版本的使用及管理方面，要制定全过程软件应用管理规范，可选择目前主流的 BIM 建模软件 Autodesk Revit 软件来完成装配式框架结构模型的可视化设计（图 11.2-1）。

图 11.2-1　装配式框架结构 BIM 模型

二、BIM 构件拆分及优化设计

在装配式建筑结构设计中需要做好预制构件的"拆分设计"，避免由于方案的不合理导致后期技术和经济性的不合理。BIM 信息化有助于完成上述工作，按照国标图集、各地的地方标准图集设计的单个构件的几何属性通过可视化分析，可以对构件的类型和数量进行优化，减少预制构件的类型和数量。

三、装配式框架结构 BIM 构件库

装配式建筑的典型特征是采用标准化的预制构件或部品部件。根据标准化的模块，再进一步拆分标准化的结构构件，形成标准化的楼梯构件、标准化的空调板构件等，大大减少结构构件数量，为建筑规模化生产提供了基础，并显著提高构配件的生产效率，有效地减少材料浪费，节约资源，节能降耗。预制构件组成的是构件库，其实质是模块化的建筑设计，每个预制构件为不重复的模块。装配式建筑设计要适应其特点，通过装配式建筑BIM 构件库的建立，不断增加 BIM 虚拟构件的数量、种类和规格，逐步构建标准化预制构件库（表 11.2-1）。

预制构件清单表　　　　　　　　　　　　　　　表 11.2-1

	序号	构件类别	构件编号	技术参数	cad 图纸	名称	截　图
梁	1	预制梁	KL1(2)	200×600	GS-08	1-PCL-1	
	2	预制梁	KL6(4)	200×700	GS-08	1-PCL-11	
	3	预制梁	KL8(2)	250×700	GS-08	1-PCL19	
	4	预制梁	L5	200×500	GS-08	1-PCL28	
	5	预制梁	KL1(2)	200×400	GS-09	2-PCL1	

续表

	序号	构件类别	构件编号	技术参数	cad 图纸	名称	截　图
梁	6	预制梁	L1(2)	200×520	GS-09	2-PCL3	
	7	预制梁	KL2(2A)	200×570	GS-09	2-PCL5	
	8	预制梁	KL6(4)	250×400	GS-09	2-PCL19	
柱	1	预制柱	KZ1	400×400	GS-07		
	2	预制柱	KZ2	400×400	GS-07		
	3	预制柱	KZ3	400×400	GS-07		

	序号	构件类别	构件编号	技术参数	cad图纸	名称	截　图
板	1	预制板	DBD67-3512-3	3320×1200×60	GS-10		
	2	预制板	DBD67-3515-3	3320×1500×60	GS-10		
	3	预制板	DBD67-3520-3	3320×2000×60	GS-10		
外墙	1	预制外墙	PCWQ10(8000)	8000×150×4200	J-23		
	2	预制外墙	PCWQ9(6000)	6000×150×4200	J-23		
	3	预制外墙	PCWQ1(7000+150)	7000×150×4200	J-23		
	4	预制外墙	PCWQ2(7000)	7000×150×4200	J-23		

续表

	序号	构件类别	构件编号	技术参数	cad 图纸	名称	截　　图
外墙	5	预制外墙	PCWQ3（7000）	7000×150×4200	J-23		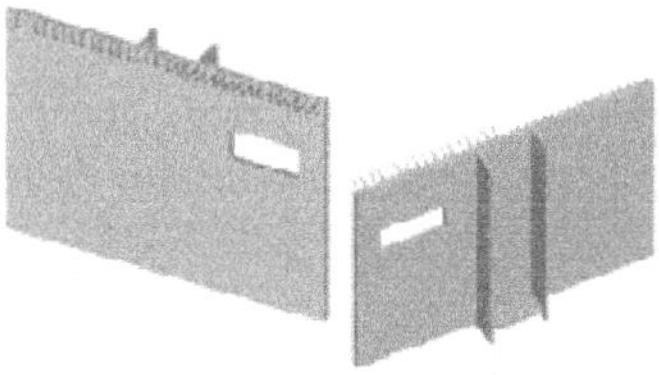
	6	预制外墙	PCWQ4（7000）	7000×150×4200	J-23		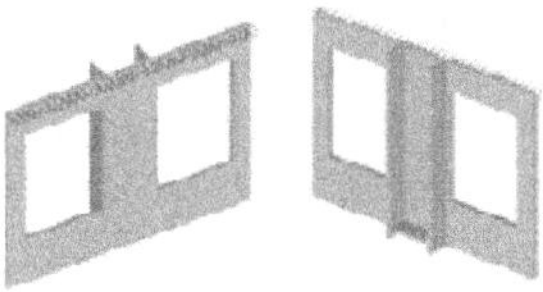
	7	预制外墙	PCWQ11（6000）	6000×150×4200	J-23		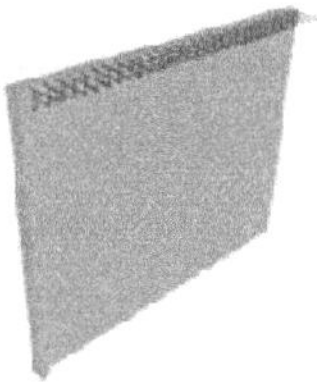
	8	预制外墙	PCWQ12（8000）	8000×150×4200	J-23		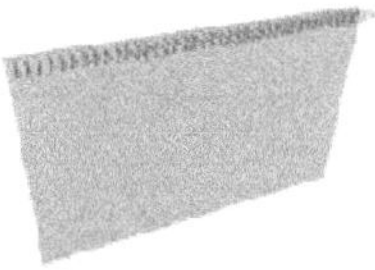
	9	预制外墙	PCWQ8（7000+150）	7000×150×4200	J-23		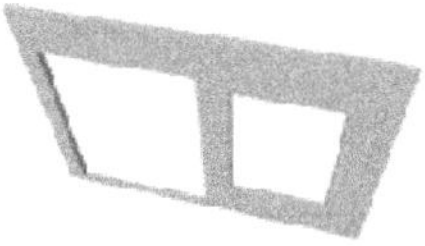
	10	预制外墙	PCWQ7（7000）	7000×150×4200	J-23		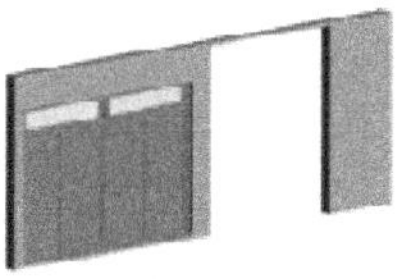
	11	预制外墙	PCWQ6（7000）	7000×150×4200	J-23		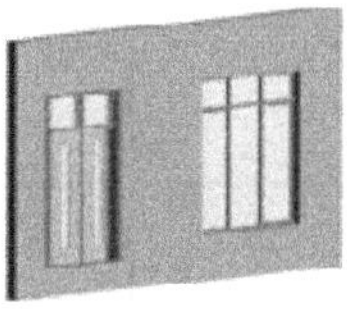
	12	预制外墙	PCWQ5（7000+150）	7000×150×4200	J-23		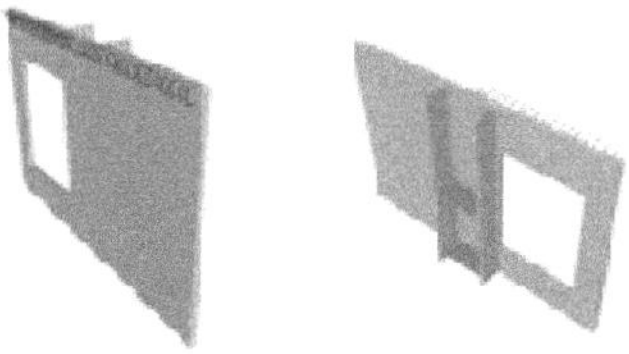

	序号	构件类别	构件编号	技术参数	cad图纸	名称	截 图
外墙	13	预制外墙	PCWQ22（8000），PCWQ34（8000）	8000×150×3600	J-24,J-25		
	14	预制外墙	PCWQ21（6000），PCWQ33（6000）	6000×150×3600	J-24，J-25		
	15	预制外墙	PCWQ17（7000+150）	7000×150×3600	J-24，J-25		
	16	预制外墙	PCWQ29（7000+150）	7000×150×3600	J-24，J-25		
	17	预制外墙	PCWQ25（7000+150），PCWQ13（7000+150）	7000×150×3600	J-24，J-25		
内墙	1	预制内墙			L1		

续表

	序号	构件类别	构件编号	技术参数	cad 图纸	名称	截 图
内墙	2	预制内墙		L2			
	3	预制内墙		L3			

四、构件钢筋建模

在 Revit 软件中，钢筋建模的方法是先在平面图中剖切构件，转入剖面视图选中构件，在"结构"选项卡点钢筋，选择钢筋的直径及形状并插入构件，最后转入三维视图调整长度、数量、间距等数据。如图 11.2-2、图 11.2-3 所示。

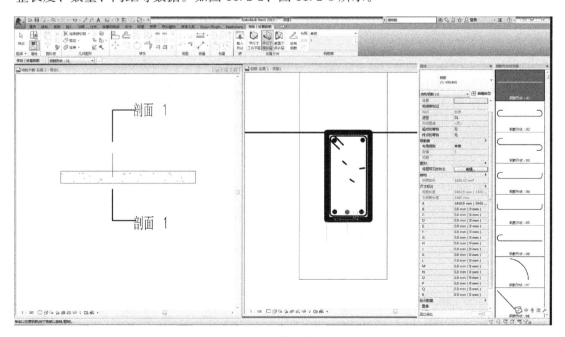

图 11. 2-2 钢筋建模剖面视图

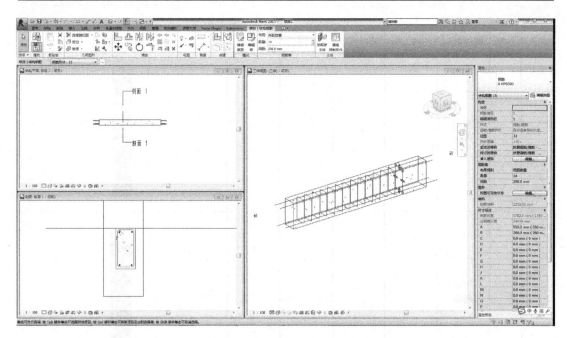

图 11.2-3　钢筋建模三维视图

五、材料明细表

BIM 软件自带的表单功能可以实现自动统计基础的工程量，也可以通过属性窗口获取任意位置的基础工程量并对明细表单内容进行编辑。因此，结构 BIM 模型建立后，可方便计算出材料的数量，列出详细的材料明细表（表 11.2-2）。

材料明细表　　　　　　　　　　　　　　表 11.2-2

<预制构件明细表>				
A	B	C	D	E
族与类型	标记	注释	结构材质	体积
预制梯形梁 200：300 RB 600			混凝土-预制混凝土-35MPa	0.00m³
预制梯形梁 200：300 RB 600			混凝土-预制混凝土-35MPa	0.00m³
混凝土-矩形梁：200×500X			混凝土-现场浇筑混凝土-C30	0.03m³
混凝土-矩形梁：200×500X			混凝土-现场浇筑混凝土-C30	0.04m³
混凝土-矩形梁：200×500X			混凝土-现场浇筑混凝土-C30	0.04m³
混凝土-矩形梁：200×500X			混凝土-现场浇筑混凝土-C30	0.04m³
混凝土-矩形梁：200×500X			混凝土-现场浇筑混凝土-C30	0.03m³
混凝土-矩形梁：200×500X			混凝土-现场浇筑混凝土-C30	0.04m³
混凝土-矩形梁：200×500X			混凝土-现场浇筑混凝土-C30	0.04m³
混凝土-矩形梁：200×500X			混凝土-现场浇筑混凝土-C30	0.04m³
混凝土-矩形梁：200×500X			混凝土-现场浇筑混凝土-C30	0.04m³
混凝土-矩形梁：200×500X			混凝土-现场浇筑混凝土-C30	0.04m³

<预制构件明细表>

A	B	C	D	E
族与类型	标记	注释	结构材质	体积
混凝土-矩形梁:200×500X			结构-预制混凝土梁-C30	0.05m³
混凝土-矩形梁:200×500X			混凝土-现场浇筑混凝土-C30	0.04m³
混凝土-矩形梁:400×200P			结构-预制混凝土梁-C30	0.13m³
混凝土-矩形梁:200×400P			结构-预制混凝土梁-C30	0.24m³
混凝土-矩形梁:200×200P			结构-预制混凝土梁-C30	0.06m³
混凝土-矩形梁:200×200P			结构-预制混凝土梁-C30	0.07m³
混凝土-矩形梁:200×200P			结构-预制混凝土梁-C30	0.11m³
混凝土-矩形梁:200×400P			结构-预制混凝土梁-C30	0.26m³
混凝土-矩形梁:200×200P			结构-预制混凝土梁-C30	0.13m³
混凝土-矩形梁:200×650X			结构-预制混凝土梁-C30	0.05m³
预制-p梁b:200×400			混凝土-预制混凝土-35MPa	0.54m³
混凝土-矩形梁:200×650X			结构-预制混凝土梁-C30	0.05m³
混凝土-矩形梁:200×650X			结构-预制混凝土梁-C30	0.03m³
混凝土-矩形梁:200×650X			结构-预制混凝土梁-C30	0.03m³
混凝土-矩形梁:200×650X			结构-预制混凝土梁-C30	0.03m³
预制-p梁b:200×400			混凝土-预制混凝土-35MPa	0.54m³
预制-p梁b:200×400			混凝土-预制混凝土-35MPa	0.53m³
混凝土-矩形梁:200×300P			结构-预制混凝土梁-C30	0.12m³
混凝土-矩形梁:200×300P			结构-预制混凝土梁-C30	1.08m³
混凝土-矩形梁:200×600X			混凝土-现场浇筑-C30	0.05m³
混凝土-矩形梁:200×600X			混凝土-现场浇筑混凝土-C30	0.04m³
混凝土-矩形梁:200×600X			混凝土-现场浇筑-C30	0.04m³
混凝土-矩形梁:200×600X			混凝土-现场浇筑混凝土-C30	0.04m³
混凝土-矩形梁:200×600X			混凝土-现场浇筑-C30	0.05m³
混凝土-矩形梁:200×600X			混凝土-现场浇筑混凝土-C30	0.05m³
混凝土-矩形梁:200×600X			混凝土-现场浇筑-C30	0.05m³
混凝土-矩形梁:200×600X			混凝土-现场浇筑混凝土-C30	0.06m³
混凝土-矩形梁:200×600X			混凝土-现场浇筑-C30	0.06m³
混凝土-矩形梁:200×600X			混凝土-现场浇筑混凝土-C30	0.06m³
预制-p梁p:200×570			混凝土-预制混凝土-35MPa	0.23m³
混凝土-矩形梁:200×650X			结构-预制混凝土梁-C30	0.02m³
混凝土-矩形梁:200×650X			结构-预制混凝土梁-C30	0.03m³
混凝土-矩形梁:200×650X			结构-预制混凝土梁-C30	0.03m³
混凝土-矩形梁:200×650X			结构-预制混凝土梁-C30	0.03m³
混凝土-矩形梁:200×200P			结构-预制混凝土梁-C30	0.12m³
混凝土-矩形梁:200×200P			结构-预制混凝土梁-C30	0.06m³
混凝土-矩形梁:200×200P			结构-预制混凝土梁-C30	0.07m³

<预制构件明细表>

A	B	C	D	E
族与类型	标记	注释	结构材质	体积
预制-p 梁 b：250×400	2-pc122	KL5(2)	混凝土-预制混凝土-35MPa	0.59m³
混凝土-矩形梁：250×300P	2-pc122	KL1(2)	混凝土-现场浇筑混凝土-C30	0.27m³
预制-p 梁 b：200×370P	2-pc123	KL6(4)	混凝土-预制混凝土-35MPa	0.16m³
混凝土-矩形梁：200×500X	2-pc123	K18(4)	混凝土-现场浇筑混凝土-C30	0.05m³
混凝土-矩形梁：200×500X	2-pc123	K17(4)	混凝土-现场浇筑混凝土-C30	0.05m³
预制-p 梁 b：250×570	2-pc125	KL7(4)	混凝土-预制混凝土-35MPa	0.90m³
预制-p 梁 b：250×570	2-pc126		混凝土-预制混凝土-35MPa	0.92m³
预制-p 梁 b：250×570	2-pc127		混凝土-预制混凝土-35MPa	0.95m³
预制-p 梁 b：250×570	2-pc128		混凝土-预制混凝土-35MPa	0.90m³
预制-p 梁 b：250×400	2-pc129	KL6(4)	混凝土-现场浇筑-C30	0.63m³
混凝土-矩形梁：250×300P	2-pc129		混凝土-现场浇筑混凝土-C30	0.48m³
预制-p 梁 b：250×400	2-pc130	KL6(4)	混凝土-预制混凝土-35MPa	0.65m³
混凝土-矩形梁：250×300P	2-pc130		混凝土-现场浇筑混凝土-C30	0.50m³
预制-p 梁 b：200×520	2pc13	KL1(2)	混凝土-预制混凝土-35MPa	0.71m³
混凝土-矩形梁：200×650X	2pc13		结构-预制混凝土梁-C30	0.03m³
预制-p 梁 b：200×520	2pc14		混凝土-预制混凝土-35MPa	0.50m³
混凝土-矩形梁：200×650X	2pc14		结构-预制混凝土梁-C30	0.03m³
预制-p 梁 b：200×520	2pc17	KL1(2)	混凝土-预制混凝土-35MPa	0.74m³
混凝土-矩形梁：200×650X	2pc17		结构-预制混凝土梁-C30	0.02m³
预制-p 梁 b：200×520	2pc18		混凝土-预制混凝土-35MPa	0.52m³
混凝土-矩形梁：200×650X	2pc18		结构-预制混凝土梁-C30	0.03m³
混凝土-矩形梁：200×650X	2pc18		结构-预制混凝土梁-C30	0.03m³
预制-p 梁 b：200×570	2pc19	KL1(2)	混凝土-预制混凝土-35MPa	0.85m³
预制-p 梁 b：200×570	2pc110		混凝土-预制混凝土-35MPa	0.59m³
预制-p 梁 b：200×520	2pc111	KL1(2)	混凝土-预制混凝土-35MPa	0.74m³
混凝土-矩形梁：200×650X	2pc111		结构-预制混凝土梁-C30	0.02m³
混凝土-矩形梁：200×650X	2pc111		结构-预制混凝土梁-C30	0.03m³
预制-p 梁 b：200×400	2pc117	KL3(2)	混凝土-预制混凝土-35MPa	0.60m³
混凝土-矩形梁：200×300P	2pc117		混凝土-现场浇筑混凝土-C30	0.45m³
预制-p 梁 b：200×400	2pc118		混凝土-预制混凝土-35MPa	0.41m³
混凝土-矩形梁：200×300P	2pc118		混凝土-现场浇筑混凝土-C30	0.31m³
预制-p 梁 b：250×400	2pc119	KL8(4)	结构-预制混凝土梁-C30	0.64m³
混凝土-矩形梁：250×300P	2pc119		混凝土-预制混凝土-C30	0.50m³
预制-p 梁 b：250×400	2pc120	KL8(4)	混凝土-预制混凝土-35MPa	0.64m³

续表

<预制构件明细表>

A	B	C	D	E
族与类型	标记	注释	结构材质	体积
混凝土-p 梁 b：250×400	2pc120	KL8(4)	混凝土-预制混凝土-35MPa	0.65m³
混凝土-矩形梁：250×300P	2pc120		混凝土-现场浇筑混凝土-C30	0.30m³
混凝土-矩形梁：250×300P	2pc120		混凝土-现场浇筑混凝土-C30	0.28m³
预制-p 梁 b：250×400	2pc131	KL6(4)	混凝土-预制混凝土-35MPa	0.66m³
混凝土-矩形梁：250×300P	2pc131		混凝土-现场浇筑混凝土-C30	0.50m³
混凝土-矩形梁：250×300P	2pc131		混凝土-现场浇筑混凝土-C30	
预制-p 梁 b：250×400	2pc132	KL6(4)	混凝土-预制混凝土-35MPa	0.63m³
混凝土-矩形梁：250×300P	2pc132		混凝土-现场浇筑混凝土-C30	0.48m³
混凝土-矩形梁：250×300P	2pc132		混凝土-现场浇筑混凝土-C30	
预制板 3320×1200：预制板 3320×1200	DBD67-3512-3			0.23m³
预制板 3320×1200：预制板 3320×1200	DBD67-3512-3			0.23m³
预制板 3320×1200：预制板 3320×1200	DBD67-3512-3			0.23m³
预制板 3320×1200：预制板 3320×1200	DBD67-3512-3			0.23m³
预制板 3320×1200：预制板 3320×1200	DBD67-3512-3			0.23m³
预制板 3320×1200：预制板 3320×1200	DBD67-3512-3			0.23m³
预制板 3320×1200：预制板 3320×1200	DBD67-3512-3			0.23m³
预制板 3320×1200：预制板 3320×1200	DBD67-3512-3			0.23m³
预制板 3320×1200：预制板 3320×1200	DBD67-3512-3			0.23m³
预制板 3320×1200：预制板 3320×1200	DBD67-3512-3			0.23m³
预制板 3320×1200：预制板 3320×1200	DBD67-3512-3			0.23m³
预制板 3320×1200：预制板 3320×1200	DBD67-3512-3			0.23m³
预制板 3320×1200：预制板 3320×1200	DBD67-3512-3			0.23m³
预制板 3320×1200：预制板 3320×1200	DBD67-3512-3			0.23m³
预制板 3320×1200：预制板 3320×1200	DBD67-3512-3			0.23m³
预制板 3320×1200：预制板 3320×1200	DBD67-3512-3			0.23m³
预制板 3320×1200：预制板 3320×1200	DBD67-3512-3			0.23m³
预制板 3320×1200：预制板 3320×1200	DBD67-3512-3			0.23m³
预制板 3320×1200：预制板 3320×1200	DBD67-3512-3			0.23m³
预制板 3320×1200：预制板 3320×1200	DBD67-3512-3			0.23m³
预制板 3320×1200：预制板 3320×1200	DBD67-3512-3			0.23m²

<预制构件明细表>

A	B	C	D	E
族与类型	标记	注释	结构材质	体积
预制板 3320×1200；预制板 3320×1200	DBD67-3512-3			0.23m³
预制板 3320×1200；预制板 3320×1200	DBD67-3512-3			0.23m³
预制板 3320×1200；预制板 3320×1200	DBD67-3512-3			0.23m³
预制板 3320×1200；预制板 3320×1200	DBD67-3512-3			0.23m³
预制板 3320×1200；预制板 3320×1200	DBD67-3512-3			0.23m³
预制板 3320×1200；预制板 3320×1200	DBD67-3512-3			0.23m³
预制板 3320×1200；预制板 3320×1200	DBD67-3512-3			0.23m³
预制板 3320×1200；预制板 3320×1200	DBD67-3512-3			0.23m³
预制板 3320×1200；预制板 3320×1200	DBD67-3512-3			0.23m³
预制板 3320×1200；预制板 3320×1200	DBD67-3512-3			0.23m³
预制板 3320×1200；预制板 3320×1200	DBD67-3512-3			0.23m³
预制板 3320×1200；预制板 3320×1200	DBD67-3512-3			0.23m³
预制板 3320×1200；预制板 3320×1200	DBD67-3512-3			0.23m³
预制板 3320×1200；预制板 3320×1200	DBD67-3512-3			0.23m³
预制板 3320×1200；预制板 3320×1200	DBD67-3512-3			0.23m³
预制板 3320×1200；预制板 3320×1200	DBD67-3512-3			0.23m³
预制板 3320×1200；预制板 3320×1200	DBD67-3512-3			0.23m³
预制板 3320×1200；预制板 3320×1200	DBD67-3512-3			0.23m³
预制板 3320×1200；预制板 3320×1200	DBD67-3512-3			0.23m³
预制板 3320×1200；预制板 3320×1200	DBD67-3512-3			0.23m³
预制板 3320×1200；预制板 3320×1200	DBD67-3512-3			0.23m³
预制板 3320×1200；预制板 3320×1200	DBD67-3512-3			0.23m³
预制板 3320×1200；预制板 3320×1200	DBD67-3512-3			0.23m³
预制板 3320×1500；预制板 3320×1500	DBD67-3515-3			0.28m³
预制板 3320×1500；预制板 3320×1500	DBD67-3515-3			0.28m³
预制板 3320×1500；预制板 3320×1500	DBD67-3515-3			0.28m³
预制板 3320×1500；预制板 3320×1500	DBD67-3515-3			0.29m³
预制板 3320×1500；预制板 3320×1500	DBD67-3515-3			0.29m³

<钢筋明细表>

A	B	C	D
主体类别	型号	族与类型	钢筋体积
楼板		钢筋:10T	26.43cm³
楼板		钢筋:10T	26.43cm³
楼板		钢筋:10T	26.43cm³
楼板		钢筋:10T	26.43cm³
楼板		钢筋:10T	26.43cm³
楼板		钢筋:10T	26.43cm³
楼板		钢筋:10T	26.43cm³
楼板		钢筋:10T	26.43cm³
楼板		钢筋:10T	26.43cm³
楼板		钢筋:10T	26.43cm³
楼板		钢筋:10T	26.43cm³
楼板		钢筋:10T	26.43cm³
楼板		钢筋:10T	26.43cm³
楼板		钢筋:10T	26.43cm³
楼板		钢筋:10T	26.43cm³
楼板		钢筋:10T	26.43cm³
楼板		钢筋:10T	26.43cm³
楼板		钢筋:10T	26.43cm³
楼板		钢筋:10T	26.43cm³
楼板		钢筋:10T	26.43cm³
楼板		钢筋:10T	26.43cm³
楼板		钢筋:10T	26.43cm³
楼板		钢筋:10T	26.43cm³
楼板		钢筋:10T	26.43cm³
楼板		钢筋:10T	26.43cm³
楼板		钢筋:10T	26.43cm³
楼板		钢筋:10T	26.43cm³

第三节 BIM 在设计中应用实例

现以装配整体式剪力墙结构为例，说明 BIM 在设计中的应用。

一、标准户型剪力墙构件拆分

在装配式建筑中要做好预制构件的"拆分设计"，避免因方案性的不合理导致后期技术经济性的不合理（图 11.3-1、图 11.3-2）。

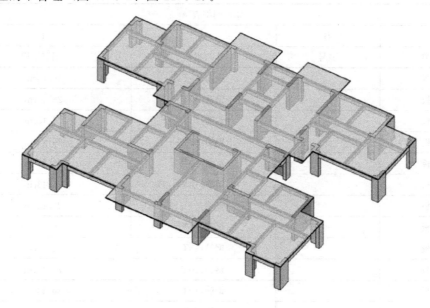

图 11.3-1　标准户型三维图

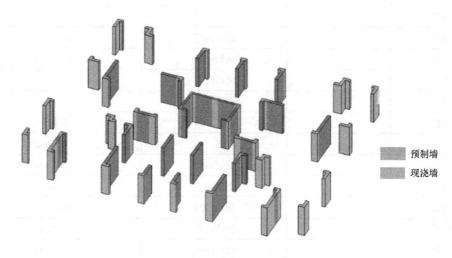

预制墙

现浇墙

图 11.3-2　标准户型剪力墙拆分图

二、三维可视化设计

针对关键的节点，通过二维与三维相结合的表达方式（图 11.3-3～图 11.3-6），可使设计人员实现可视化交流，在设计阶段就能避免冲突或者安装不上的问题，模拟施工，确定施工安装顺序，进而提高工作效率。

1. 外墙板（图 11.3-3）
2. 内隔墙（图 11.3-4）
3. 楼梯（图 11.3-5）

图 11.3-3　外墙板三维视图

图 11.3-4　内隔墙三维视图

图 11.3-5　楼梯三维视图

4. 叠合板（图 11.3-6）

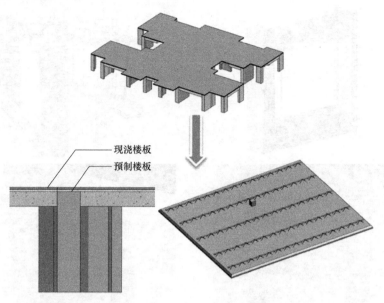

现浇楼板
预制楼板

图 11.3-6　叠合板三维视图

参 考 文 献

[1] 郭学明. 装配式混凝土结构建筑的设计、制作与施工 [M]. 北京：机械工业出版社，2017：20-49.

[2] 文林峰. 装配式混凝土结构技术体系和工程案例汇编 [M]. 北京：中国建筑工业出版社，2017：1-4.

[3] 中华人民共和国住房和城乡建设部. GBT 51231—2016 装配式混凝土建筑技术标准 [S]. 北京：中国建筑工业出版社，2016.

[4] 中华人民共和国住房和城乡建设部. JGJ 1—2014 装配式混凝土结构技术规程 [S]. 北京：中国建筑工业出版社，2014.

[5] 广东省住房和城乡建设厅. DBJ 15—107—2016 装配式混凝土建筑结构技术规程 [S]. 广州：中国城市出版社，2014.

[6] 中华人民共和国住房和城乡建设部. JG/T 398—2012 钢筋连接用灌浆套筒 [S]. 北京：中国标准出版社，2012.

[7] 中华人民共和国住房和城乡建设部. JGJ 355—2015 钢筋套筒灌浆连接应用技术规程 [S]. 北京：中国建筑工业出版社，2015.

[8] 中华人民共和国住房和城乡建设部. JGJ 107—2016 钢筋机械连接技术规程 [S]. 北京：中国建筑工业出版社，2016.

[9] 中华人民共和国住房和城乡建设部. JG/T 163—2013 钢筋机械连接用套筒 [S]. 北京：中国标准出版社，2013.

[10] 中华人民共和国住房和城乡建设部. JG/T 408—2013 钢筋连接用套筒灌浆料 [S]. 北京：中国标准出版社，2013.

[11] 中华人民共和国住房和城乡建设部. JG 225—2007 预应力混凝土用金属波纹管 [S]. 北京：中国标准出版社，2007.

[12] 中华人民共和国住房和城乡建设部. JGJ 256—2011 钢筋锚固板应用技术规程 [S]. 北京：中国建筑工业出版社，2011.

[13] 国家建筑材料工业局. JC/T 881—2001 混凝土建筑接缝用密封胶 [S]. 北京：中国标准出版社，2001.

[14] Kim S. Elliott. Precast concrete structures [M]. CRC Press Taylor & Francis Group，2016.

[15] ACI committee 318. Building code requirements for structure concrete and commentary [M]. American Concrete Institute，2014.

[16] 李强. 拼装式铝合金活动房承载力试验及应用研究 [D]. 西安：西安建筑科技大学，2011.

[17] Park R. A perspective on the seismic design of precast concrete structures in New Zealand [J]. PCI Journal，1995，40（3）：40-60.

[18] 吕西林. 高层建筑结构（第 3 版）[M]. 武汉：武汉理工大学出版社，2011：7-24.

[19] 中华人民共和国住房和城乡建设部. JGJ 3—2010，高层建筑混凝土结构技术规程 [S]. 北京：中国建筑工业出版社，2010.

[20] 中华人民共和国住房和城乡建设部. GB 50011—2010 建筑抗震设计规范（2016 年版）[S]. 北京：中国建筑工业出版社，2010.

[21] 中华人民共和国住房和城乡建设部．GB 50010—2010 混凝土结构设计规范［S］．北京：中国建筑工业出版社，2010.

[22] 国家标准《装配式建筑评价标准》（2017 年征求意见稿）.

[23] 中国建筑标准设计研究院．国家建筑标准设计图集《15J939-1 装配式混凝土结构住宅建筑设计示例（剪力墙结构）》［S］．北京：中国计划出版社，2015.

[24] 中国建筑标准设计研究院．国家建筑标准设计图集《15G107-1 装配式混凝土结构表示方法及示例（剪力墙结构）》［S］．北京：中国计划出版社，2015.

[25] Kim S. Elliott. Precast concrete structures［M］. Butterworth-Heinemann, an Imprint of Elsevier Science，2002.

[26] 中华人民共和国住房和城乡建设部．15G366-1 桁架钢筋混凝土叠合板（60mm 厚底板）［S］．北京：中国计划出版社，2015.

[27] 施锦华．预制装配结构构件的深化设计和生产工艺研究［D］．南京：东南大学，2014.

[28] 祁成财．预制混凝土叠合板设计、制作及安装技术［J］．混凝土世界，2016，（15）：64-70.

[29] 中国建筑标准设计研究院．国家建筑标准设计图集《03J113 轻质条板内隔墙》［S］．北京：中国计划出版社，2003.

[30] 山西省住房和城乡建设厅．DBJ04/T 309—2014．蒸压加气混凝土板应用技术规程［S］．2014.

[31] 北京市建筑设计研究院等．JGJ/T 17—2008 蒸压加气混凝土建筑应用技术规程［S］．北京：中国建筑工业出版社，2008.

[32] 中国建筑标准设计研究院．国家建筑标准设计图集《06CG01 蒸压轻质砂加气混凝土（AAC）砌块和板材结构构造》［S］．2006.

[33] 中华人民共和国住房和城乡建设部．GB 15762—2008 蒸压加气混凝土板［S］．北京：中国标准出版社，2008.

[34] 中国建筑标准设计研究院．国家建筑标准设计图集《15G367-1 预制钢筋混凝土板式楼梯》［S］．北京：中国计划出版社，2015.

[35] 中国建筑标准设计研究院．国家建筑标准设计图集《09SG610-2 建筑结构消能减震（振）设计》［S］．北京：中国计划出版社，2009.

[36] 中国建筑标准设计研究院．国家建筑标准设计图集《15G368-1 预制钢筋混凝土阳台板、空调板及女儿墙》［S］．北京：中国计划出版社，2015.

[37] 上海市城乡建设和管理委员会．DG/TJ 08-2158-2015 预制混凝土夹心保温外墙板应用技术规程［S］．上海：同济大学出版社，2015.

[38] 许晓晛．预制高性能轻集料混凝土复合夹芯保温外挂墙板的研究［D］．吉林：吉林建筑大学，2014.

[39] 刘卉．预制混凝土夹芯保温外挂墙板研究［D］．江苏：东南大学，2016.

[40] 顾杰．预制外挂墙板优化设计及力学性能研究［D］．江苏：东南大学，2016.

[41] 范雪．轻集料混凝土复合保温外挂墙板的研制及其性能研究［D］．吉林：吉林建筑大学，2015.

[42] 陈涛．线支承式预制外挂墙板抗震性能试验研究［J］．建筑科学，2014，30（3）：53-58.

[43] 卢家森．大开洞线支承式预制混凝土外挂墙板设计方法［J］．建筑结构，2016，46（10）：37-42.

[44] 李二要．内浇外挂体系应用改进的探讨［J］．建筑安全，2015，22（12）：18-20.

[45] 许瑛．装配式建筑预制混凝土外挂墙板设计研究［J］．建筑技术，2016，8（10）：82-84.

[46] 卢家森．预制外挂墙板分析方法［J］．中外建筑，2013，19（1）：105-107.

[47] 黄新．全预制装配整体式框架结构外挂墙板的设计及施工［J］．建筑施工，2015，37（11）：1292-1294.

[48] 于宗志．住宅工业化体系——内浇外挂技术及相关构造节点研究［D］．天津：天津大学，2014.

［49］ 柯伟国. 高层建筑内浇外挂体系施工技术探讨［J］. 科技信息，2007，14（21）：387-388.

［50］ 彭伟文. 内浇外挂型预制凸窗设计与安装的探讨［J］. 建筑结构，2016，46（S1）：641-646.

［51］ 吴金虎. 预制混凝土外挂墙板上承式节点设计方法［J］. 建筑结构，2014，44（13）：47-51.

［52］ 肖力光. 预制混凝土夹芯复合墙板的应用与住宅产业化［J］. 吉林建筑大学学报，2015，32（1）：43-46.

［53］ 肖力光. 预制混凝土夹芯墙板的研究与应用［J］. 吉林建筑大学学报，2014，31（3）：15-18.

［54］ 李志杰. 新型预制混凝土墙板结构的研究与应用［J］. 四川建筑科学研究，2013，39（1）：1-5.

［55］ 蒋勤俭. 预制混凝土节能外墙技术与工程应用［J］. 建设科技，2010，9（5）：44-46.

［56］ FEMA-356. Prestandard and commentary for the seismic rehabilitation of buildings［S］. Washington DC：Federal Emergency Management Agency，2000.

［57］ ASCE/SEI 41-06. Seismic rehabilitation of existing buildings［S］. American Society of Civil Engineers，2006.

［58］ Update to ASCE/SEI 41 concrete provisions［S］. US：Federal Emergency Management Agency，2007.

［59］ Seismic rehabilitation of existing buildings（ASCE/SEI41-13）［S］. American Society of Civil Engineers，Reston，2014.

［60］ 刘建永. 美国混凝土规范构件设计与中美规范比较研究［D］. 北京：中国建筑科学研究院，2006.

［61］ 汪训流，陆新征，叶列平. 往复荷载下钢筋混凝土柱受力性能的数值模拟［J］. 工程力学，2007，12：76-81.

［62］ 中华人民共和国住房和城乡建设部. JGJ/T 101—2015，建筑抗震试验规程［S］. 北京：中国建筑工业出版社，1997.

［63］ Panagiotakos T B，Fardis N. Deformations of reinforced concrete members at yielding and ultimate［J］. ACI Structural Journal，2001，98（2）.

［64］ Giannopoulos I P. Seismic assessment of a RC building according to FEMA 356 and Eurocode 8［J］. TEE ETEK，2009.

［65］ Paulay T and Priestly MJN. Seismic design of reinforced concrete and masonry structures［M］. Wiley. 1992.

［66］ Kheyroddin A，Naderpour H. Plastic hinge rotation capacity of reinforced concrete beams［J］. International Journal of Civil Engineering，2007，5（1）.

［67］ American Concrete Institute. Building code requirements for structural concrete（318M-99）and Commentary（318RM-99）. 1999.

［68］ American Concrete Institute. Building code for structural concrete（ACI318-11）and Commentary（ACI318-11）. 2011.

［69］ 姬丽苗，张德海，管桦瑜. 建筑产业化与 BIM 的 3D 协同设计［J］. 土木建筑工程信息技术，2012，（04）：54.

［70］ 樊则森，李新伟. 装配式建筑设计的 BIM 方法［J］. 建筑技艺，2014，（06）：68.

［71］ 张德海. 装配式混凝土结构建筑信息模型（BIM）应用指南［M］. 北京：化学工业出版社，2016.

［72］ 上海市城乡建设和管理委员会. DGJ08-2154-2014 装配整体式混凝土公共减租设计规程［S］. 上海：同济大学出版社，2014.

［73］ 杨霞. 预制装配式建筑外墙防水密封现状及存在的问题［J］. 中国建筑防水，2016，（12）：16-18.

［74］ 国家标准《装配式整体卫生间应用技术规程（征求意见稿）》，中华人民共和国住房和城乡建设部

标准定额司，2017.

[75] 北京建筑设计院研究室. 北京地区壁板建筑板缝防水问题的研究和应用 [J]. 建筑技术，1975，(Z1)：39-53.

[76] 北京建筑设计院研究室. 装配式大型壁板建筑板缝防水的研究和应用 [J]. 建筑学报，1976，(2)：30-33.

[77] 张勇. 装配式混凝土建筑防水技术概述 [J]. 中国建筑防水，2015，(13)：1-5.

[78] 范一飞. 上海地区工业化住宅装配式外墙体系防水设计研究 [J]. 住宅科技，2013，(11)：18-25.

[79] 湖南省住房和城乡建设厅. DBJ43/T301-013 混凝土叠合楼盖装配整体式建筑技术规程 [S]. 长沙：湖南科学技术出版社，2015.

[80] 中华人民共和国住房和城乡建设部，中华人民共和国国家质量监督局. GB 50176—2016 民用建筑热工设计规范 [S]. 北京：中国建筑工业出版社，2017.

[81] 广东省建设厅. DBJ/T15-80-20113 广东省保障性住房建筑规程 [S]. 北京：中国建筑工业出版社，2011.

[82] 中国建筑标准设计研究院. 国家标准设计图集《08SJ110-2 08SG333 预制混凝土外墙挂板》[S]. 北京：中国计划出版社，2008.

[83] 裘进苏，林俊侠，张国英，等. 钢筋混凝土叠合梁斜截面抗剪强度的试验研究及计算方法 [J]. 浙江大学学报（自然科学版），1992，26 (2)：153-164.

[84] 徐其功，梁永攀. 全装配混凝土斜榫头梁的受力分析 [J]. 混凝土与水泥制品，2016，(9)：41-43.

[85] 周金，徐其功，李争鹏. 装配整体式混凝土结构梁柱连接的探讨 [J]. 四川建筑科学研究，2016，42 (5)：20-22.

[86] 李争鹏. 装配整体式钢筋混凝土结构抗震性能设计相关研究 [D]. 广州：华南理工大学，2016.

[87] 梁永攀. 全装配式钢筋混凝土斜撑框架结构受力性能分析 [D]. 广州：华南理工大学，2017.

[88] 唐宇轩. 一种新型装配式混凝土梁—板结构体系的力学性能研究 [D]. 广州：华南理工大学，2017.